地下工程稳定性控制及工程实例

郭志飚　胡江春　杨军　王炯　齐干　编著

北　京

冶金工业出版社

2015

内 容 提 要

本书讲述了各类地下工程稳定性控制的理论、技术及工程实例，主要包括基坑工程、城市地铁工程、交通隧道工程、矿山地下工程、非开挖工程和地下工程环境效应及风险管理等，内容涉及范围广、实用性强。书中结合典型工程实例论述了主要地下工程类型的稳定性控制设计方法和技术，通过对工程实例和现有实用理论的对比分析研究，实现了理论和实际工程稳定性控制的进一步融合，可为研究类似地下工程稳定性控制提供参考。

本书可作为高等院校土木工程、交通工程、水利工程、市政工程、采矿工程等专业本科生、研究生的教学参考书，也可供从事地下工程相关理论、技术研究的科研人员和技术人员参考。

图书在版编目 (CIP) 数据

地下工程稳定性控制及工程实例/郭志飚等编著 . —北京：冶金工业出版社，2015.5

ISBN 978-7-5024-6921-4

Ⅰ. ①地…　Ⅱ. ①郭…　Ⅲ. ①地下工程—稳定性—研究

Ⅳ. ①TU94

中国版本图书馆 CIP 数据核字（2015）第 099587 号

出 版 人　谭学余
地　　址　北京市东城区嵩祝院北巷 39 号　邮编　100009　电话　(010)64027926
网　　址　www.cnmip.com.cn　电子信箱　yjcbs@cnmip.com.cn
责任编辑　张耀辉　美术编辑　彭子赫　版式设计　孙跃红
责任校对　李　娜　责任印制　牛晓波
ISBN 978-7-5024-6921-4
冶金工业出版社出版发行；各地新华书店经销；固安华明印业有限公司印刷
2015 年 5 月第 1 版，2015 年 5 月第 1 次印刷
169mm×239mm；20.25 印张；396 千字；315 页
69.00 元

冶金工业出版社　投稿电话　(010)64027932　投稿信箱　tougao@cnmip.com.cn
冶金工业出版社营销中心　电话　(010)64044283　传真　(010)64027893
冶金书店　地址　北京市东四西大街 46 号(100010)　电话　(010)65289081(兼传真)
冶金工业出版社天猫旗舰店　yjgycbs.tmall.com
（本书如有印装质量问题，本社营销中心负责退换）

前　言

　　人类的起居空间首先是在地下，随着人类文明、社会经济的进步，人们才慢慢来到地表。在经济高度发展、社会日益繁荣的今天，人们对生存空间要求越来越多，人类的生活空间又会逐渐转入地下。由此，出现了各种各样、满足不同功能的地下工程空间，这些地下空间的稳定性研究一直是地下工程的主要问题之一。

　　随着我国经济迅猛发展，工程建设提供的空间，呈现向上和向下发展的趋势，其中地下工程空间越来越成为人们关注的主题，而地下工程稳定性问题一直是困扰工程师和研究者的难题之一。地下工程的勘察、设计、施工等过程，都贯穿着稳定性控制的问题。由于围岩的自然特性、地下工程地质环境的非确定性以及地下工程使用要求和标准的非统一性，造成现有的稳定性控制理论很难获得广泛的认可和相应成熟的应用。

　　本书针对不同行业的地下工程特点和理论技术，对最新地下工程学科领域的设计规范、标准进行了充分解释和阐述；同时结合地下工程稳定性控制问题，列举了不同行业具有代表性的工程案例进行简要的分析和评述。让读者充分了解现有理论和工程实践的差别，是本书区别于其他同类图书的显著特点之一。

　　地下工程本身极其复杂，涉及地质环境因素、工程因素、社会经济水平、材料科学发展水平、施工过程控制水平以及地下工程在整个工程体系功能中的地位等。鉴于现有的稳定性控制分析方法和理论较之地下工程实践相对滞后，为弥补这方面的不足，作者在阐述基本理论的同时，还依托大量的工程实例，以求新的编写思路和内容框架为宗旨展开论述，力争反映最新成果和学术动态。

　　本书由中国矿业大学（北京）岩土工程研究中心郭志飚副教授、

杨军博士、王炯博士，中原工学院岩土与地下工程研究所胡江春副教授，北京市地质研究所齐干高级工程师以及一线的工程师共同协作完成。全书共分为7章：第1章，绪论；第2章，基坑工程；第3章，城市地铁工程；第4章，交通隧道工程；第5章，矿山地下工程；第6章，非开挖工程；第7章，地下工程环境效应及风险管理。

　　本书的编写和出版得到国家自然科学基金（项目编号：51074196、51479195、51304210、51404278）、深部岩土力学与地下工程国家重点实验室开放基金（项目编号：SKLGDUEK0917、SKLGDUEK1017）、河南省高校青年骨干教师资助计划项目（项目编号：2011GGJS-113）、中央高校基本科研业务费专项基金（项目编号：2009QL06、2010QL03、2011QL07）以及中原工学院学术专著出版基金资助。衷心感谢国家自然科学基金委员会、深部岩土力学与地下工程国家重点实验室、中原工学院和北京市地质研究所等单位对本书涉及的研究工作的大力支持。北京城乡建设集团有限责任公司谢校亭高级工程师、十四冶建设云南勘察设计有限公司刘克文高级工程师、郑州市市政工程管理处薛保亮高级工程师、北京城建设计发展集团股份有限公司李乾工程师、上海建科建设监理咨询有限公司唐强达工程师、北京市轨道交通建设管理有限公司李宏安博士中铁六局李国峰高级工程师、中铁一局王运钢工程师等与作者进行了有益探讨交流并提供了参考资料，特此感谢。中原工学院王红芳副教授、研究生李晨和刘晓阳，中国矿业大学（北京）硕士研究生邓小卫、石海洋、马星、王浩、崔家森等参与了部分资料整理工作，为本书的完成做出了贡献，在此一并表示感谢。在本书的编写过程中参阅并引用了大量国内外有关专业文献，谨向文献作者表示感谢。

　　由于作者水平所限，书中不足之处，希望广大读者不吝赐教。

作　者

2015 年 1 月

目　　录

1 绪　论

1.1　地下工程分类

地下工程是一个较为广阔的范畴，泛指修建在地面以下岩层或土层中的各种工程空间与设施，是地层中所建工程的总称。

地下空间的利用为各类建筑工程的选址开辟了广阔的前景。当前，地下空间已经作为极其重要的自然资源被加以开发利用，在我国各领域其已经被大量利用，特别是人口密集和交通繁忙的城市市区，地下空间的开发与日俱增。

按照功能和用途，可将地下工程分为基坑工程、城市地铁隧道工程、交通山岭隧道工程、矿山井巷工程、水工隧洞工程、水电地下洞室工程、地下空间工程和军事国防工程等。

1.2　地下工程稳定性控制现状

地下工程的稳定性问题一般指的是工程周围岩土体的变形与破坏问题。在建筑密集的城市中兴建高层建筑、地下车库、地下铁道或地下车站时，往往需要在狭窄的场地上进行深基坑的开挖。这种靠近地表的地下工程的稳定性问题一般是土体或者土岩混合体的变形破坏和地下水的渗流问题，表现为土体滑移、倾覆、隆起和地下水的管涌和渗流；埋藏较深的工程一般表现为围岩的变形与破坏问题，表现为顶板塌落、边墙挤出、底板隆起、围岩开裂、突发岩爆、支护失效等。上述现象都属于地下工程的不稳定显现，因此，要根据地下工程的不同类型确定相应的稳定性控制对策和方法。

由于地下工程涉及地质环境因素、工程因素、社会经济水平、材料科学发展水平、施工过程控制水平以及地下工程在国民经济中的地位等因素，很少有条件完全相同的两个工程。依据传统的科学思想，地下工程中应该采用确定性的思维、精确的力学与数学分析方法。实践证明，单纯应用力学、数学的理论分析是行不通的，应该采用系统的方法去解决地下工程问题。

对于靠近地表的工程，人们习惯采用全面开挖的基坑工程。该类的分析方法最早是太沙基（Terzaghi）和佩克（Peck）等人提出的。20 世纪 50 年代，Bjerrum 和 Eidr 给出了分析深基坑底板隆起的方法，60 年代开始在奥斯陆和墨西哥城软黏土深基坑中使用仪器进行监测，此后的大量实测资料提高了预测的准确性，并从 70 年代起，产生了相应的指导开挖的法规。从 80 年代初开始我国逐步涉入深基坑设计与施工领域，在深圳市的一个深基坑支护工程中率先应用了信息施工法，大大节省了工程造价。进入 90 年代后，为了总结我国深基坑支护设计与施工经验，开始着手编制深基坑支护设计与施工的有关法规。

狭义上的地下工程一般是指全封闭的地下空间工程。现有的地下工程稳定性控制包括设计理论、设计方法、控制技术以及监控监测技术等。各行各业在稳定性控制方面描述不一，但是基本思想和技术还是一脉相承，都属于岩土力学与工程问题。设计理论应用较多的应该是 20 世纪 70 年代末传入中国的"新奥法"。设计方法一般是支护结构设计方法，包括概率极限状态法、荷载-结构计算法、经验类比法和岩石力学计算法等。稳定性控制包括被动的衬砌、管棚、U 型钢等支护方法，还有和"新奥法"配合的锚网索等主动支护方式。随着计算机技术与岩土本构关系研究的发展，支护系统的数值计算方法有了新的进展，虽然计算技术与数学方法的介入，使我们有可能对地下工程的一些问题进行分析与研究，但是存在的问题是数值分析模型缺少基础理论支持，具体表现为：回归统计的概率模型过于简单；位移反分析力学模型的假设缺少理论支持；模型试验尚难以实现时空模拟；围岩承载特征曲线的测量难以实现，失稳判据难以确定等。总体来说，岩土力学基础理论的不成熟是造成地下工程控制难以摆脱经验与工程类比的主要原因。

地下工程实践证明，地下工程问题是一个非确定性问题，从认识论的角度解释诸多预测围岩稳定性的方法难以获得普及与理论上的突破进展的原因，就是存在对地下工程问题的认识与方法局限性问题。围岩是一个自然体，在其间的开挖与支护等工程问题是一个复杂的系统问题，不可能用简单的数学方法和物理学方法加以解决。因此，岩土力学正从确定性研究转向非确定性方法研究，该过程中多采用信息化施工与动态设计。地下工程的基础理论研究与应用研究几乎同步进行，且至今仍远未达到成熟的程度，需要用系统的、复杂的、未知的眼光和方法去探索，总结实践，提升理论。

1.3 本书特点和作用

由于经济建设的快速发展，大规模的地下工程建设逐渐展开，尤其是大型地下工程的建设涉及工程地质、稳定性控制理论和技术、设计与施工方面，造成工程实践的发展更快，理论研究落后于实践。因此，急需通过对大量工程实践稳定性控制的系统分析，促进理论和技术的进一步发展，并对其有较好的补充和完善，即要以实践推动理论的进一步发展。

本书的特点是实用的理论技术研究和工程实例的分析，目的在于通过工程实例的分析研究和现有实用理论分析，达到理论和实际工程稳定性控制的进一步融合。根据作者从事的工作领域，本书主要涵盖了基坑工程、城市地铁工程、交通隧道工程、矿山地下工程、非开挖工程和地下工程环境效应及风险管理等，涉及范围广、实用性强，结合典型工程实例论述了主要地下工程类型的稳定性控制设计方法和技术，可为研究类似地下工程稳定性控制提供参考。

2 基坑工程

20世纪80年代以来，我国城市建设迅猛发展，高层建筑如雨后春笋般拔地而起。这些高层建筑一般都有1~4层地下室或车库，相应带来了基坑的开挖施工。由于高层和其他地下工程的基坑施工经常遇到各种不同的技术问题，包括极其复杂的工程水文地质条件和周边环境问题，致使许多基坑工程成为当地建筑工程中投资大、难度高、风险大的技术工程。基坑工程的稳定性控制，不仅要保证基坑内能正常安全作业，而且要防止基底及坑外土体移动，保证基坑附近建筑物、道路、管线的正常运行。

2.1　基坑工程特点

在建筑密集的城市中兴建高层建筑、地下车库、地下铁道或地下车站时，往往需要在狭窄的场地上进行深基坑的开挖。由于场地的局限性，在基坑平面以外没有足够的空间安全放坡，人们不得不设计规模较大的开挖支护系统，以此保证施工的顺利进行。这类工程具有以下一些基本特点：

（1）主要高层、超高层建筑都集中在市区。市区的建筑密度很大，人口密集，交通拥挤，施工场地狭小，因此，其施工的条件往往很差。

（2）为了节约土地，在工程建设中要充分利用基地面积。地下建筑物一般占基地面积的90%，紧靠邻近建筑，要充分利用地下空间，设置人防、车库、机房、仓库等各种设施。基础深度越大，基坑开挖与支护工程的施工难度也就越大。

（3）深基坑的施工，除了确保深基坑的自身安全外，还要考虑对邻近建筑物的影响，考虑对周围地下的煤气、上下水、电信、电缆等管线的影响。

（4）深基坑支护工程大多为临时性支护工程。在实际处理这个问题时，常常得不到建设方应有的重视。

因此，深基坑开挖与支护工程是一个系统工程，不仅涉及工程地质和水文地质、工程力学与工程结构、土力学与基础工程，还涉及工程施工与组织管理，是融合多学科知识于一体的综合性科学。

2.2　土压力的分类和计算

深基坑的开挖改变了施工场地土的原始应力平衡状态，需要采用各种不同类型的支护结构来恢复、平衡原来的应力状态。因此，深基坑支护设计的重要问题是分析场地在深基坑开挖前、开挖过程中及开挖后的一段时期维持土体原有应力状态的变化情况。侧向土压力是设计的一个重要参数，挡墙和板桩墙、支撑和不支撑的开挖，筒仓壁和储箱上的谷物压力，隧道墙以及其他地下结构物上的土或岩石压力都需要通过对构件的侧向压力进行定量估算来做设计或稳定性分析。

2.2.1 土压力分类

土压力是土作用在工程结构上的或作用在被土所包围的结构物表面上的压力或这些压力的合力。这些压力由土的自重、土所承载的恒荷载和活荷载所产生，其大小由土的物理力学性质、土和结构之间的物理作用、绝对位移、相对位移以及变形值与特征所决定。

图 2-1 所示为几种支护工程结构土压力的实例，其基本不同点在于位移的类型和数值。图 2-1（a）为重力式挡土墙支护结构类型，当基底考虑为不动时，位移体现在墙身绕基底转动；图 2-1（b）为柔韧拉锚板桩支护结构，其变形主要体现在支护结构本身（与土体协调）；图 2-1（c）为支撑围护的护壁水平移动。

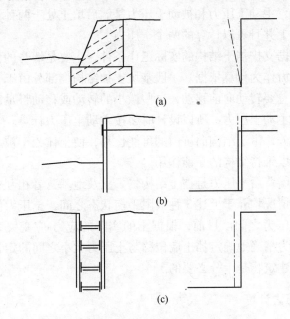

图 2-1　与土压力有关的支护结构问题
（a）重力式挡土墙；（b）拉锚板桩；（c）支撑

根据墙的移动情况，作用在挡土墙墙背上的土压力可以分为静止土压力、主动土压力和被动土压力，其中静止土压力值介于其他两者之间，它们与墙的位移关系如图 2-2 所示（静止土压力 E_0；主动土压力 E_a；被动土压力 E_p）。

如果墙体的刚度很大，墙身不产生任何位移或转动，这时墙后填土对墙背所产生的土压力称为静止土压力。

如果刚体墙身受墙后填土的作用绕墙背底部（即墙踵）向外转动或平行移动，则作用在墙背上的土压力值逐渐减小，直到填土内出现滑动面。在滑动面以上的土体（滑动楔体）将沿着这一滑动面向下向前滑动。在这个滑动楔体即将发生滑动的一瞬间，作用在墙背上的土压力减小到最小值，称为主动土压力，而土体内相应的应力状态称为主动极限平衡状态。相反，如墙身受外力作用而

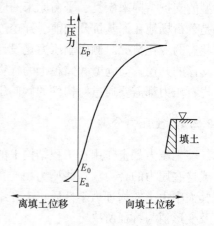

图 2-2　墙身位移与土压力关系

挤压墙后的填土，则土压力从静止土压力值逐渐增大，直到填土内出现滑动面，滑动楔体将沿某一滑动面向上向后推出，发生破坏。在这一瞬间作用在墙背上的土压力增加到最大值，称为被动土压力，而土体内相应的应力状态称为被动极限平衡状态。所以，主动土压力和被动土压力是墙后填土处于两种不同极限平衡状态时作用在墙背上并且可以计算的两个土压力。

设计时应根据支护挡土结构的实际工作条件，主要是墙身的位移情况，决定采用哪一种土压力作为计算依据。一般基坑支护结构上部分由于受到墙后土的作用和地基变形，总要转动向前移动，这些微小的转动或移动将足以使作用在墙背上的土压力接近主动土压力，所以设计时多按主动土压力计算。与此同时，基坑支护结构的下部分，由于结构向坑内的可能位移，使土体处于被动受压状态，产生了被动土压力以维持结构的平衡作用。

事实上，挡墙背后土压力是挡土结构物、土及地基三者相互作用的结果，实际工程中大部分情况均介于上述 3 种极限平衡状态之间，土压力值的实际大小也介于上述 3 种土压力之间。目前，根据土的实际的应力-应变关系，利用数值计算的手段可以较为精确地确定挡土墙位移与土压力大小之间的定量关系，这对于一些重要的工程建筑物是十分必要的。

2.2.2　静止土压力计算

当挡土墙绝对不动时，墙后填土因墙的侧限作用而处于弹性平衡状态，这时填土作用在墙背上的土压力称为静止土压力 E_0。

设 K_0 为土的静止土压力系数，e_0 为作用在墙背上填土表面下任意深度 z 处的静止土压力强度，E_0 为作用在墙高为 H 的墙背上的静止土压力，则

$$e_0 = \sigma_x = \xi\gamma z = K_0\gamma z$$

$$E_0 = \frac{1}{2}K_0\gamma H^2 \tag{2-1}$$

可见,静止土压力沿挡土墙高度呈三角形分布。

关于静止土压力系数 K_0,理论上有 $K_0 = \dfrac{\mu}{1-\mu}$,μ 为土的泊松比,K_0 可通过对填土的室内试验或原位试验测定。当缺乏试验资料时,还可由经验公式来估算,即

对于砂性土 $\qquad\qquad K_0 = 1 - \sin\varphi'$

对于黏性土 $\qquad\qquad K_0 = 0.95 - \sin\varphi'$

我国《公路桥涵设计通用规范》(JTJ 21—89)给出静止土压力系数 K_0 的参考值:砾石、卵石为 0.20;砂土为 0.25;粉土为 0.35;粉质黏土为 0.45;黏土为 0.55。

目前古典土压力的理论主要有朗肯 (W. J. M. Rankine) 理论和库仑 (G. A. Coulomb) 理论。

2.2.3 朗肯土压力理论

朗肯土压力理论是英国学者朗肯 (Rankine) 1857 年根据均质的半无限土体的应力状态和土处于极限平衡状态的应力条件提出的。在其理论推导中,首先作出以下基本假定:

(1) 挡土墙为刚性并且墙背垂直;

(2) 挡土墙的墙后填土表面水平;

(3) 挡土墙的墙背光滑,不考虑墙背与填土之间的摩擦力(即 $\delta = 0$)。

然后按墙身的移动情况,根据墙后土体内任意一点处于主动或被动极限平衡状态时最大和最小主应力间的关系求得主动和被动土压力强度,以及主动和被动土压力(它等于土压力强度分布图形的面积)。由于没有考虑摩擦力,这样求得的主动土压力值偏大,而被动土压力值偏小。因此,用朗肯土压力理论来设计挡土墙总是偏于安全的,而且公式简单,便于记忆,所以也被广泛应用。

朗肯研究了无限均质土体任意点的应力状态,导出了土压力理论。

地表下深为 z 的某处,在它水平底面上的竖向应力 σ_z 为主应力,并等于其自重应力:

$$\sigma_z = \gamma z \tag{2-2}$$

而水平应力 $\sigma_h = \xi\gamma z$ 则是另一个主应力,这时土应力状态如图 2-3 中的应力圆弧 $\overset{\frown}{12}$ 所示。当侧向水平应力 σ_h 由于土的侧胀而减小时,点 2 就逐渐左移,最后到达点 3 的位置,这时,应力圆正好与抗剪强度线相切,这时的状态称为主动

极限平衡状态。反之,当水平应力由于土受到侧向挤压而挤紧时,应力圆弧$\overset{\frown}{12}$上的点 2 就要向右方移动,一直移到图中的点 4 的位置而与抗剪强度线相切,这时的状态称为被动极限平衡状态。当土体处于极限平衡状态时,土中任一点的最大主应力 σ_1 与最小主应力 σ_3 间存在着如下关系:

$$无黏性土 \qquad \sigma_1 = \sigma_3 \tan^2\left(45° + \frac{\varphi}{2}\right) \tag{2-3}$$

$$或 \qquad \sigma_3 = \sigma_1 \tan^2\left(45° - \frac{\varphi}{2}\right) \tag{2-4}$$

$$黏性土 \qquad \sigma_1 = \sigma_3 \tan^2\left(45° + \frac{\varphi}{2}\right) + 2C\tan\left(45° + \frac{\varphi}{2}\right) \tag{2-5}$$

$$或 \qquad \sigma_3 = \sigma_1 \tan^2\left(45° - \frac{\varphi}{2}\right) - 2C\tan\left(45° - \frac{\varphi}{2}\right) \tag{2-6}$$

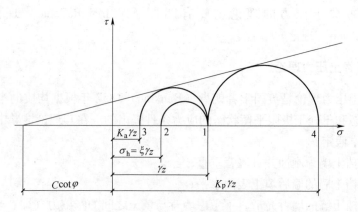

图 2-3 朗肯极限平衡状态应力图

而滑动面(即破裂面)与最大主应力平面之间的夹角等于 $45° + \frac{\varphi}{2}$。

当整个土体在水平方向有机会侧向膨胀伸展而达到主动极限平衡状态时(或主动朗肯状态时),在深度 z 处任一点所受的竖向应力 γz 是最大主应力,而水平应力是最小主应力,也就是该点的主动土压力强度 e_a。由式(2-4)和式(2-6)可得:

$$无黏性土 \qquad e_a = \gamma z \tan^2\left(45° - \frac{\varphi}{2}\right) \tag{2-7}$$

$$黏性土 \qquad e_a = \gamma z \tan^2\left(45° - \frac{\varphi}{2}\right) - 2C\tan\left(45° - \frac{\varphi}{2}\right) \tag{2-8}$$

因为最大主应力是竖向的,也即最大主应力作用面是水平的,所以滑动面和

水平面的夹角为 $45° + \dfrac{\varphi}{2}$。

当整个土体在水平方向受挤压缩而达到被动极限平衡状态时，在深度 z 处任一点所受的竖向应力 γz 是最小主应力，水平应力是最大主应力，也就是该点的被动土压力强度 e_p。由式（2-3）和式（2-5）可得：

无黏性土
$$e_p = \gamma z \tan^2\left(45° + \frac{\varphi}{2}\right) \tag{2-9}$$

黏性土
$$e_p = \gamma z \tan^2\left(45° + \frac{\varphi}{2}\right) + 2C\tan\left(45° + \frac{\varphi}{2}\right) \tag{2-10}$$

因为最大主应力是水平的，亦即最大主应力作用面是竖向的，所以滑动面和水平面成夹角 $45° - \dfrac{\varphi}{2}$。

上述分析相应于整个或无限土体全部受拉或受压的情况，它属于连续性平衡状态。

朗肯认为可以用挡土墙来代替半无限土体的一部分，而替换的结果并不影响土体其他部分的应力状态，即作用在墙背上的土压力强度等于达到主动朗肯状态或被动朗肯状态时半无限土体中某个与墙背方向一致而高度相等的截面上的应力。这样，郎肯土压力理论的极限平衡问题只有半无限土体界面情况这一个边界条件，而没有考虑墙背和填土之间的摩擦力。

2.2.4 库仑土压力理论

库仑于 1776 年根据研究挡土墙墙后滑动土楔体的静力平衡条件，提出了计算土压力的理论。他假定挡土墙是刚性的，墙后填土是无黏性土。当墙背移离或移向填土，墙后土体达到极限平衡状态时，墙后填土是以一个三角形滑动土楔体的形式，沿墙背和填土土体中某一滑裂平面通过墙踵同时向下发生滑动。根据三角形土楔的力系平衡条件，求出挡土墙对滑动土楔的支撑反力，从而解出挡土墙墙背所受的总土压力。

2.3 基坑支护结构

基坑支护结构的形式多样，为适应不同的地质及环境条件，设计者针对不同的工程实际，往往会根据当地建筑材料、施工条件等设计出不同的结构形式。现有规范把基坑的支护结构分为支挡式结构、土钉墙、重力式水泥土墙和放坡四种形式，详见表 2-1。

选取支护结构类型时应该考虑的因素包括：

（1）基坑深度；

（2）土的性状及地下水条件；

表 2-1 基坑的各类支护结构及适用条件

结构类型		适用条件		
		安全等级	基坑深度、环境条件、土类和地下水条件	
支挡式结构	锚拉式结构	一级、二级、三级	适用于较深的基坑	1. 排桩适用于可采用降水或截水帷幕的基坑；2. 地下连续墙宜同时用作主体地下结构外墙，可同时用于截水；3. 锚杆不宜用在软土层和高水位的碎石土、砂土层中；4. 当邻近基坑有建筑物地下室、地下构筑物等，锚杆的有效锚固长度不足时，不应采用锚杆；5. 当锚杆施工会造成基坑周边建（构）筑物的损害或违反城市地下空间规划等规定时，不应采用锚杆
	支撑式结构		适用于较深的基坑	
	悬臂式结构		适用于较浅的基坑	
	双排桩		当锚拉式、支撑式和悬臂式结构不适用时，可考虑采用双排桩	
	支护结构与主体结构结合的逆作法		适用于基坑周边环境条件很复杂的深基坑	
土钉墙	单一土钉墙	二级、三级	适用于地下水位以上或经降水的非软土基坑，且基坑深度不宜大于 12m	当基坑潜在滑动面内有建筑物、重要地下管线时，不宜采用土钉墙
	预应力锚杆复合土钉墙		适用于地下水位以上或经降水的非软土基坑，且基坑深度不宜大于 15m	
	水泥土桩垂直复合土钉墙		用于非软土基坑时，基坑深度不宜大于 12m；用于淤泥质土基坑时，基坑深度不宜大于 6m；不宜用在高水位的碎石土、砂土、粉土层中	
	微型桩垂直复合土钉墙		适用于地下水位以上或经降水的基坑，用于非软土基坑时，基坑深度不宜大于 12m；用于淤泥质土基坑时，基坑深度不宜大于 6m	
重力式水泥土墙		二级、三级	适用于淤泥质土、淤泥基坑，且基坑深度不宜大于 7m	
放坡		三级	1. 施工场地应满足放坡条件；2. 可与上述支护结构形式结合	

注：1. 当基坑不同部位的周边环境条件、土层性状、基坑深度等不同时，可在不同部位分别采用不同的支护形式；
　　2. 支护结构可采用上、下部以不同结构类型组合的形式。

（3）基坑周边环境对基坑变形的承受能力及支护结构一旦失效可能产生的后果；

（4）主体地下结构及其基础形式、基坑平面尺寸及形状；

（5）支护结构施工工艺的可行性；

（6）施工场地条件及施工季节；

（7）经济指标、环保性能和施工工期。

另外，需要注意的是：

（1）不同支护形式的结合处，应考虑相邻支护结构的相互影响，其过渡段应有可靠的连接措施。

（2）支护结构上部采用土钉墙或放坡、下部采用支挡式结构时，上部土钉墙或放坡应符合规范对其支护结构形式的规定，支挡式结构应按整体结构考虑。

（3）当坑底以下为软土时，可采用水泥土搅拌桩、高压喷射注浆等方法对坑底土体进行局部或整体加固。水泥土搅拌桩、高压喷射注浆加固体宜采用格栅或实体形式。

（4）基坑开挖采用放坡或支护结构上部采用放坡时，应验算边坡的滑动稳定性，边坡的圆弧滑动稳定安全系数 K_s 不应小于 1.2。放坡坡面应设置防护层。

2.3.1　支挡式结构

支挡式结构应根据具体形式与受力、变形特性等采用下列分析方法：

（1）锚拉式支挡结构，可将整个结构分解为挡土结构、锚拉结构（锚杆及腰梁、冠梁）分别进行分析；挡土结构宜采用平面杆系结构弹性支点法进行分析；作用在锚拉结构上的荷载应取挡土结构分析时得出的支点力。

（2）支撑式支挡结构，可将整个结构分解为挡土结构、内支撑结构分别进行分析；挡土结构宜采用平面杆系结构弹性支点法进行分析；内支撑结构可按平面结构进行分析，挡土结构传至内支撑的荷载应取挡土结构分析时得出的支点力；对挡土结构和内支撑结构分别进行分析时，应考虑其相互之间的变形协调。

（3）悬臂式支挡结构、双排桩支挡结构，宜采用平面杆系结构弹性支点法进行结构分析。

（4）当有可靠经验时，可采用空间结构分析方法对支挡式结构进行整体分析或采用数值分析方法对支挡式结构与土进行整体分析。

锚拉式和支撑式支挡结构的设计工况应包括基坑开挖至坑底的状态和锚杆或支撑设置后的开挖状态。当需要在主体地下结构施工过程以其构件替换并拆除局部锚杆或支撑时，设计工况中尚应包括拆除锚杆或支撑时的状态。悬臂式和双排桩支挡结构，可仅以基坑开挖至坑底的状态作为设计工况。支挡式结构的构件应按各设计工况内力和支点力的最大值进行承载力计算。替换锚杆或支撑的主体地下结构构件应满足各工况下的承载力、变形及稳定性要求。

对采用水平内支撑的支撑式结构，当不同基坑侧壁的支护结构水平荷载、基坑开挖深度等不对称时，应分别按相应的荷载及开挖状态进行支护结构计算分析。

2.3.1.1　结构设计计算

在建筑基坑支护设计与施工中应做到技术先进、经济合理，确保基坑边坡稳定，基坑周围建筑物、道路及地下设施安全。

　　基坑支护设计与施工应综合考虑工程地质与水文地质条件、基础类型、基坑开挖深度、降排水条件、周边环境对基坑侧壁位移的要求、基坑周边载荷、施工季节、支护结构使用期限等因素，做到因地制宜，因时制宜，合理设计，精心施工，严格监控。

　　基坑支护结构是采用以分项系数表示的极限状态设计进行设计。其支护结构极限状态可分为：对应于支护结构达到最大承载能力或土体失稳、过大变形导致支护结构或基坑周边环境破坏，即承载能力极限状态；对应于支护结构的变形已妨碍地下结构施工或影响基坑周边环境的正常使用功能。

　　支护结构构件按承载能力极限状态设计时，作用基本组合的综合分项系数不应小于 1.25。基坑支护安全等级按其破坏后果可分为一级、二级和三级，其对应的重要性系数依次为 1.10、1.00 和 0.90。

　　支护结构设计要考虑其结构水平变形、地下水的变化对周边环境的水平与竖向变形，对于安全等级为一级和对周边环境有限定要求的二级建筑基坑侧壁，要根据周边环境的重要性、对变形的适应能力及土的性质等确定支护结构的水平变形限制。

　　根据基坑极限状态设计要求，基坑支护应进行下列计算和验算：

　　（1）基坑支护结构均应进行承载能力极限状态的计算，计算内容包括：

　　1）根据基坑支护形式及其受力特点进行土体稳定性计算；

　　2）对基坑支护结构的受压、受弯、受剪承载力进行计算；

　　3）当有锚杆或支撑时，应对其进行承载力计算和稳定性验算。

　　（2）对于安全等级为一级及对支护结构变形有限定的二级建筑基坑侧壁，尚应对基坑周边环境及支护结构变形进行验算。

2.3.1.2　悬臂式支护结构设计计算

　　悬臂式支护结构主要是依靠支护结构中嵌入基坑底面以下土内的深度提供的桩前被动土压力和桩后被动土压力来平衡上部土压力、水压力及地面载荷。悬臂式支护结构可以是木桩、钢筋混凝土桩、钢板桩和地下连续墙等。

　　悬臂式支护结构的设计过程一般是首先选定初步尺寸，然后按稳定性和结构要求进行计算分析，并根据需要修改。

　　在设计过程中，插入深度是关键。有了插入深度，就可以计算弯矩和位移。在土内固定的板桩墙按悬臂固定端易于计算。但弹性嵌固的板桩（如在砾石、砂或粉砂中），其桩脚部分在某一固定点上旋转，同时被动土压力形成一对力偶如图 2-4 所示。这种结构的合力大小及位置都是未知数，求板桩插入深度、弯矩很不容易。打入土内的无拉结自由板桩受到桩顶地面载荷连同它所围护的土的主动土压力发生向外倾斜，同时板桩在桩底地面下受到周围土的影响，即从桩底地面到反弯点 D 产生一种向右的，而从 D 到桩脚产生一种向左的被动土压力。由于这种影响，板桩维持了它的垂直地位，但主动土压力 E_a 在推动板桩的同时，也在桩脚土中产生一种力，它的大小等于被动土压力和主动土压力之差，即 $E_p - E_a$，形成按土的深度成线性增加的主动土压力及被动土压力，其板桩载荷图形如图 2-5 所示。悬臂桩的计算方法较多，下面谈谈悬臂桩的一般数解法。

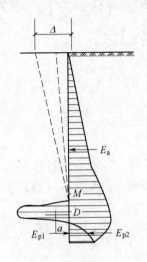

图 2-4　弹性嵌固桩图　　　　图 2-5　板桩载荷示意图

　　悬臂桩的一般数解法计算的方法和步骤如下（见图 2-6）：
　　（1）土压力计算。板桩墙后主动土压力 E_a、板桩墙前土压力 E_p 分别按下述公式计算：

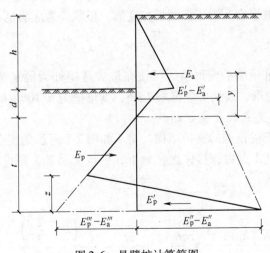

图 2-6　悬臂桩计算简图

第 n 层土底面对板桩的主动土压力为

$$E_{an} = \left(q_n + \sum_{i=1}^{n} \gamma_i h_i\right) \tan^2\left(45° - \frac{\varphi_n}{2}\right) - 2C_n \tan\left(45° - \frac{\varphi_n}{2}\right) \quad (2\text{-}11)$$

第 n 层土底面对板桩的被动土压力为

$$E_{pn} = \left(q_n + \sum_{i=1}^{n} \gamma_i h_i\right) \tan^2\left(45° + \frac{\varphi_n}{2}\right) + 2C_n \tan\left(45° + \frac{\varphi_n}{2}\right) \quad (2\text{-}12)$$

式中　q_n——地面附加载荷传递到第 n 层土底面的垂直载荷；

γ_i——i 层土的天然重力密度，kN/m²；

h_i——i 层土的厚度，m；

φ_n——n 层土调整后的内摩擦角，(°)；

C_n——n 层土调整后的内聚力，kN/m²。

(2) 计算 d 点以上土压力合力 E_a 到 d 点距离。

(3) 计算桩长。根据作用在板桩墙上水平力平衡，各水平力对板桩力矩平衡条件，建立联立方程，求解板桩嵌入 d 点以下深度值。如果嵌入 d 点以下部分处于同一土层，联立方程解得的结果为

$$t^4 + \frac{E'_p - E'_a}{B} t^3 - \frac{8E_a}{B} t^3 - \left[\frac{bE_a}{B^2}(2yB + E'_p)\right] t - \frac{6E_a y(E'_p - E'_a) + 4E_a^2}{B^2} = 0$$

$$(2\text{-}13)$$

式中　　　　　　$B = \gamma_n\left[\tan^2\left(45° + \frac{j_n}{2}\right) - \tan^2\left(45° - \frac{j_n}{2}\right)\right]$

为安全起见，实际选用嵌入 d 点下的深度应为 $1.2t$，即板桩的总长度为

$$L = h + d + 1.2t \quad (2\text{-}14)$$

(4) 计算板桩最大弯矩。最大弯矩在剪应力等于零处从上往下计算。

(5) 验算板桩强度。为了控制板桩变形，板状应力应满足：

$$\sigma - \frac{M_{min}}{w} \leqslant \frac{1}{2}[\sigma] \quad (2\text{-}15)$$

(6) 计算板桩顶端的变形值。可按在最大弯矩处为固定端的悬臂梁进行计算，由于土体的变形，其结果应再乘 $2 \sim 5$，变形值为 $h/100 \sim h/200$。

2.3.1.3　单支点混合支护结构

(1) 支点设于桩顶处的支护结构。对于如图 2-7 所示的支点设于桩顶处的支护结构，一般假定 A 点为铰接，埋在地下，桩也无移动，则可按平衡理论计算，其基本步骤如下：

1) 求埋深 x：

$$\frac{\gamma K_a(h + x)^3}{3} + \frac{q K_a(h + x)^2}{2} - \frac{\gamma K_p\left(h + \frac{2}{3}x\right)}{2} = 0 \quad (2\text{-}16)$$

根据 K_a、K_p、q 与 γh 的比值 λ，求出 ξ 值。由 $x = \xi h$，可求出插入深度。

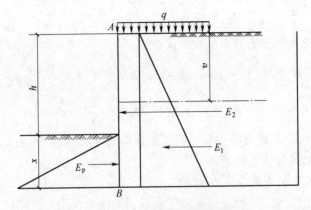

图 2-7 顶部支点挡土桩计算简图

2) 求 T_a 及最大弯矩。已经求出桩的埋入深度 x，仍按图 2-7，求出拉力 T_a：

$$T_a = \frac{\frac{1}{3}(h+x)E_1 + \frac{1}{2}(h+x)E_2 - \frac{1}{3}xE_p}{h+x} \qquad (2\text{-}17)$$

求出 T_a 后，再求最大弯矩：

$$M_{max} = T_a y - q\frac{K_a y^2}{2} - \frac{\gamma K_a y^3}{6} \qquad (2\text{-}18)$$

（2）上部支点在任意处，下部简支挡土桩支护结构。如图 2-8 所示，设拉杆离地面距离为 a 的 A 点，拉杆处为铰接，引入常数 $\varphi = \dfrac{a}{h}$，令 $x = \xi h$，$\lambda =$

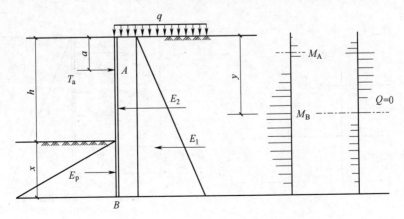

图 2-8 上支点在任意处挡土墙计算简图

$q/(\gamma h)$，则得下式：

$$\frac{K_a}{K_p} = \frac{\xi^2(3 + 2\xi - 3\varphi)}{(1 + \xi)^2(2 + 2\xi - 3\varphi) + 3\lambda(1 + \xi)(1 + \xi - 2\varphi)}$$

简化上式得未知数 ξ 的三次方程式：

$$2\left(1 - \frac{K_a}{K_p}\right)\xi + 3\left[(1 - \varphi) - (2 - \varphi - \lambda)\frac{K_a}{K_p}\right]\xi(1 - \varphi)(1 - \lambda)\frac{K_a}{K_p}\xi -$$

$$\left[(2 - 3\varphi) + 3(1 - 2\varphi)\lambda\right]\frac{K_a}{K_p} = 0 \tag{2-19}$$

式中，K_a、K_p、φ、λ 皆为已知数，解三次方程式可求出 ξ，再由 $x = \xi h$，可求出插入深度。但上述公式比较繁琐。

2.3.1.4 多支点混合支护结构

多支点挡土结构，一般在挡土墙完成后，先挖土到第一道锚杆（支撑能施工的深度），这个深度要满足挡土桩、墙的自立（悬臂）条件，即强度和位移要满足，钢板桩、H 型钢桩一定要考虑其位移，因此设计第一道锚杆（支撑）时一定要考虑其临界深度。

多支点支护结构的计算方法较多，本节只介绍等值梁法和二分之一分割近似计算法，其他有关方法可查阅有关资料。

A 等值梁法

如图 2-9 所示，将土压力、水压力及地面超载视为荷载，多支点为连续梁支座。人工部分支座是关键，因而进行如下假设：

(1) 入土部分弯矩为零点处是假想铰点，可作支座。

(2) 土压力为零点处为假想铰点。

根据这些假想，确定方法有两种：

(1) 根据 φ 值与假想铰关系作图确定，如图 2-10 所示。

(2) 根据假想铰位置与标准贯入度确定，见表 2-2。

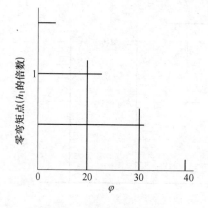

图 2-9 等值梁计算简图

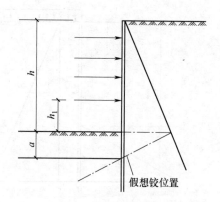

图 2-10 假想铰位置的确定

表 2-2 假想铰距离计算参考值

砂质土	假想铰距离	砂质土	假想铰距离
$N < 15$	$a = 0.3h_i$	$N > 30$	$a = 0.1h_i$
$15 < N < 30$	$a = 0.2h_i$		

有了假想铰，可按连续梁三弯矩法求出最大弯矩及多支点反力，即可配置锚杆或支撑，挡墙体弯矩相差较大时应调整各支点距离或进行优选。

B 二分之一分割法（近似法）

二分之一分割法是一种近似计算法，如图 2-11 所示。

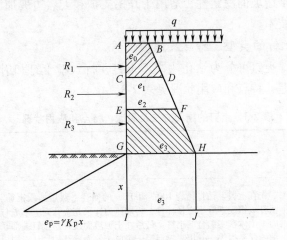

图 2-11 多拉顶杆的近似计算

（1）基本假定：

1）假定地面超载是矩形分布，土压力是三角形分布，AB 处土压力为 e_0，CD 处为 e_1，入土部分为矩形，被动土压力为三角形分布；

2）假定 $ABCD$ 的土压力被 R_1 承担，$CDEF$ 被 R_2 承担，$EFGH$ 被 R_3 承担。

（2）入土嵌固埋深 x。

可令被动土压力等于 $GHIJ$ 而求出：

$$\frac{1}{2}\gamma K_p x^2 = e_3 x$$

则

$$x = \frac{2e_3}{\gamma K_p}$$

2.3.2 土钉墙

土钉墙亦称插筋补强法，是通过在边坡土体中插入一定数量抗拉强度较大，并具有一定刚度的插筋锚体，使之与土体形成复合土体。这种方法可提高边坡土体的结构强度和抗弯刚度，减小土体侧向变形，增强边坡整体稳定性。它以发挥土钉与土体相互作用形成复合土体的补强效应为基本特征，以土钉作为补强的基本手段。与其他护坡技术相比，它不需要大型施工机械，几乎不需要单独占用场地，而且具有施工简便、适用性广泛、费用低、可以竖直开挖等优点。因而在我国已经大量使用并有广泛的应用前景。

2.3.2.1 土钉支护结构概述

土钉是将拉筋插入土体内部（常用钢筋做拉筋），尺寸小，全长度与土黏结，并在坡面上喷射混凝土，从而形成土体加固区带，其结构类似于重力式挡墙，用以提高整个边坡的稳定性，适用于开挖支护和天然边坡加固，是一项实用的原位岩土加筋技术。

2.3.2.2 土钉的类型、特点及适用性

按施工方法，土钉可分为钻孔注浆型土钉、打入型土钉和射入型土钉三类，其施工方法及原理、特点和应用状况见表2-3。

表2-3 土钉的施工方法及原理、特点和应用状况

土钉类型（按施工方法）	施工方法及原理	特点和应用状况
钻孔注浆型土钉	先在土坡上钻直径为 100～200mm 的横孔，然后插入钢筋、钢杆或钢铰索等小直径杆件，再用压力注浆充实孔穴，形成与周围土体密实黏结的土钉，最后在土坡坡面设置与土钉端部联结的联系构件，并用喷射混凝土组成土钉面层结构，从而构成一个具有自撑能力且能够支撑其后来加固体的加筋域	土钉中应用最多的形式，可用于永久性或临时性的支挡工程
打入型土钉	将钢杆直接插入土中。欧洲多用于等翼角钢（30×30×5～60×60×5）作为钉杆，采用专门施工机械，如气动土钉机，能够快速、准确地将钉打入土中。长度一般不超过6m，用气动土钉机每小时可施工15根。其提供的摩擦力较低，因而要求的钉杆表面积和设置密度均大于钻孔注浆型土钉	长期的防腐工作难以保证，目前多用于临时性支挡工程
射入型土钉	由采用压缩空气的射钉机任意选定的角度将直径为25～38mm、3～6m 的光直钢杆（或空心钢杆）射入土中。土钉可采用镀锌或环氧防腐套。土钉头通常配有螺纹，以附设面板。射钉机可置于一标准轮式或履带式车辆上，带有一专门的伸臂	施工快速、经济，适用于多种土层，但目前应用尚不广泛，有很大的发展潜力

土钉适用于地下水位低于土坡开挖段或经过降水使地下低于开挖层的情况。为了保证土钉的施工，土层在分阶段开挖时，应能保证自立稳定。为此，土钉适用于有一定黏结性的杂填土、黏性土、粉性土、黄土类土及弱胶结的砂土边坡。此外，当采用喷射混凝土面层或坡面浅层注浆等稳定坡面措施能够保证每一切坡台阶的自立稳定时，也采用土钉支挡体系作为稳定边坡的方法。

对标准贯入击数低于 10 击或相对密实度低于 0.3 的砂土边坡，采用土钉法一般是不经济的；对不均匀系数小于 2 的级配不良的砂土，土钉法不可采用；对塑性指数 I_p 大于 20 的黏性土，必须仔细评价其蠕变特性后，方可将土钉用作永久性支挡结构；土钉法不适用于边坡稳定软土边坡，其长度与密度均需提得很高，且成孔时保护孔壁的稳定也较困难，技术经济综合效益均不理想；同样，土钉不适用于侵蚀性土（如煤渣、矿渣、炉渣、酸性矿物废料等）中作为永久性支挡结构。

土钉作为一种施工技术，具有以下特点：

（1）对场地邻近建筑物影响小。由于土钉施工采用小台阶逐段开挖，且在开挖成型后及时设置土钉与面层结构，使面层与开挖坡面紧密结合，土钉与周围土体牢固黏结，对土坡的土体扰动较少。土钉一般都是快速施工，可适用开挖过程中土质条件的局部变化，易于使土坡得到稳定。实测资料表明：采用土钉稳定的土坡只要产生微小的变形，就可使土钉的加筋力得到发挥，因而实测的坡面位移与坡顶变形很小，对相邻建筑物的影响小。

（2）施工机具简单，施工灵活。设置土钉采用的钻孔机具及喷射混凝土设备都属可移动的小型机械，移动灵活，所需场地也小。此类机械的振动小，噪声低，在城市地区施工具有明显的优越性。土钉施工速度快，施工开挖容易成型，在开挖过程中较易适用不同的土层条件和施工程序。

（3）经济效益好。据西欧统计资料，开挖深度在 10m 以内的基坑，土钉比锚杆墙方案可节约投资 10% ～30%。在美国，按土钉开挖专利报告（ENNR，1976）所指出的，该方法可节约投资 30% 左右。国内土钉工程的经济分析也表明，其可比传统支护方式节约投资 30% ～40%。

诚然，土钉技术在其应用上也有一定的局限性，主要是：

（1）土钉施工时一般要先开挖土层 1～2m 深，在喷射混凝土和安装土钉前需要在无支护情况下稳定至少几个小时，因此土层必须有一定的天然"凝聚力"。否则需先行处理（如进行灌浆等）来维持坡面稳定，但这样会使施工复杂和造价加大。

（2）土钉施工时要求坡面无水渗出。若地下水从坡面渗出，则开挖后坡面会出现局部塌滑，这样就形成一层喷射混凝土。

（3）软土开挖支护不宜采用土钉。因软土内摩擦力小，为获得一定的稳定性，势必要求土筋长、密度高。这时采用抗滑桩或锚杆地下连续墙较为适宜。但国内已有在软土（淤泥）地层成功运用土钉支护的工程，技术方面尚应总结提高。

2.3.2.3 土钉与加筋土挡墙、土层锚杆的比较

A 土钉与加筋土挡墙比较

尽管土钉技术与前述的加筋土挡墙技术有一定的类同之处，但仍有一些根本

的差别需要重视。

主要相同之处为：（1）加筋体（拉筋或土钉）均处于无预应力状态，只有在土体产生位移后，才能发挥其作用。（2）加筋体抗力都是加筋体与土之间产生的界面摩擦阻力提供的，加筋土体内部本身处于稳定状态，它们承受着其后外部土体的推力，类似于重力式挡墙的作用。（3）面层（加筋土挡墙面板为预制构件，土钉面层是现场喷射混凝土）都较薄，在支挡结构的整体稳定中不起主要作用。

主要不同之处为：（1）虽然竣工后两种结构外观相似，但其施工程度却截然不同。土钉施工是"自上而下"，分步施工，而加筋土挡墙的施工则是"自下而上"（见图 2-12）。这对筋体应力分步有重大影响，施工期间尤甚。（2）土钉是一种原位加筋技术，是用来改良天然土层的，不像加筋土挡墙那样，能够预定和控制加筋土的性质。（3）土钉技术通常包括使用灌浆技术，使筋体和周围土层黏结起来，荷载通过浆体传递给土层。在加筋土挡墙中，摩阻力直接产生于筋条和土层间。

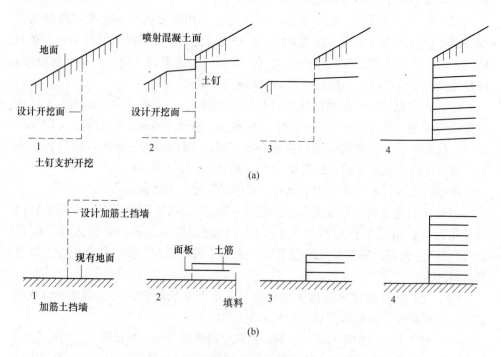

图 2-12 土钉与加筋土挡墙施工程序比较

（a）"自上而下"土钉结构；（b）"自下而上"加筋土挡墙

B 土钉与土层锚杆比较

表面上，当用于边坡加固和开挖支护时，土钉和预应力土锚杆间有一些相似之处。的确，人们很想将土钉仅仅当做一种"被动式"的小尺寸土层锚杆。尽管如此，两者仍然有较多的功能差别，包括：（1）土层锚杆在安装后便给予张拉，因此在运行时能理想地防止结构发生各种位移。相比之下，土钉则不予张拉，只有在发生少量（虽然非常小）位移后才可发挥作用。（2）土钉长度（一般为 3~10m）的绝大部分和土层相接触，而土层锚杆则是通过末端固定的长度传递荷载，其直接后果是在支挡土体内产生的应力分布不同。（3）由于土钉安装密度很高（一般每 0.5~4.0m² 一根），因此单筋破坏的后果未必严重。另外，土钉的施工精度要求不高，它们是以相互作用的方式形成一个整体。（4）因锚杆承受荷载很大，在锚杆的顶部需要安装适当的承载装置，以减小出现穿过挡土结构面发生"刺入"破坏的可能性。而土钉则不需要安装坚固的承载装置，其顶部承担的荷载小，可由安装在喷射混凝土表面的钢垫来承担。（5）锚杆往往较长（一般为 15~45m），因此需要用大型设备来安装。锚杆体系常用于大型挡土结构，如地下连续墙和钻孔灌注桩挡墙，这些结构本身也需要大型施工设备。

2.3.2.4 加固机理

土钉是由较小间距的加筋来加强土体，形成一个原位复合的重力式结构，用以提高整个原位土体的强度并限制其位移。这种技术实质是"新奥隧道法"的延伸，它结合了钢丝网喷射混凝土和岩石锚栓的特点，对边坡提供柔韧性支挡。其加固机理主要表现在以下几个方面：

（1）提高原位土体强度。土钉是在土体内增设一定长度与分布密度的锚固体，它与土体牢固结合而共同工作，以弥补土体自身强度的不足，增强土坡坡体自身的稳定性，属于主动制约机制的支挡体系。通过模拟试验表明，土钉在其加强的复合土体中起着箍束骨架作用，提高了土坡的整体刚度与稳定性；土钉墙在超载作用下的变形特征，表现为持续的渐进性破坏。即使在土体内已出现局部剪切面和张拉裂缝，并随着超载集度的增加扩展，但仍可持续很长时间不发生整体塌滑，表明其仍具有一定的强度。然而，素土（未加筋）边坡在坡顶超载作用下，当其产生的水平位移远低于土钉加固的边坡时，就会出现快速的整体滑裂和塌落。

（2）土与土钉间相互作用。类似于加筋土挡墙内拉筋与土的相互作用，土钉与土间的摩阻力的发挥，主要是由于土钉和土间相对位移而产生的。在土钉加筋的边坡内，同样存在着主动区和被动区。主动区和被动区内土体与土钉摩阻力的方向相反，而被动区内土钉可起到锚固作用。

（3）面层土压力分布。面层不是土钉结构的主要受力构件，而是面层土压力传力体系的构件，同时起保证各土钉不被侵蚀风化的作用。由于它采用的是与常规支挡体系不同的施工顺序，因而面层上土压力分布与一般重力式挡土墙不同。山西省太原煤矿设计研究院曾对山西某黄土边坡土钉工程进行原位观测（见

图 2-13）。试验指出，实测面层土压力随着土钉及层面的分段设置而产生不断变化，其分布形式不同于主动土压力，王步云等认为可将其简化为图 2-13 中曲线 3 所示的形式。

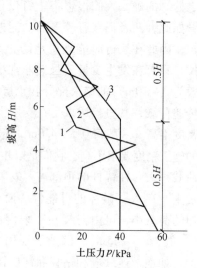

图 2-13　土钉面层土压力分布
1—实测土压力；2—主动土压力；
3—简化土压力

（4）破裂面形式。对均质土陡坡，在无支挡条件下其破坏是沿着库仑破裂面发展的，这已为许多试验和实际工程所证实。对原位加筋土钉复合陡坡破坏形式，太原煤矿设计研究院对此进行了原位试验及理论分析，并获得了如图 2-14 所示的结果（试验土坡的土质为黄土类粉土与粉质黏土）。实测土钉复合陡坡破裂面不同于库仑破裂面，王步云等建议采用图 2-14（b）中的简化破裂面形式。

2.3.2.5　设计计算

土钉结构的稳定必须经过外力和内力的作用。关于外部稳定方面的要求如下：

（1）加筋区必须能抵抗其后的非加筋区的外力而不能滑动。

（2）在加筋区自重及其所承受侧向土压力共同作用下，不能引起地基失稳。

（3）挡土结构的稳定，必须考虑防止深层整体破坏。

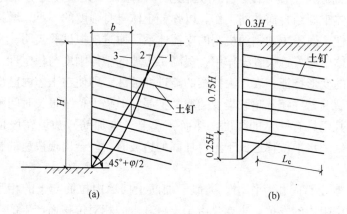

图 2-14　土钉复合陡坡破裂面形式
1—库仑破裂面；2—有限元解；3—实测值

关于内部稳定，土钉必须安装紧固，以保证加筋区内土钉与土有效地相互作用。土钉应具有足够的长度和能力以保证加筋区的稳定。因此设计时必须考虑：

（1）单根土钉必须能维持其周围土体的平衡，这一局部稳定条件控制着土钉的间距。

（2）为防止土钉与土间结合力不够，或土钉断裂而引起加筋区整体滑动破坏，要求控制土钉的所需长度。

为此，土钉支挡体系的设计一般包括以下步骤：

（1）根据土坡的几何尺寸（深度、切坡倾角）、土性和超载情况，估算潜在破裂面的位置。

（2）选择土钉的形式、截面积、长度、设置倾角和间距。

（3）验算土钉结构的内外部稳定性。

具体设计计算内容主要是土钉几何尺寸设计和内容稳定性分析。

A　土钉几何尺寸设计

在初步设计阶段，首先应根据土坡的设计几何尺寸及可能潜在破裂面的位置等做初步选择，应包括孔径、长度与间距等基本参数。

（1）土钉长度。已有工程的土钉实际长度 L 均不超过土坡的垂直高度。抗拔试验表明，对高度小于 12m 的土坡采用相同的施工工艺，在同类土质条件下，当土钉长度达到 1 倍土坡垂直高度时，再增加长度对承载力提高不明显。Schlosser（1982）认为，当土坡倾斜时，倾斜面使侧向土压力降低，这就能使土钉的长度比垂直高度加筋土挡墙拉筋的长度短。因此，常采用土钉的长度约为坡面垂直高度的 60% ~ 70%。Bruce 和 Jewell（1987）通过对十几项土钉工程分析表明，对钻孔注浆型土钉，用于粒状土陡坡加固时，其长度比（土钉长度与坡面垂直高度之比）一般为 0.5 ~ 0.6。

（2）土钉孔径及间距布置。土钉孔径 d_h 可根据成孔机械选定。国外对钻孔注浆型土钉钻孔直径一般为 76 ~ 150mm；国内采用的土钉钻孔直径一般为 100 ~ 200mm。土钉间距包括水平间距（行距）和垂直间距（列距）。王步云等认为，对钻孔注浆型土钉，应按 6 ~ 8 倍土钉钻孔直径 d_h 选定土钉行距和列距，且应满足：

$$S_x S_y = K d_h L \qquad (2\text{-}20)$$

式中　S_x，S_y——土钉行距、列距；

　　　　K——注浆工艺系数，对一次性压力注浆工艺，取 1.5 ~ 2.5。

Bruce 和 Jewell（1987）统计分析表明，对钻孔注浆型土钉，用于加固粒状土陡坡时，其黏结比 $d_h L/(S_x S_y)$ 为 0.3 ~ 0.6；用于冰碛物和泥灰岩时，其黏结比为 0.15 ~ 0.20。对打入型土钉，用于加固粒状土陡坡时，其黏结比为 0.6 ~ 1.1。

（3）土钉主筋直径 d_b 的选择。为了增强土钉中筋材与砂浆（细石混凝土）的握裹力和抗拉强度，打入型土钉一般采用低碳角钢；钻孔注浆型土钉一般采用高强度实心钢筋，筋材也可采用多根钢绞线组成的钢绞索。王步云等建议，土钉的筋材直径 d_b 可按下式估算：

$$d_b = (20 ~ 25) \times 10^3 \sqrt{S_x S_y} \qquad (2\text{-}21)$$

但国外的统计资料表明（Bruce 和 Jewell，1987），对钻孔注浆型土钉，用于粒状土陡坡加固时，其布筋率 $d_b^2/(S_x S_y)$ 为 $(0.4 \sim 0.8) \times 10^{-3}$；用于冰碛物和泥灰岩时，其布筋率为 $(0.10 \sim 0.25) \times 10^{-3}$；用于粒状土陡坡时，其布筋率为 $(1.3 \sim 1.9) \times 10^{-3}$。

B　内部稳定性分析

土钉结构内部稳定性分析，国内外有几种不同的设计计算方法，国外主要有美国的 Davis 法、英国的 Bridle 法和德国法及法国法，国内有王步云所提的方法。这些方法的设计计算原理都是考虑土钉被拔出或被拔断。这里只介绍目前国内常用的设计方法。

（1）抗拉断裂极限状态。在面层土压力作用下，土钉将承受抗拉应力，为保证土钉结构内部的稳定性，应使土钉主筋具有一定安全系数的抗拉强度。为此，土钉主筋的直径 d_b 应满足公式：

$$\frac{\pi d_b^2 f_y}{4 E_i} \geqslant 1.5 \qquad (2\text{-}22)$$

式中　E_i——第 i 列单根土钉支承范围内面层上的土压力，可按下式计算：

$$E_i = q_i S_x S_y$$

　　　　q_i——第 i 列土钉处的面层土压力，可按下式计算：

$$q_i = m_e K \gamma h_r \qquad (2\text{-}23)$$

　　　　h_r——土压力作用点至坡顶的距离，当 $h_r > H/2$ 时，$h_r = 0.5H$；

　　　　H——土坡垂直高度；

　　　　γ——土的重度；

　　　　m_e——工作条件系数，对使用期不超过两年的临时性工程，$m_e = 1.0$；对使用期超过两年的永久性工程，$m_e = 1.2$；

　　　　K——土压力系数，取 $1/2$ $(K_0 + K_a)$，其中 K_0、K_a 分别为静止、主动土压力系数；

　　　　f_y——主筋抗拉强度设计值。

（2）锚固极限状态。在面层土压力作用下，土钉内部潜在滑裂面的有效锚固段应具有足够的界面摩阻力而不被拔出。为此，应满足下式：

$$\frac{F_i}{E_i} \geqslant K \qquad (2\text{-}24)$$

式中　F_i——第 i 列单根土钉的有效锚固力，可按下式计算：

$$F_i = \pi \tau d_h L_{ei}$$

　　　　L_{ei}——土钉有效锚固段长度，计算断面如图 2-14（b）所示；

　　　　τ——土钉有与土间的极限界面摩阻力，应通过抗拔试验确定，在无实测资料时，可参考表 2-4 取值；

　　K——安全系数，取 1.3~2.0，对临时性土钉工程取小值，永久性土钉工程取大值。

表 2-4　不同土质中土钉的极限界面摩阻力 τ 值

土　类	τ/kPa	土　类	τ/kPa
黏　土	130~180	黄土类粉土	52~55
弱胶结砂土	90~150	杂填土	35~40
粉质黏土	65~100		

2.3.2.6　规范中对土钉承载力计算的规定

（1）单根土钉的抗拔承载力应符合下式规定：

$$\frac{R_{k,j}}{N_{k,j}} \geqslant K_t \tag{2-25}$$

式中　K_t——土钉抗拔安全系数，安全等级为二级、三级的土钉墙，K_t 分别不应小于 1.6、1.4；

　　　　$N_{k,j}$——第 j 层土钉的轴向拉力标准值，kN；

　　　　$R_{k,j}$——第 j 层土钉的极限抗拔承载力标准值，kN。

（2）单根土钉的轴向拉力标准值可按下式计算：

$$N_{k,j} = \frac{1}{\cos\alpha_j}\zeta\eta_j p_{ak,j}s_{xj}s_{zj} \tag{2-26}$$

式中　$N_{k,j}$——第 j 层土钉的轴向拉力标准值，kN；

　　　　α_j——第 j 层土钉的倾角，(°)；

　　　　ζ——墙面倾斜时的主动土压力折减系数；

　　　　η_j——第 j 层土钉轴向拉力调整系数；

　　　　$p_{ak,j}$——第 j 层土钉处的主动土压力强度标准值，kPa；

　　　　s_{xj}——土钉的水平间距，m；

　　　　s_{zj}——土钉的垂直间距，m。

（3）坡面倾斜时的主动土压力折减系数（ζ）可按下式计算：

$$\zeta = \tan\frac{\beta-\varphi_m}{2}\left(\frac{1}{\tan\dfrac{\beta+\varphi_m}{2}} - \frac{1}{\tan\beta}\right)\bigg/\tan^2\left(45° - \frac{\varphi_m}{2}\right) \tag{2-27}$$

式中　ζ——主动土压力折减系数；

　　　　β——土钉墙坡面与水平面的夹角，(°)；

　　　　φ_m——基坑底面以上各土层按土层厚度加权的内摩擦角平均值，(°)。

（4）土钉轴向拉力调整系数（η_j）可按下列公式计算：

$$\eta_j = \eta_a - (\eta_a - \eta_b)\frac{z_j}{h} \tag{2-28}$$

$$\eta_a = \frac{\sum\limits_{i=1}^{n}(h - \eta_b z_j)\Delta E_{aj}}{\sum\limits_{i=1}^{n}(h - z_j)\Delta E_{aj}} \tag{2-29}$$

式中　η_j——土钉轴向拉力调整系数；

　　　z_j——第 j 层土钉至基坑顶面的垂直距离，m；

　　　h——基坑深度，m；

　　　ΔE_{aj}——作用在以 s_{xj}、s_{zj} 为边长的面积内的主动土压力标准值，kN；

　　　η_a——计算系数；

　　　η_b——经验系数，可取 $0.6 \sim 1.0$；

　　　n——土钉层数。

（5）单根土钉的极限抗拔承载力应通过抗拔试验确定。当没有试验条件时，可按下式估算：

$$R_{k,j} = \pi d_j \sum q_{sik} l_i \tag{2-30}$$

式中　$R_{k,j}$——第 j 层土钉的极限抗拔承载力标准值，kN；

　　　d_j——第 j 层土钉的锚固体直径，m，对成孔注浆土钉，按成孔直径计算，对打入钢管土钉，按钢管直径计算；

　　　q_{sik}——第 j 层土钉在第 i 层土的极限黏结强度标准值，kPa，应由土钉抗拔试验确定，无试验数据时，可根据工程经验并结合表 2-5 取值；

　　　l_i——第 j 层土钉在滑动面外第 i 层土中的长度，m，计算单根土钉极限抗拔承载力时，取图 2-15 所示的直线滑动面，直线滑动面与水平面的夹角取 $\dfrac{\beta + \varphi_m}{2}$。

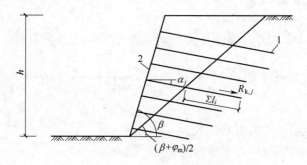

图 2-15　土钉抗拔承载力计算

1—土钉；2—喷射混凝土面层

表2-5 土钉的极限黏结强度标准值

土 的 名 称	土 的 状 态	q_{sik}/kPa	
		成孔注浆土钉	打入钢管土钉
素填土		15~30	20~35
淤泥质土		10~20	15~25
黏性土	$0.75 < I_L \leqslant 1$	20~30	20~40
	$0.25 < I_L \leqslant 0.75$	30~45	40~55
	$0 < I_L \leqslant 0.25$	45~60	55~70
	$I_L \leqslant 0$	60~70	70~80
粉 土		40~80	50~90
砂 土	松散	35~50	50~65
	稍密	50~65	65~80
	中密	65~80	80~100
	密实	80~100	100~120

对安全等级为三级的土钉墙,确定单根土钉的极限抗拔承载力。当上述确定的土钉极限抗拔承载力标准值($R_{k,j}$)大于$f_{yk}A_s$时,应取$R_{k,j}=f_{yk}A_s$。

(6)土钉杆体的受拉承载力应符合下列规定:

$$N_j \leqslant f_y A_s \qquad (2\text{-}31)$$

式中 N_j——第j层土钉的轴向拉力设计值,kN;

f_y——土钉杆体的抗拉强度设计值,kPa;

A_s——土钉杆体的截面面积,m^2。

2.3.2.7 施工技术

A 开挖和护面

基坑开挖应分步进行,分布开挖深度主要取决于暴露坡面的"真立"能力。另外,当要求变形必须很小时,可视工地情况和经济效益将分布开挖深度降至最低。在粒状土中开挖深度一般为0.5~2.0m,而对超固结黏性土则开挖深度可较大。

考虑到土钉施工设备,分布开挖至少要6m宽。开挖长度则取决于交叉施工期间能保持坡面稳定的坡面面积。当要求变形必须很小时,开挖可按两段长度分先后施工,长度一般为10m。

使用的开挖施工设备必须能挖出光滑规则的斜坡面,最大限度地减小支护土层的扰动。任何松动部分在坡面支护前必须予以清除。对松散的或干燥的无黏性土,尤其是当坡面受到外来振动时,要先进行灌浆处理,在附近爆破可能产生的影响也必须予以考虑。

一般坡面支护必须尽早地进行,以免土层出现松弛或剥落。在钻孔前一般须进行安装钢筋网和喷射混凝土工作。对打入型土钉，通常使用角钢作土钉。在安装钢筋网和喷射混凝土前先将角钢打入土层中。

对临时性工程，最终坡面面层厚度为 50～150mm；而对永久性工程，则面层厚度为 150～250mm。根据土钉类型、施工条件和受力过程的不同，表层可做一层、两层或多层。在喷射混凝土前可将一根短棒打入土层中，以作为混凝土喷射厚度的量尺。最后一道建筑装饰工序是在最后一层大约 50mm 厚的混凝土上调色，或制成大块的调色板。

根据工程规模，材料和设备的性能，可进行"湿式"或"干式"喷射混凝土。通常规定最大粒径 10～15mm，并掺入适量外加剂以利于加速固结。少数情况下还可降低固态混凝土的塑性。

一般水泥最小含量控制为 300kg/m³，并建议每 100m² 设置一个控制"格"或"盒"，以控制现场质量，速凝喷射混凝土 8h 无侧限抗压强度应达 5MPa，最好在养护 24h 后再投入工作，当不允许产生裂缝时进行适当养护尤为重要。

喷射混凝土通常在每步开挖的底部预留 300mm，这样会有利于下步开挖后安装钢筋网和下步 45°倒角的喷射混凝土层施工浇接。

B 排水

应提前沿坡顶挖设排水沟排除地表水，并可在第一步开挖喷射混凝土期间用混凝土做排水沟覆面。一般对支挡土体有以下三种主要排水方式：浅部排水；深部排水；坡面排水。

C 土钉设置

在多数情况下，土钉施工可按土层锚杆技术规范和条例进行。钻孔工艺和方法与土层条件、装备和施工单位的手段和经验有关。

（1）成孔。成孔有钻孔法和打入法。钻孔法有螺纹钻头干法成孔、复合钻进、螺旋钻进等。用打入法设置土钉时，不需进行预先钻孔，在条件适宜时，安装速度是很快的。

（2）清孔。采用压缩空气将孔内残留及松动的废土清除干净。当孔内土层的湿度较低时，需采用润孔花管由孔底向孔口方向逐步湿润孔壁，润孔花管内喷出的水压力不宜超过 0.15MPa。

（3）置筋。放置钢杆件，一般多用 II 级螺纹钢筋或 IV 级精轧螺纹钢筋，尾部设置弯钩。为确保钢筋放置居中，在钢筋上每隔 3m 焊接一个对中托架。

（4）注浆。注浆是保证土钉与周围土体紧密黏结的关键步骤。在孔口处设置止浆塞（见图 2-16）并旋紧，使其与孔壁紧密贴合。在止浆塞上将注浆管插

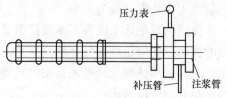

压力表

补压管　注浆管

图 2-16　压力注浆示意图

入注浆口，深入至孔底0.5～1.0m处。注浆
管连接注浆泵，边注浆边向孔口方向拔管，
直至注满为止。保证水泥砂浆的水灰比在
0.4～0.5范围内，注浆压力保持在0.4～
0.6kPa，当压力不足时，从补压管口补充
压力。

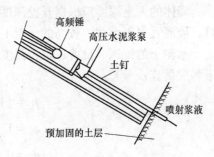

国外有高速度的土钉施工专利方法——
"喷栓"系统（见图2-17）。它是利用高达
20MPa的高压力，通过钉尖的小孔进行喷
射，将土钉安装或打入土中，喷出的浆液如
同润滑剂一样有利于土钉的贯入，在其凝固
后还可提供较高的土钉黏结力。

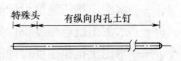

图2-17　国外土钉施工专利方法——
"喷栓"系统

D　土钉防腐

在标准环境里，对临时支护工程，一般
仅用灌浆做锈蚀防护层，有时在钢筋表面加一环氧涂层。对永久性工程，要在筋
外加一层至少有5mm厚的环状塑料护层，以提高锈蚀防护的能力。

E　检验和监测

每步开挖阶段，必须挑选土钉进行拉拔试验，以检验设计假定的土钉与土的
黏结力。

对支护系统整体效能最为主要的观测是对墙体或斜坡在施工期间和竣工后的
变形观测。对土体内部变形的监测，可在坡面后不同距离的位置布置测斜管进行
观测。而坡面位移可直接测出。

2.3.3　重力式水泥土墙

水泥土墙是由深层搅拌（浆喷、粉喷）或高压旋喷桩与桩间土组成的复合
支挡结构，具有挡土和隔渗的双重作用。水泥土墙一般适用于开挖深度不大于
6m的基坑支护工程。多采用格构式，也可采用实腹式。可以采用轴对称的结构
形式，但也可设计成非轴对称形式，而且可以采用不同的桩长。水泥土墙支护结
构主要适用于承载力标准值小于140kPa有软弱黏性土及厚度不大的砂性土中。
为保证墙体的刚性，置换率宜大于0.7。连体桩应采用梅花形布置。相邻桩之间
搭接不宜小于100mm。墙肋净距不宜大于2.0m。

水泥土墙应按照重力式挡墙的设计原则进行验算，包括抗滑动稳定性、抗倾
覆稳定性、墙底地基土承载力、墙体强度和变形的验算。墙体宽度的设计可根据
基坑土质的好坏，取开挖深度的0.6～0.9倍（土质好的取小值）。为满足上述验
算，应优先考虑加大墙体宽度。

墙体的入土深度应根据开挖深度、工程水文地质情况拟定，并应通过上述验算，墙底宜置于承载力较高的土层上。

水泥土的抗压、抗剪、抗拉强度宜通过试验确定。当无试验资料时，可按以下各式估算：

$$q_y = (1/2 \sim 1/3) f_{cu,k}$$
$$q_j = 1/3 q_y \qquad (2-32)$$
$$q_1 = 0.15 q_y$$

式中 q_y——水泥土抗压强度设计值，kPa；

      q_j——水泥土抗剪强度设计值，kPa；

      q_1——水泥土抗拉强度设计值，kPa，不得大于200kPa；

  $f_{cu,k}$——与搅拌桩身水泥土配比相同的室内水泥土试块（边长70.7mm的立方体或边长为50mm的立方体）龄期90天的无侧限抗压强度标准值，也可用7天龄期强度 $f_{cu,7}$ 推算 $f_{cu,k}$，$f_{cu,k} = f_{cu,7}/0.3$。

水泥土墙抗滑稳定性按下式验算：

$$K_h = \frac{W\mu + E_p}{E_a} \geqslant 1.3 \qquad (2-33)$$

式中 K_h——抗滑稳定性安全系数；

     W——墙体自重，kN/m；

     E_a——主动土压力合力，kN/m；

     E_p——被动土压力合力，kN/m；

     μ——墙体基础与土的摩擦系数。

水泥土墙抗倾覆稳定性按下式验算（见图2-18）：

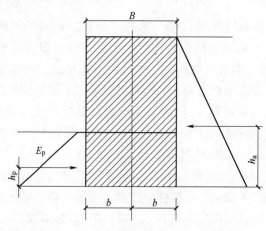

图2-18 水泥土墙抗倾覆稳定性计算简图

$$K_q = \frac{Wb + E_p h_p}{E_a h_a} \geqslant 1.5 \tag{2-34}$$

式中　K_q——抗倾覆稳定性安全系数；

　b, h_p, h_a——W，E_p，E_a 对墙趾的力臂，m。

水泥土墙墙体应按下式验算：

正应力：

$$\sigma_{max}（或 \sigma_m） = \frac{W_1}{B}\left(1 + \frac{6e}{B_1}\right)$$

$$\sigma_{max} = q_0/2 \tag{2-35}$$

$$|\sigma_{min}| \leqslant q_1/2 \quad (\sigma_{min} \leqslant 0 \text{ 时})$$

式中　e——荷载作用于验算截面上的偏心距，m；

　B_1——验算截面宽度，m；

　W_1——验算截面以上墙体重，kN/m。

剪应力：

$$\tau = \frac{E_{a1} - W_1\mu}{B_1} < q_1/2 \tag{2-36}$$

式中　E_{a1}——验算截面以上的主动土压力，kN/m；

　W_1——验算截面以上墙体重，kN/m；

　B_1——验算截面宽度，m；

　μ——墙体材料抗剪断系数，取 0.4 ~ 0.5。

挡墙基底地基承载力按下式验算：

$$\sigma_{max}（或 \sigma_{min}） = \frac{W_1}{B}\left(1 + \frac{6e}{B}\right)$$

$$|\sigma_{min}| \leqslant q_1/2 \quad (\sigma_{min} \leqslant 0 \text{ 时}) \tag{2-37}$$

式中　e——荷载在墙基面上的偏心距，m；

　W_1——墙体自重，kN/m；

　B——墙体宽度，m。

在进行设计计算时，还应注意：

（1）当坑底存在软弱土层时，应进行坑底抗隆起稳定性验算。

（2）当坑底存在软弱土层时，宜按圆滑动面法验算挡土墙的整体稳定性。

（3）水泥土墙的墙顶水平位移可采用"m法"计算。

（4）掌握水泥土墙的所用土质参数和有关配合比强度的室内试验数据。

（5）在成桩过程中要求喷搅均匀。在含水量大、土质软弱的土层中，应增加水泥的掺入量。在淤泥中水泥掺入量不宜小于 18%，经过试验可掺入一定量的粉煤灰。

（6）水泥土墙顶部宜设置 0.1~0.2m 的钢筋混凝土压顶。压顶与挡墙用插筋连接，插筋长度不宜小于 1.0m，直径不宜小于 $\phi12mm$，每桩 1 根。

（7）水泥土墙应有 28 天以上的龄期方能进行基坑开挖。

2.4 基坑稳定性分析

基坑稳定性一般包括抗滑移稳定性、抗倾覆稳定性、抗隆起稳定性以及抗管涌抗渗透稳定性等。但设计中并不是所有的稳定性都需要进行结构计算或者验算。原规程《建筑基坑支护技术规程》（JGJ 120—99）对支挡式结构弹性支点法的计算过程是：先计算挡土构件的嵌固深度，然后再进行结构计算。确定计算深度以后，一些原先需要验算的稳定性问题就自然满足了。省去某些验算内容，计算过程简化了，却带来一个问题，即嵌固深度必须按照原规程的计算方法确定，假如设计需要嵌固深度短一些，设计出来的结构就不能满足原规程未作规定的某些稳定性要求，存在安全隐患。另外，对于行业新手可能会误以为不需要考虑这些稳定性问题，从而忽视了土力学的基本原理。因此，新规程《建筑基坑支护技术规程》（JGJ 120—2012）对基坑稳定性重新进行了规定。

2.4.1 支挡式结构的稳定性验算

新规程《建筑基坑支护技术规程》（JGJ 120—2012）对悬臂结构嵌固深度验算的规定，是绕挡土构件底部转动的整体极限平衡，控制的是挡土构件的倾覆稳定性；新规程对单支点结构嵌固验算的规定，是绕支点转动的整体极限平衡，控制的是挡土构件嵌固段的踢脚稳定性。二者的力矩平衡都是嵌固段土的抗力对转动点的抵抗力矩起稳定性控制作用，其中的安全系数可以称为嵌固稳定安全系数。双排桩绕挡土构件底部转动的力矩平衡，抵抗力矩包括嵌固段土的抗力对转动点的力矩和重力对转动点的力矩两个部分，其中嵌固段土的抗力作用在总的抵抗力矩中占主要部分，其安全系数亦可称为嵌固稳定安全系数。

2.4.1.1 悬臂式支挡结构的嵌固深度验算

悬臂式支挡结构的嵌固深度应符合下列嵌固稳定性的要求（见图 2-19）：

$$\frac{E_{pk}z_{p1}}{E_{ak}z_{a1}} \geqslant K_{em} \tag{2-38}$$

式中　K_{em}——嵌固稳定安全系数，安全等级为一级、二级、三级的悬臂式支挡结构，K_{em} 分别不应小于 1.25、1.2、1.15；

E_{ak}，E_{pk}——基坑外侧主动土压力、基坑内侧被动土压力合力的标准值，kN；

z_{a1}，z_{p1}——基坑外侧主动土压力、基坑内侧被动土压力合力作用点至挡土构件底端的距离，m。

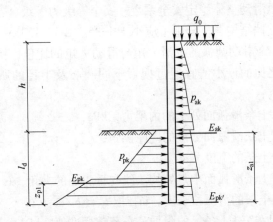

图 2-19 悬臂式结构嵌固稳定性验算

2.4.1.2 单层锚杆和单层支撑的支挡式结构的嵌固深度验算

单层锚杆和单层支撑的支挡式结构的嵌固深度应符合下列嵌固稳定性的要求（见图 2-20）：

$$\frac{E_{pk}z_{p2}}{E_{ak}z_{a2}} \geqslant K_{em} \qquad (2-39)$$

式中　K_{em}——嵌固稳定安全系数，安全等级为一级、二级、三级的锚拉式支挡结构和支撑式支挡结构，K_{em} 分别不应小于 1.25、1.2、1.15；

z_{a2}，z_{p2}——基坑外侧主动土压力、基坑内侧被动土压力合力作用点至支点的距离，m。

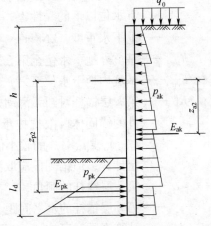

图 2-20 单支点锚拉式支挡结构和支撑式支挡结构的嵌固稳定性验算

2.4.1.3 锚拉式、悬臂式和双排桩支挡结构整体稳定性验算

锚拉式、悬臂式和双排桩支挡结构应按下列规定进行整体稳定性验算：

（1）锚拉式支挡结构的整体稳定性可采用圆弧滑动条分法进行验算。

（2）采用圆弧滑动条分法时，其整体稳定性应符合下列规定（见图 2-21）：

$$\min\{K_{s,1}, K_{s,2}, \cdots, K_{s,i}, \cdots\} \geqslant K_s$$

$$K_{s,i} = \frac{\sum\{C_j l_j + [(q_j l_j + \Delta G_j)\cos\theta_j - u_j l_j]\tan\varphi_j\} + \sum R'_{k,k}[\cos(\theta_j + \alpha_k) + \psi_v]/s_{x,k}}{\sum(q_j b_j + \Delta G_j)\sin\theta_j}$$

$$(2-40)$$

式中 K_s——圆弧滑动整体稳定安全系数，安全等级为一级、二级、三级的锚拉式支挡结构，K_s 分别不应小于 1.35、1.3、1.25；

    $K_{s,i}$——第 i 个滑动圆弧的抗滑力矩与滑动力矩的比值，抗滑力矩与滑动力矩之比的最小值宜通过搜索不同圆心及半径的所有潜在滑动圆弧确定；

    C_j——第 j 土条滑弧面处土的内聚力，kPa；

    φ_j——第 j 土条滑弧面处土的内摩擦角，(°)；

    b_j——第 j 土条的宽度，m；

    θ_j——第 j 土条滑弧面中点处的法线与垂直面的夹角，(°)；

    l_j——第 j 土条的滑弧段长度，m，取 $l_j = b_j/\cos\theta_j$；

    q_j——作用在第 j 土条上的附加分布荷载标准值，kPa；

    ΔG_j——第 j 土条的自重，kN，按天然重度计算；

    u_j——第 j 土条在滑弧面上的孔隙水压力，kPa，基坑采用落底式截水帷幕时，对地下水位以下的砂土、碎石土、粉土，在基坑外侧，可取 $u_j = \gamma_w h_{wa,j}$，在基坑内侧，可取 $u_j = \gamma_w h_{wp,j}$；在地下水位以上或对地下水位以下的黏性土，取 $u_j = 0$；

    γ_w——地下水重度，kN/m³；

    $h_{wa,j}$——基坑外地下水位至第 j 土条滑弧面中点的垂直距离，m；

    $h_{wp,j}$——基坑内地下水位至第 j 土条滑弧面中点的垂直距离，m；

    $R'_{k,k}$——第 k 层锚杆对圆弧滑动体的极限拉力值，kN，应取锚杆在滑动面以外的锚固体极限抗拔承载力标准值与锚杆杆体受拉承载力标准值（$f_{ptk}A_p$ 或 $f_{yk}A_s$）的较小值；锚固体的极限抗拔承载力应按规程的规定计算，但锚固段应取滑动面以外的长度；

    α_k——第 k 层锚杆的倾角，(°)；

    $s_{x,k}$——第 k 层锚杆的水平间距，m；

    ψ_v——计算系数，可按 $\psi_v = 0.5\sin(\theta_k + \alpha_k)\tan\varphi$ 取值，此处 φ 为第 k 层锚杆与滑弧交点处土的内摩擦角。

   注：对悬臂式、双排桩支挡结构，采用公式（2-40）时不考虑 $\sum R'_{k,k}[\cos(\theta_j + \alpha_k) + \psi_v]/s_{x,k}$ 项。

当挡土构件底端以下存在软弱下卧土层时，整体稳定性验算滑动面中尚应包括由圆弧与软弱土层层面组成的复合滑动面。

锚拉式支挡结构的整体滑动稳定性计算方法是以瑞典条分法边坡稳定性计算公式为基础，在力的极限平衡关系上增加了锚杆拉力对圆弧滑动体圆心的抗滑力矩。在极限平衡状态分析时，仍以圆弧滑动体为分析对象，假定滑动体面上土的剪力达到极限强度的同时，滑动面外锚杆拉力也达到极限拉力。

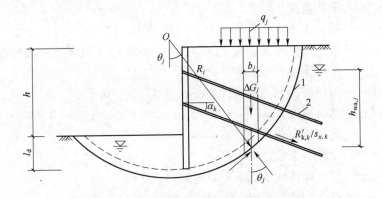

图 2-21 圆弧滑动条分法整体稳定性验算
1—任意圆弧滑动面；2—锚杆

常规的圆弧稳定性分析验算的难点在于搜索最危险滑动弧，但是电子计算机的计算能力已经完全能够完成快速搜索，以前教科书上通过先设计辅助线，然后再在辅助线上寻找最危险滑弧圆心的简易方法已不常采用。

对于基坑而言，支挡结构的平衡性和结构强度已经通过结构分析达到要求，在截面抗剪强度满足剪应力作用下的抗剪要求后，挡土构件不会被剪断，穿过挡土构件的各滑弧不需要验算。因此，最危险滑弧的搜索范围限于通过挡土构件底端和在挡土构件下方的各个滑弧。

2.4.1.4 锚拉式支挡结构和支撑式支挡结构坑底隆起稳定性验算

锚拉式支挡结构和支撑式支挡结构的嵌固深度一般较小，土体从挡土构件底端以下向基坑内隆起挤出是两种支挡结构的一种破坏形式。锚杆和支撑只能对支护结构提供水平方向的平衡力，对这种土体丧失竖向平衡状态的破坏模式不起作用，对特定基坑深度和土性，只能通过增加挡土构件嵌固深度来提高抗隆起稳定性。

锚拉式支挡结构和支撑式支挡结构，其嵌固深度应满足坑底隆起稳定性要求，抗隆起稳定性可按下列公式验算（见图 2-22 和图 2-23）：

$$\frac{\gamma_{m2}DN_q + CN_c}{\gamma_{m1}(h + D) + q_0} \geq K_{he} \tag{2-41}$$

$$N_q = \tan^2\left(45° + \frac{\varphi}{2}\right)e^{\pi\tan\varphi} \tag{2-42}$$

$$N_c = (N_q - 1)/\tan\varphi \tag{2-43}$$

式中　　K_{he}——抗隆起安全系数，安全等级为一级、二级、三级的支护结构，K_{he}
　　　　　　分别不应小于 1.8、1.6、1.4；

　　　　γ_{m1}——基坑外挡土构件底面以上土的重度，kN/m^3，对地下水位以下的
　　　　　　砂土、碎石土、粉土取浮重度；对多层土取各层土按厚度加权的

平均重度；

γ_{m2}——基坑内挡土构件底面以上土的重度，kN/m^3，对地下水位以下的砂土、碎石土、粉土取浮重度；对多层土取各层土按厚度加权的平均重度；

D——基坑底面至挡土构件底面的土层厚度，m；

h——基坑深度，m；

q_0——地面均布荷载，kPa；

N_c，N_q——承载力系数；

C——挡土构件底面以下土的内聚力，kPa；

φ——挡土构件底面以下土的内摩擦角，(°)。

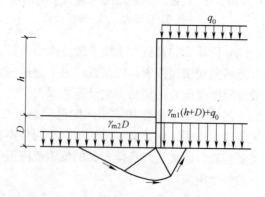

图 2-22 挡土构件底端平面下土的抗隆起稳定性验算

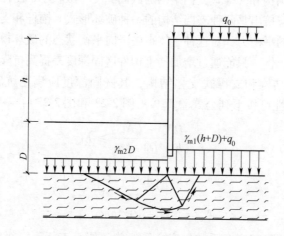

图 2-23 软弱下卧层的抗隆起稳定性验算

当挡土构件底面以下有软弱下卧层时，挡土构件底面土的抗隆起稳定性验算的部位尚应包括软弱下卧层，D 应取基坑底面至软弱下卧层顶面的土层厚度。

悬臂式支挡结构可不进行抗隆起稳定性验算。

2.4.1.5 软土坑底锚拉式支挡结构和支撑式支挡结构抗隆起稳定性验算

锚拉式支挡结构和支撑式支挡结构，当坑底以下为软土时，尚应采用图 2-24 所示的以最下层支点为转动轴心的圆弧滑动模式按下列公式验算抗隆起稳定性：

$$\frac{\sum\left[C_j l_j + (q_j b_j + \Delta G_j)\cos\theta_j \tan\varphi_j\right]}{\sum(q_j b_j + \Delta G_j)\sin\theta_j} \geq K_{RL} \qquad (2\text{-}44)$$

式中　K_{RL}——以最下层支点为轴心的圆弧滑动稳定安全系数，安全等级为一级、二级、三级的支挡式结构，K_{RL} 分别不应小于 2.2、1.9、1.7；

　　　C_j——第 j 土条在滑弧面处土的内聚力，kPa；

　　　φ_j——第 j 土条在滑弧面处土的内摩擦角，(°)；

　　　l_j——第 j 土条的滑弧段长度，m，取 $l_j = b_j/\cos\theta_j$；

　　　q_j——作用在第 j 土条上的附加分布荷载标准值，kPa；

　　　b_j——第 j 土条的宽度，m；

　　　θ_j——第 j 土条滑弧面中点处的法线与垂直面的夹角，(°)；

　　ΔG_j——第 j 土条的自重，kN，按天然重度计算。

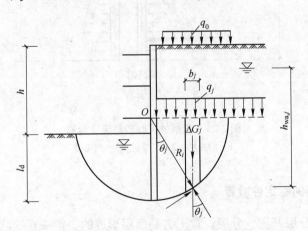

图 2-24　以最下层支点为轴心的圆弧滑动稳定性验算

2.4.1.6 双排桩结构的嵌固稳定性验算

双排桩的嵌固稳定性验算问题与单排悬臂桩类似，应满足作用在后排桩上的主动土压力与作用在前排桩嵌固段上的被动土压力的力矩平衡条件。与单排桩不同的是，双排桩的抗倾覆稳定性计算，是将双排桩与桩间土整体作为力的平衡分析对象，考虑土与桩自重的抗倾覆作用。

双排桩结构的嵌固稳定性应符合下式规定（见图 2-25）：

$$\frac{E_{pk}z_p + Gz_G}{E_{ak}z_a} \geq K_{em} \qquad (2\text{-}45)$$

式中　　K_{em}——嵌固稳定安全系数，安全等级为一级、二级、三级的支挡式结构，K_{em}分别不应小于 1.25、1.2、1.15；

　　E_{ak}，E_{pk}——基坑外侧主动土压力、基坑内侧被动土压力的标准值，kN；

　　z_a，z_p——分别为基坑外侧主动土压力、基坑内侧被动土压力的合力作用点至挡土构件底端的距离，m；

　　　　G——排桩、桩顶连梁和桩间土的自重之和，kN；

　　　z_G——双排桩、桩顶连梁和桩间土的重心至前排桩边缘的水平距离，m。

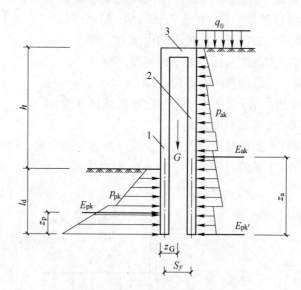

图 2-25　双排桩抗倾覆稳定性验算
1—前排桩；2—后排桩；3—钢架梁

2.4.2　土钉墙的稳定性验算

土钉墙是分层开挖、分层设置土钉及面层形成的。每一开挖状况都可能是不利工况，需要对每一开挖工况进行土钉墙整体滑动稳定性验算。

2.4.2.1　各工况的整体滑动稳定性验算

整体滑动稳定性可采用圆弧滑动条分法进行验算，其整体稳定性应符合下列规定（见图 2-26）：

$$\min\{K_{s,1}, K_{s,2}, \cdots, K_{s,i}, \cdots\} \geqslant K_s \tag{2-46}$$

$$K_{s,i} = \frac{\sum\left[C_j l_j + (q_j b_j + \Delta G_j)\cos\theta_j \tan\varphi_j\right] + \sum R'_{k,k}\left[\cos(\theta_k + \alpha_k) + \psi_v\right]/s_{x,k}}{\sum(q_j l_j + \Delta G_j)\sin\theta_j}$$

$$\tag{2-47}$$

式中 K_s——圆弧滑动整体稳定安全系数，安全等级为二级、三级的土钉墙，K_s 分别不应小于1.3、1.25；

$K_{s,i}$——第 i 个滑动圆弧的抗滑力矩与滑动力矩的比值，抗滑力矩与滑动力矩之比的最小值宜通过搜索不同圆心及半径的所有潜在滑动圆弧确定；

C_j——第 j 土条滑弧面处土的内聚力，kPa；

φ_j——第 j 土条滑弧面处土的内摩擦角，（°）；

b_j——第 j 土条的宽度，m；

q_j——作用在第 j 土条上的附加分布荷载标准值，kPa；

ΔG_j——第 j 土条的自重，kN，按天然重度计算；

θ_j——第 j 土条滑弧面中点处的法线与垂直面的夹角，（°）；

$R'_{k,k}$——第 k 层土钉或锚杆对圆弧滑动体的极限拉力值，kN，应取土钉或锚杆在滑动面以外的锚固体极限抗拔承载力标准值与杆体受拉承载力标准值（$f_{yk}A_s$ 或 $f_{ptk}A_p$）的较小值，锚固段应取圆弧滑动面以外的长度；

α_k——第 k 层土钉或锚杆的倾角，（°）；

θ_k——滑弧面在第 k 层土钉或锚杆处的法线与垂直面的夹角，（°）；

$s_{x,k}$——第 k 层土钉或锚杆的水平间距，m；

ψ_v——计算系数，可取 $\psi_v = 0.5\sin(\theta_k + \alpha_k)\tan\varphi$，此处 φ 为第 k 层土钉或锚杆与滑弧交点处土的内摩擦角。

当基坑面以下存在软弱下卧土层时，整体稳定性验算滑动面中尚应包括由圆弧与软弱土层层面组成的复合滑动面。

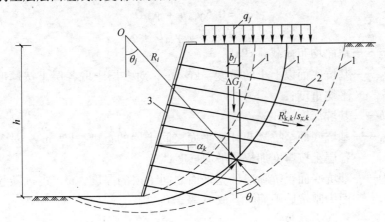

(a)

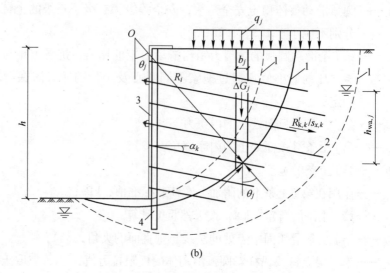

(b)

图 2-26 土钉墙整体稳定性验算

（a）土钉墙在地下水位以上；（b）水泥土桩复合土钉墙

1—滑动面；2—土钉或锚杆；3—喷射混凝土面层；4—水泥土桩或微型桩

2.4.2.2 软土层整体滑动稳定性验算

基坑底面下有软土层的土钉墙结构应进行坑底隆起稳定性验算，验算可采用下列公式（见图 2-27）：

$$\frac{\gamma_{m2}DN_q + CN_c}{(q_1b_1 + q_2b_2)/(b_1 + b_2)} \geqslant K_{he} \qquad (2\text{-}48)$$

$$N_q = \tan^2\left(45° + \frac{\varphi}{2}\right)e^{\pi\tan\varphi} \qquad (2\text{-}49)$$

$$N_c = (N_q - 1)/\tan\varphi \qquad (2\text{-}50)$$

$$q_1 = 0.5\gamma_{m1}h + \gamma_{m2}D \qquad (2\text{-}51)$$

$$q_2 = \gamma_{m1}h + \gamma_{m2}D + q_0 \qquad (2\text{-}52)$$

式中 q_0——地面均布荷载，kPa；

γ_{m1}——基坑底面以上土的重度，kN/m³，对多层土取各层土按厚度加权的平均重度；

h——基坑深度，m；

γ_{m2}——基坑底面至抗隆起计算平面之间土层的重度，kN/m³，对多层土取各层土按厚度加权的平均重度；

D——基坑底面至抗隆起计算平面之间土层的厚度，m，当抗隆起计算平面为基坑底平面时，取 D 等于 0；

N_c，N_q——承载力系数；

C——抗隆起计算平面以下土的内聚力，kPa；

φ——抗隆起计算平面以下土的内摩擦角，(°)；

b_1——土钉墙坡面的宽度，m，当土钉墙坡面垂直时取 b_1 等于0；

b_2——地面均布荷载的计算宽度，m，可取 b_2 等于 h；

K_{he}——抗隆起安全系数，安全等级为二级、三级的土钉墙，K_{he} 分别不应小于1.6、1.4。

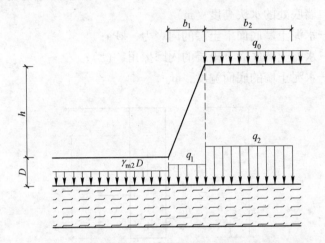

图 2-27 基坑底面下有软土层的土钉墙抗隆起稳定性验算

2.4.3 重力式水泥土墙的稳定性验算

水泥土墙一般是按重力式设计的，其破坏形式有：墙整体倾覆；墙整体滑移；沿墙体以外土中某一滑动面的土体整体滑动；墙下地基承载力不足而使墙体下沉并伴随基坑隆起；墙身材料的应力超过抗拉、抗压或者抗剪强度而使墙体断裂；地下水渗流造成的土体渗透性破坏等。重力式水泥土墙的设计，墙的嵌固深度和墙的宽度是两个主要的设计参数，土体整体滑动稳定性、基坑隆起稳定性与嵌固深度密切相关，而与墙宽基本无关。墙的倾覆稳定性、墙的滑移稳定性不仅与嵌固深度有关，而且与墙宽有关。一般情况下，当墙的嵌固深度满足整体稳定条件时，抗隆起条件也会满足。整体稳定性条件决定嵌固深度下限。设计时，采用整体稳定条件确定的嵌固深度，再按墙的抗倾覆条件计算墙宽，此时的墙宽一般能够同时满足抗滑移条件。

2.4.3.1 重力式水泥土墙的抗滑移稳定性验算

重力式水泥土墙的抗滑移稳定性应符合下式规定（见图2-28）：

$$\frac{E_{pk} + (G - u_m B)\tan\varphi + CB}{E_{ak}} \geq K_{sl} \tag{2-53}$$

式中 K_{sl}——抗滑移稳定性安全系数，其值不应小于1.2；

E_{ak}，E_{pk}——作用在水泥土墙上的主动土压力、被动土压力标准值，kN/m；

$\qquad$ G——水泥土墙的自重，kN/m；

$\qquad$ u_m——水泥土墙底面上的水压力，kPa，水泥土墙底面在地下水位以下时，可取 $u_m = \gamma_w (h_{wa} + h_{wp})/2$，在地下水位以上时，取 $u_m = 0$，此处 h_{wa} 为基坑外侧水泥土墙底处的水头高度（m），h_{wp} 为基坑内侧水泥土墙底处的水头高度（m）；

$\qquad$ C——水泥土墙底面下土层的内聚力，kPa；

$\qquad$ φ——水泥土墙底面下土层的内摩擦角，(°)；

$\qquad$ B——水泥土墙的底面宽度，m。

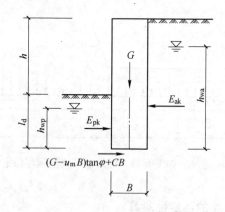

图 2-28   抗滑移稳定性验算

2.4.3.2   重力式水泥土墙的抗倾覆稳定性验算

重力式水泥土墙的抗倾覆稳定性应符合下式规定（见图 2-29）：

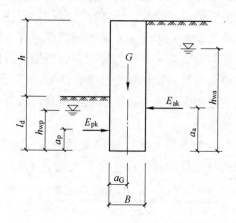

图 2-29   抗倾覆稳定性验算

$$\frac{E_{\text{pk}}a_{\text{p}} + (G - u_{\text{m}}B)a_{\text{G}}}{E_{\text{ak}}a_{\text{a}}} \geqslant K_{\text{ov}} \tag{2-54}$$

式中　K_{ov}——抗倾覆稳定性安全系数，其值不应小于 1.3；

　　　a_{a}——水泥土墙外侧主动土压力合力作用点至墙趾的竖向距离，m；

　　　a_{p}——水泥土墙内侧被动土压力合力作用点至墙趾的竖向距离，m；

　　　a_{G}——水泥土墙自重与墙底水压力合力作用点至墙趾的水平距离，m。

2.4.3.3　重力式水泥土墙圆弧滑动稳定性验算

（1）可采用圆弧滑动条分法进行验算。

（2）采用圆弧滑动条分法时，其稳定性应符合下式规定（见图 2-30）：

$$\frac{\sum \{C_j l_j + [(q_j b_j + \Delta G_j)\cos\theta_j - u_j l_j]\tan\varphi_j\}}{\sum (q_j b_j + \Delta G_j)\sin\theta_j} \geqslant K_{\text{s}} \tag{2-55}$$

式中　K_{s}——圆弧滑动稳定性安全系数，其值不应小于 1.3；

　　　C_j——第 j 土条滑弧面处土的内聚力，kPa；

　　　φ_j——第 j 土条滑弧面处土的内摩擦角，(°)；

　　　b_j——第 j 土条的宽度，m；

　　　q_j——作用在第 j 土条上的附加分布荷载标准值，kPa；

　　　ΔG_j——第 j 土条的自重,kN,按天然重度计算;分条时,水泥土墙可按土体考虑;

　　　u_j——第 j 土条在滑弧面上的孔隙水压力，kPa；对地下水位以下的砂土、碎石土、粉土，当地下水是静止的或渗流水力梯度可忽略不计时，在基坑外侧，可取 $u_j = \gamma_{\text{w}} h_{\text{wa},j}$，在基坑内侧，可取 $u_j = \gamma_{\text{w}} h_{\text{wp},j}$；对地下水位以上的各类土和地下水位以下的黏性土，取 $u_j = 0$；

　　　γ_{w}——地下水重度，kN/m³；

　　$h_{\text{wa},j}$——基坑外地下水位至第 j 土条滑弧面中点的深度，m；

　　$h_{\text{wp},j}$——基坑内地下水位至第 j 土条滑弧面中点的深度，m；

　　　θ_j——第 j 土条滑弧面中点处的法线与垂直面的夹角，(°)。

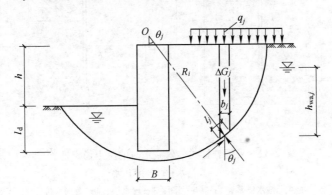

图 2-30　整体滑动稳定性验算

当墙底以下存在软弱下卧土层时，稳定性验算的滑动面中尚应包括由圆弧与软弱土层层面组成的复合滑动面。

2.4.4 渗透稳定性验算

2.4.4.1 承压水的坑底突涌稳定性验算

坑底以下有水头高于坑底的承压水含水层，且未用截水帷幕隔断其基坑内外的水力联系时，承压水作用下的坑底突涌稳定性应符合下式规定（见图 2-31）：

$$\frac{D\gamma}{(\Delta h + D)\gamma_w} \geq K_{ty} \qquad (2-56)$$

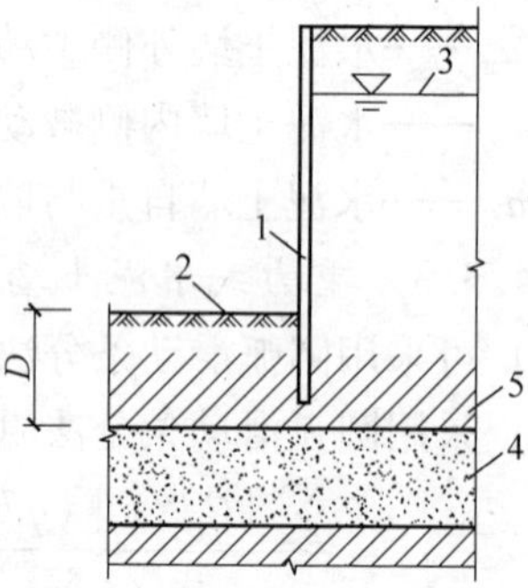

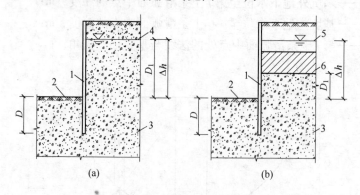

图 2-31 坑底土体的突涌稳定性验算
1—截水帷幕；2—基底；3—承压水测管水位；4—承压水含水层；5—隔水层

式中 K_{ty}——突涌稳定性安全系数，K_{ty} 不应小于 1.1；

D——承压含水层顶面至坑底的土层厚度，m；

γ——承压含水层顶面至坑底土层的天然重度，kN/m^3，对成层土，取按土层厚度加权的平均天然重度；

Δh——基坑内外的水头差，m；

γ_w——水的重度，kN/m^3。

2.4.4.2 悬挂式截水帷幕的流土稳定性验算

悬挂式截水帷幕底端位于碎石土、砂土或粉土含水层时，对均质含水层，地下水渗流的流土稳定性应符合下式规定（见图 2-32）：

图 2-32 采用悬挂式帷幕截水时的流土稳定性验算
（a）潜水；（b）承压水
1—截水帷幕；2—基坑底面；3—含水层；4—潜水水位；
5—承压水测管水位；6—承压含水层顶面

$$\frac{(2D + 0.8D_1)\gamma'}{\Delta h \gamma_w} \geq K_{se} \tag{2-57}$$

式中　K_{se}——流土稳定性安全系数，安全等级为一级、二级、三级的支护结构，
　　　　　　　K_{se}分别不应小于1.6、1.5、1.4；

　　　　D——截水帷幕底面至坑底的土层厚度，m；

　　　　D_1——潜水水面或承压水含水层顶面至基坑底面的土层厚度，m；

　　　　γ'——土的浮重度，kN/m^3；

　　　　Δh——基坑内外的水头差，m；

　　　　γ_w——水的重度，kN/m^3。

对渗透系数不同的非均质含水层，宜采用数值方法进行渗流稳定性分析。

2.5 典型工程实例

2.5.1 新源里综合楼工程

2.5.1.1 工程概况

场区自然地面标高39.18～39.30m，±0.00 = 39.50m。

A 工程地质条件

勘察深度范围内，地基土层按形成时代、成因、岩性及物理力学性质划分为12层，由上至下分别为：

(1) 填土：位于地表，厚度1.6～2.6m，稍湿，松散，主要成分为粉土，黄褐色，含根系、建筑垃圾、少量砖渣，上部为杂填土，下部为素填土。

(2) 砂质粉土：埋深1.6～2.6m，厚度1.9～3.0m，饱和，密实，褐黄色，含云母、氧化铁，局部夹粉质黏土及黏质粉土透镜体。

(3) 粉质黏土：埋深3.6～4.7m，厚度1.9～2.7m，饱和，可塑，黄褐色，含云母、氧化铁，局部夹黏质粉土透镜体。

(4) 砂质粉土：埋深5.8～7.3m，厚度1.0～2.7m，饱和，密实，褐黄色，分布不均，局部呈透镜体。

(5) 粉质黏土：埋深7.3～8.7m，厚度2.2～4.1m，饱和，可塑，黄褐色，含云母、氧化铁，局部夹黏质粉土透镜体。

(6) 黏质粉土与粉质黏土互层：埋深10.5～10.8m，厚度2.2～4.1m，饱和，可塑，黄褐、褐灰色，含云母、氧化铁及绿色条带，上部含小姜石，局部夹砂质粉土透镜体。

(7) 粉质黏土：埋深13.7～14.8m，厚度2.0～3.4m，饱和，可塑，褐灰色，含云母、氧化铁，局部夹黏质粉土透镜体，局部含小砾石和灰白斑点。

(8) 黏土：埋深16.9～17.6m，厚度2.9～3.2m，湿，硬塑，黄褐色，含云母、氧化铁，局部夹粉质黏土透镜体。

（9）粉质黏土：埋深 18.8 ~ 20.1m，厚度 0.9 ~ 1.1m，饱和，可塑，黄褐色，含云母、氧化铁。

（10）细砂：埋深 21.2 ~ 21.4m，厚度 3.2 ~ 3.4m，饱和，密实，褐黄色，颗粒均匀，含云母、氧化铁。

（11）卵石：埋深 24.6 ~ 24.8m，厚度 1.1 ~ 1.2m，饱和，密实，杂色，砂质充填，含砂 20%，含圆砾约 10%，级配及磨圆度好。

（12）黏土：埋深 25.8 ~ 25.9m，未穿透，湿，硬塑，黄褐色，含云母、氧化铁及姜石，夹粉质黏土透镜体。

B 水文地质条件

勘察期间见地下水，为潜水，水位埋深 2.4 ~ 3.2m（高程 36.89 ~ 36.09m）。近 3 ~ 5 年最高水位埋深 2.0m（高程 37m）。历史最高水位埋深 0.3m（高程 39m）。

地下水对混凝土及钢结构无腐蚀性，在干湿交替条件下对钢筋混凝土结构中的钢筋无腐蚀性。

2.5.1.2 工程特点及其分析

本工程的特点、难点主要表现在距现有建（构）筑物较近、基坑跨度大（东西长近 100m、南北宽约 40m）、位于市区繁华地段、位于居民区、施工期为雨季。

根据本工程场地周围环境条件、基坑深度以及岩土工程勘察报告和各方要求，结合施工经验，将基坑边坡分为 6 种工况，这里只对南侧中部外凸部位、西侧、北侧西部二段剖面设计参数及支护形式加以说明。

该剖面基坑深度 8.51m，考虑地面附加荷载或现有平房荷载为 20kPa。该剖面土层参数取值见表 2-6。

表 2-6 土层参数

层号	土类名称	层厚 /m	重度 /kN·m^{-3}	内聚力 /kPa	内摩擦角 /(°)	钉土摩阻力 /kPa	锚杆土摩阻力 /kPa
1	杂填土	1.70	19.0	10.00	15.00	60.0	30.0
2	粉土	1.90	20.1	15.00	28.60	60.0	70.0
3	黏性土	2.20	21.0	23.00	17.90	60.0	60.0
4	粉土	2.00	20.9	20.00	35.00	80.0	75.0
5	黏性土	2.70	20.6	35.00	14.90	80.0	60.0
6	黏性土	4.10	20.4	25.00	31.90	80.0	60.0

针对本工程的特点，本着安全、经济、合理、高效的原则，在确保施工现场安全文明、工程保质保量完成的前提下，优化工程设计，采取如下主要对策：

（1）确保边坡及相邻建筑的安全。

1）考虑建筑物（地下构筑物）较近，设计及施工要有针对性，适当提高安全系数，支护形式采用能够严格控制位移的桩锚支护；严格按照基坑支护设计施工，加强基坑边坡位移及建筑物邻坑一侧的沉降测量监测，发现边坡异常及时预警处理。

2）对地下电缆、供水管等构筑物，正式施工前要探明埋藏位置，并做好标记，施工时保留一定的距离，必要时与有关单位协商改移，确保其安全稳定。

3）做好地面及坡面防水准备，坡顶围砌挡水墙，为暴雨期基坑内排水工作准备足够的水泵等配套设备（设施），确保基坑边坡稳定、暴雨期槽底不集水。

（2）优质快速完成本工程是关键。

1）强化施工部署与施工场区规划，合理划分施工区域、施工流水段、场区循环道路、材料堆放区及加工区等。

2）选择长螺旋钻进成孔工艺，提高护坡桩施工效率。

3）做好施工场区循环道路的局部硬化，保证施工设备（土方）移动安全与效率。

4）加强施工设备、施工人员安全监督管理，强化施工现场的安全管理，保证设备安全与人员安全。

5）做好雨季施工、安全应急预案，确保雨季施工与消防安全。

6）做好各工序间的协作与配合，创造良好的施工外部环境，保障工程顺利进行。

该剖面南侧建筑外皮距平房仅800mm，西侧地面堆放方木等材料，北侧紧邻配电室，受场地空间限制，只能施工微型护坡桩加预应力土钉墙。为确保边坡安全，减小边坡坡顶位移，该部位在微型护坡桩的基础上，配合预应力锚杆复合土钉墙来有效控制基坑边坡位移，桩顶位于地面。

2.5.1.3 基坑稳定性控制方案

根据以上对工程现场实际的分析，具体设计支护参数如下：

（1）微型桩。微型护坡桩桩径 $\phi150$mm，桩间距0.75m，桩顶位于地面，桩长为10.51m（嵌固深度2.0m）；居中配1根70mm（壁厚3.5mm）钢管，桩身灌注 P. O32.5 水泥浆，水灰比为0.5。

（2）预应力锚杆土钉墙。土钉（钢筋锚杆）间距1.5m×1.3m，梅花状布置，倾角10°，钻孔直径 $\phi100$mm，孔内注入 P. O32.5 水泥浆，水灰比为0.5。微型桩面挂 $\phi6@250\times250$ 钢筋网，土钉层位外压 $1\phi14$ 水平加强筋，钢筋锚杆预加50kN力锁定在土钉墙面外的1-14a槽钢上。混凝土层厚80mm，面层在微型护坡桩顶外翻1.0m，强度C20。锚杆参数见表2-7。

表 2-7 锚杆参数

支锚道号	水平间距 /m	竖向间距 /m	入射角 /(°)	预加力 /kN	锚固体直径 /mm	总长 /m	锚固段长度 /m	配筋
1	1.5	1.3	10.00	0.00	100	8.80	8.80	1φ18
2	1.5	1.3	10.00	50.00	100	11.00	10.00	1φ20
3	1.5	1.3	10.00	0.00	100	9.80	9.80	1φ18
4	1.5	1.3	10.00	50.00	100	10.00	10.00	1φ18
5	1.5	1.3	10.00	0.00	100	5.80	5.80	1φ18
6	1.5	1.3	10.00	0.00	100	5.80	5.80	1φ18

A 施工工艺

土钉墙施工是随土方开挖而进行的，采用人工成孔。孔内插筋后压灌水泥浆，挂网后喷混凝土，其工艺流程如图 2-33 所示。

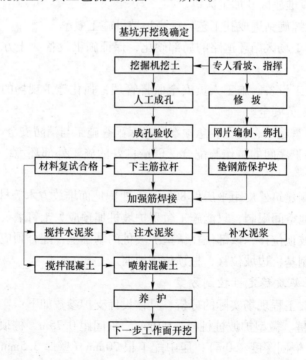

图 2-33 土钉墙施工工艺流程

B 土钉墙施工技术要求

（1）成孔：孔径为 100mm，倾角为 10°，采用人工洛阳铲成孔。孔深允许偏差 ±50mm，孔径允许偏差 ±5mm，孔距允许偏差 ±100mm，成孔倾角允许偏差 ±5%。

（2）插放土钉拉杆、灌浆：确保土钉钢筋拉杆在孔内居中，保护层厚度不小于20mm。土钉拉杆端头预留出坡面10cm，孔内长度不小于设计长度；注浆采用水灰比0.5的P.O32.5水泥浆。

（3）挂网：挂网前坡面先由人工削坡整理，坡面平整度±20mm；钢筋网为φ6@250×250，网格允许偏差±20mm，网片与网片之间重叠不少于30cm，整个坡面挂网以后再进行加强筋的焊接，加强筋和非预应力土钉拉杆端头应焊接牢固。

（4）喷射混凝土：挂网后立即进行喷混凝土施工，其配比为：水泥：砂：碎石：水＝1：2：2：0.5（以试验室确定为准），碎石的最大粒径不超过12mm，喷射混凝土机的工作压力为0.3～0.4MPa。要求混凝土强度不低于C20。

（5）上层喷射混凝土和孔内浆体强度达到设计强度的70%（夏天一般3～7h）后，方可进行下层的工作。

C　土钉墙施工质量保证措施

（1）挖土：为确保边坡稳定，土方开挖需与土钉墙施工密切配合，规定挖土自上而下按土钉层高分步进行，而且每个工作段挖土后，辅以人工修坡。

（2）成孔：孔径为100mm，倾角为10°，采用人工洛阳铲成孔。

（3）插放土钉拉杆、灌浆：土钉拉杆主筋每隔2m设置一个对中支架，以确保钢筋在孔内居中。所有土钉拉杆端头预留1个20cm的直角弯钩与加强筋连接；注浆采用微压注浆，补浆在浆体初凝后进行，补浆次数根据现场实际情况确定。

（4）挂网：在挂网之前坡面先由人工削坡整理，然后挂网，上下网片之间重叠不少于30cm，整个坡面挂网以后再进行加强筋的焊接，加强筋和土钉拉杆端头应焊接牢固。

（5）喷射混凝土：挂网后立即进行喷混凝土施工，要求混凝土强度不低于C20。

（6）所用材料如钢筋、水泥、砂、石料等，均需按规定进行复试，合格后方可使用。

（7）上述工作完成后，并且喷射混凝土和土钉孔内浆体强度达到70%后，方可进行下一阶段的工作。

（8）所有面层在坡顶应外翻，且成外倾状，在基坑四周坡顶外须采取防止地表水渗水措施。

2.5.1.4　应用效果分析

为确保工程及附近建筑和地下管线的安全，及时根据监测信息反馈指导施工，根据本工程结构特点，对附近建筑进行沉降监测，对边坡坡顶进行水平位移监测。

在桩顶连梁与边坡顶部布置边坡位移监测点，布设间距25～30m，共布设位移监测点约 12 个。在基坑周边现有保留建筑临基坑侧布设沉降监测点。监测点布设具体位置与数量可根据现场实际情况适当调整。

建筑沉降采用标高监测，边坡水平位移监测采用视准线法。工作基点应视现场情况布置在变形影响范围以外的稳定地点，以保证监测值的准确可靠。

变形监测工作从第一步挖土开始，基坑开挖期间，监测周期为 1 次/天。当发现相邻两次位移量大于 10mm 或总变形量达 30mm 时，缩短监测周期到 2 次/天，同时分析位移原因，并及时采取措施；当遇到雨天或地面荷载有重大变化时，应临时增加监测次数。当相邻两次位移量较小时，可将监测时间延长至 1 次/3 天；挖土至槽底且位移稳定后，监测时间延长至 1 次/7 天 ~ 1 次/15 天，基坑回填时方可停止监测。

如发现变形异常，应及时停止基坑内作业，分析原因，采取还土、坡顶卸载和增补锚杆等措施，确保边坡及周边建筑物的安全后，方可继续开挖土方。

2.5.2 大理滨海俊园基坑支护工程

2.5.2.1 工程概况

工程场地位于大理市洱河南路与沧浪路交汇处的西南侧，场地东侧沧浪路以东为团山，场地北侧距洱海岸约 100 ~ 150m，交通条件良好。本工程属旧城改造项目，拟建建筑物为 1 栋高层酒店（17F + 2F，高度 80m）、10 栋超高层住宅楼（29F + 2F ~ 34F，高度 100m，栋号①~⑩），局部高层建筑间设有低层商业建筑（2F ~ 3F，高度 7.5 ~ 12.9m），本地块内酒店及①~⑩栋高层住宅楼建筑下均设整体一层地下室，总建筑面积 227593m²。场地现状地面高程 1966.20 ~ 1967.10m，基坑实际开挖支护深度 5.10 ~ 8.15m，基坑周长 917.50m。

A 基坑周边环境

场地东侧征地红线紧临金星河，金星河由南向北流向洱海，河道已经人工支砌，河道宽约 5.0m，深约 3.0 ~ 3.5m，河道内水深约 0.3 ~ 1.0m，地下室范围线距河边 17.2m，再往东为沧浪路，沧浪路以东为团山；南侧邻近 20 余栋 3F ~ 5F 砖混结构浅基民宅，地下室范围线距民宅最近处 8.0m；场地西侧为建设单位自用空地，现状有一 3F 桩基础售楼部在建，距地下室范围线 29m 以上；北侧临洱河南路，地下室范围线距人行通道最近处 7.5m，人行道宽度 7m，洱河南路机动车道宽度 15m，机动车道中央下有宽度 9m、深度 6m 的市政截污干渠箱涵。北侧距洱海岸约 100 ~ 150m，洱海水位标高 1965.20m。

B 场地工程地质及水文条件

场地第四系覆盖层地下水类型为第四系松散层孔隙水，勘察孔揭露深度内主要含水层有③₁ 粉砂、③₂ 砾砂、④ᵃ 粉土、④ᵇ 砾砂层，粉土为弱透水层，粉砂、砾砂为强透水层，其中，③₃粉砂、③₃ᵃ砾砂层主要分布于场地北东、中东部，④ᵃ粉土、④ᵇ砾砂层主要分布于场地中西、中南部，上述主要含水层之地下水具承压性，其厚度较大，富水性较强。本地块基坑开挖深度内的地基土主要为浅部填土、黏土、淤泥，其富水性较弱，地下水对基坑开挖影响较小。而本场地中下部的③₃粉砂、③₃ᵃ砾砂、④ᵃ粉土、④ᵇ砾砂含水层厚度较大，富水性较强，对桩基础施工影响较大。下伏基岩为白垩系下统景星组（K₁j）泥质粉砂岩，岩体呈强～中等风化，岩体中含风化裂隙水，富水性较差，对桩基础施工影响较小。

地下水主要接受大气降水及洱海水、金星河补给，总体向北部洱海方向径流。根据抽水试验结果，渗透系数 K 为 0.25m/d，影响半径 R 为 32.5m，基坑涌水量 Q 为 $675\text{m}^3/\text{d}$。

2.5.2.2 工程特点及分析

A 地质条件分析

场地处于洱海冲湖积盆地南部，属冲湖积盆地堆积地貌。场地地基岩土按物理力学性质及其工程地质特性可分为 5 个大层、9 个亚层、4 个透镜状土层或夹层。场地浅部杂填土厚度 $0.9 \sim 4.2\text{m}$，其下局部分布有厚度 $0.8 \sim 1.5\text{m}$ 可塑状态的黏土，往下为深厚的淤泥层，厚度 $26.5 \sim 36.5\text{m}$；场地中部为黏性土、粉砂、砾砂交替沉积，间夹薄层粉土、泥炭质土，呈现典型的交替沉积特征；下伏基岩（K₁j 泥质粉砂岩）呈强～中等风化，岩体破碎，基岩埋深 $71.0 \sim 75.0\text{m}$。基坑开挖范围主要为松散的人工填土和深厚的淤泥层，淤泥的层底埋深超过 30m，淤泥具高含水量、高孔隙比，具有流变性和蠕变性，地基强度极低的特点，此类软土中的基坑容易垮塌和产生深层滑移。由于填土和淤泥力学性质差，抗剪强度低，采用桩锚支护时土体难以提供锚索抗拔力，采用悬臂桩或双排桩时坑内被动土压力太低，无法控制坑壁变形。

B 周边环境分析

场地东侧征地红线紧临金星河，地下室范围线距河边 17.2m；南侧邻近 20 余栋 3F～5F 砖混结构浅基民宅，地下室范围线距民宅最近处 8.0m，民宅一栋紧挨一栋，建于 1994 年，采用毛石基础，且建于软土地基之上，房屋多有变形开裂的情况；北侧临洱河南路，地下室范围线距人行通道最近处 7.5m，机动车道中央下有宽度 9m、深度 6m 的市政截污干渠箱涵。

上述地质条件和周边环境要求采取安全牢靠的支护结构，控制坑壁变形，确保基坑施工和周边建构筑物、市政道路的安全。

2.5.2.3 基坑稳定性支护对策

A 基坑支护设计参数

根据地勘报告，基坑支护设计参数取值如表 2-8 所示。

表 2-8　基坑支护设计参数

土 层 名 称	天然重度 γ /kN·m^{-3}	内聚力 C /kPa	内摩擦角 φ /(°)	地基承载力特征值 f_{ak} /kPa
①杂填土	17.6	13.0	8.8	100
②黏土	16.5	13.7	4.0	100
③$_1$淤泥	15.4	9.5	3.2	50
③$_2$粉质黏土	16.8	13.9	6.2	110
③$_3$粉砂	20.2	14.0	34.3	200
③$_3^a$砾砂	21.0	10.0*	27.0*	350
③$_3^b$粉质黏土	17.3	19.5	10.4	150
③$_4$泥炭质土	14.0	22.3	8.9	110
④粉质黏土	20.5	30.7	16.2	220
④^{a}粉土	21.2	11.9	30.7	300
④^{b}砾砂	21.5			500
⑤$_1$强风化泥质粉砂岩	21.9	38.2	24.7	1000
⑤$_2$中等风化泥质粉砂岩	25.9			3000

B　支护设计方案

本基坑开挖深度 5.10～8.15m，且属软土地区，周边临市政道路及多栋浅基础民宅，基坑安全等级划分为一级，重要性系数取 1.1。其中基坑西侧为空地，基坑安全等级划分为二级，重要性系数取 1.0。基坑安全使用期限为 18 个月。根据基坑与周边建构筑物的距离、支护桩与地下室外墙的距离，设计支护方案宜如下：

（1）局部内支撑。基坑北侧 1—1、2—2 剖面邻近洱河南路，基坑开挖深度 8.15m，东南侧 5c—5c 剖面邻近 3F～5F 砖混结构浅基民宅，基坑开挖深度 7.35m，支护桩距离地下室外墙仅 2.0m，此 3 个剖面采用 φ800 钻孔灌注桩和 1 道 φ609 钢管支撑，支护桩桩长 30.0～35.0m，桩间距 1.1m，支撑长度 12.0m，支撑钢管间距 1—1、2—2 剖面为 6.0m，5c—5c 剖面为 4.0m。

（2）支护桩前留原土放坡支护。其余部位基坑开挖深度 5.10～7.70m，支护桩距离地下室外墙 6.5～12.0m，采用 φ800 钻孔灌注桩，桩顶设置冠梁，坑内侧留原状土按（1:1）～（1:1.5）取台放坡支护，留土底面宽度 6.5～12.0m，支护桩桩长 28.0～33.0m，桩间距 1.2m。

（3）两排深层搅拌止水挡土桩。支护桩外侧设置一排 φ600 深层搅拌桩，桩间距 400mm，搭接 200mm，支护桩中间套打 1 排 φ600 深层搅拌桩，两排桩桩长均为 18.0～20.0m。

（4）地下水控制采用沿坑底设置 300mm×300mm 排水沟，间隔 30～40m 设置 1 口 $\phi800$ 集水井，井深 1.5m，底部 0.5m 放入碎石作为滤水层，坑顶设置 300mm×300mm 截水沟，在基坑底按纵横向 25m 布置盲沟的集水明排措施。同时在基坑外侧设置 18 口 $\phi600$ 观测井兼做回灌井。

2.5.2.4 支护效果分析

A 基坑监测

根据本工程的特点，确定工程监测对象为：基坑支护结构及周边市政道路、管线及建筑物、地下水位、坑底隆起等。基坑监测类别为一级（局部二级），依据《建筑基坑工程监测技术规范》（GB 50497—2009）及本地区工程经验确定基坑工程监测内容和项目如下：

（1）基坑顶部水平位移及竖向位移按 20m 间距布置监测点。

（2）支护结构外侧土体深层水平位移监测点布置在支护桩外侧 3.0m 处，共布置 18 点。

（3）周边市政道路竖向位移监测点按 20m 间距布置在道路中央，周边建筑变形监测点每栋建筑布置 4 点。

（4）桩身应力监测点在支护桩前侧和后侧成对布置，应力计竖向间距 3.0m，共布置 20 组。

（5）支撑轴力监测采用应力计，布置在受力较大的杆件上，共布置 8 组。

（6）地下水位监测点利用回灌井，共布置 18 点。

除仪器监测外，还每天进行巡视检查作为仪器监测的补充，巡视检查贯穿了整个基坑施工过程，对充分掌握基坑变形情况十分有益。

B 工程结果分析

本工程大底盘地下室内的高层建筑采用 $\phi1200$ 旋挖成孔灌注桩，以下伏基岩作为桩端持力层，桩长 72.0~75.0m，裙楼部分采用 $\phi800$ 旋挖成孔灌注桩，桩长 42.0~45.0m，因分布有大厚度的淤泥层，采用泥浆护壁的措施难以解决淤泥层中缩颈、夹泥和断桩问题，桩基施工质量无法保证。施工单位采用 ICU 专用机械设备安放 30m 长的钢管作护壁，壁厚 10mm，管径分别为 $\phi1200$、$\phi800$ 两种，浇灌混凝土后再用 ICU 专用机械设备边振边拔出回收。

（1）因基坑面积较大，桩基础在坑内先施工西部区域，后施工东部区域，分两期施工，为减少东部基坑壁的暴露时间，基坑也分两次开挖，一、二期交界处采用 1:2 放坡后，在坡脚压入一排 $\phi800$ 钢管，长度 30m，钢管间距 1.3m。

（2）基坑北侧 1—1、2—2 剖面、东南侧 5c—5c 剖面采用 $\phi609$ 钢管支撑，采用"盆式"挖土的方法，施工相邻主楼至 ±0.00 后才挖出主楼与支护桩之间的土方，按加撑、换撑、拆撑、回填的步骤进行。相邻主楼 ±0.00 以下施工时支护桩前留土按 1:1.5 取台放坡处理。

（3）为提高坑底被动区土体强度和抗剪强度，避免支护桩前留土因坑底和坡脚土体强度不足而产生剪出或下座，采用 φ500 深层搅拌桩按格栅状对坑底 6.5～12.0m 范围的土体作加固，桩长进入坑底以下 8.0～12.0m。深层搅拌桩在地面施工，对坑底以上土体也作加固，整体提高了支护桩前的土体强度，对支护桩前留土放坡的稳定性大有提高。

（4）基坑施工过程中南侧邻近 3F～5F 砖混结构浅基民宅部位坑壁变形稍大，超过监测报警值后及时在坡脚压入一排 φ800 钢管，长度 30m，钢管间距 1.2m。压入 φ800 钢管后坑壁变形稳定，基坑施工顺利进行。

本基坑工程因地制宜，在深厚软土中灵活地采用了原土取台放坡反压 + 支护桩的支护形式，在不具备条件的部位采用了钢管支撑。采用深层搅拌桩作格栅状加固，从地面加固到坑底以下 8.0～12.0m，提高了土体强度，保证了桩前留土放坡的稳定性。充分利用了桩基 ICU 专用机械设备压拔钢管的工艺作为基坑抢险加固措施，取得了良好的效果。

2.5.3 中国电子南京科技园华电分园基坑工程

2.5.3.1 工程概况

A 基本概况

中国电子南京科技园华电分园一期裙楼项目位于南京市栖霞区华电路 1 号，拟建项目地上五层，建筑面积约 33850m²，地下两层。

本工程 ±0.00 标高相当于绝对标高 +16.00m，地面标高 −0.80～+0.00m，基坑底标高 −12.4m、−12.9m，基坑开挖深度为 11.70～12.50m。基坑平面上为近南北向矩形，南北长约 81～186m，东西宽约 68～118m，基坑周长约 590m，基坑面积约 16000m²。

根据本工程勘察报告，基坑支护影响范围内各土层及其物理力学性质指标如下：

勘探揭露地下水主要为孔隙水，赋存于②层以上浅土层孔隙中，主要接受大气降水入渗补给，以蒸发方式排泄为主。局部③层土浅埋地段雨期可能存在少量上层滞水。④层粗砂夹砾石中含少量微承压水，由于埋深较大，对本工程基本无影响。底部⑤层闪长岩中存在少量裂隙水，富水性随裂隙发育程度不均而变化，钻探过程中未见明显漏浆现象，总体富水性较弱。基坑支护结构设计土层参数见表2-9。

表2-9 基坑支护结构设计土层参数

土层编号	重度 γ /kN·m⁻³	抗剪强度（标准值）		渗透系数 k /cm·s⁻¹
		C/kPa	φ/(°)	
①₁ 杂填土	18.0	10.0	14.0	3×10⁻⁴
①₂ 素填土	18.0	10.0	14.0	3×10⁻⁴
②₁ 黏土	18.5	26.0	18.9	2×10⁻⁶

土层编号	重度 γ /kN·m^{-3}	抗剪强度（标准值）		渗透系数 k /cm·s^{-1}
		C/kPa	φ/(°)	
②$_{1A}$ 黏土	17.4	9.0	7.5	3×10^{-6}
②$_2$ 粉土夹粉质黏土	18.9	16.0	22.7	3×10^{-4}
③$_1$ 粉质黏土	19.2	31.0	21.7	2.5×10^{-6}
③$_2$ 粉质黏土	19.1	30.0	21.5	3×10^{-6}
④$_1$ 粗砂夹砾石	(20.0)	(5.0)	(30.0)	
④$_2$ 残积土	(20.0)	(40.0)	(20.0)	
④$_{2A}$ 残积土	(20.0)	(10.0)	(25.0)	
⑤$_1$ 强风化闪长岩	(20.0)	(40.0)	(20.0)	
⑤$_2$ 中风化闪长岩	(20.0)	(50.0)	(30.0)	

注：（ ）内为经验值。

B 基坑周边环境情况

基坑东侧为梅苑路，距离基坑边约 3.00 ~ 22.00m，道路宽约 14.00m；南侧为文苑路，近平行于基坑边线，距离基坑边约 7.50 ~ 23.00m，道路宽约 10.00m；西侧为言和路，近平行于基坑边线，距离基坑边约 3.00m，道路宽约 18.00m，北侧为华电路，近平行于基坑边线，距离基坑边约 6.30 ~ 10.00m，道路宽约 28.00m，路面下有污水、电力、电信等市政管线，管质有混凝土、铜、铸铁及塑料等；基坑周边亦分布有较密集的建（构）筑物。基坑周边环境详见图 2-34。

2.5.3.2 工程特点及其分析

本基坑工程地处南京主城区，场地周边环境较复杂，基坑支护、开挖难点、重点多，应充分辨识和分析，提前采取针对性措施，确保工程安全、经济、合理、按时、保质完成。本基坑主要的工程问题有：

（1）本基坑周边多紧邻或邻近市政道路及较多的建（构）筑物，北侧华电路地面下多分布有各种市政管线，基坑周边环境较复杂，相应的环境保护要求较高，因此对基坑支护结构变形控制要求较严格。

（2）本基坑开挖深度为 11.70 ~ 12.50m，属于深基坑，基坑坑壁和坑底范围内的土层主要为人工填土（①大层）、软塑/可塑黏性土（②大层）及可塑粉质黏土（③$_2$），土的物理力学性质中等偏差，地下水位在现状地面下 1.50m，水位高。综上分析，本基坑地质条件中等偏差，支护设计要求较高。

（3）本基坑周长约 590m，基坑面积约 16000m^2，基坑规模较大，南北长约 81 ~ 186m，东西宽约 68 ~ 118m，基坑跨度较大，内支撑结构构件长度较大，设计和施工要求高。

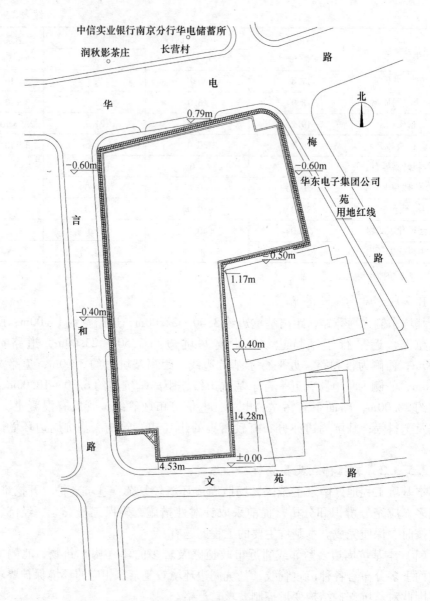

图 2-34 基坑位置示意图

2.5.3.3 基坑支护控制方案

综上所述，本基坑工程设计需严格控制支护结构变形和受力，确保基坑安全，因此对基坑支护结构方案进行严格比选。

A 基坑支护方案比选

针对本基坑的工程地质和水文地质条件，尤其是周边环境特点，能够采用的基坑支护结构形式有：桩 + 锚支护体系和围护桩 + 内支撑的支护体系，围护桩选型可有 SMW 工法桩和钢筋混凝土灌注桩，剖析如下：

（1）SMW 工法桩：型钢水泥土墙（SMW 工法）施工止水防渗效果较好，适用于多种土层，适合于基坑开挖深度不大于 10m 的基坑，对周边环境扰动较小，可有效控制变形，经济效益较混凝土灌注桩好，且型钢可回收利用，既环保又节能。本基坑的开挖深度为 11.70～12.50m，超出 SMW 工法桩适用范围，故本基坑不考虑采用 SMW 工法桩。

（2）桩＋锚支护体系："桩＋锚支护体系"已被普遍采用，施工技术成熟，与内支撑方案相比，工程造价较低，该方案的实施与主体施工单位互不影响，施工工期较短。但锚索结构超出红线，需按相关规定要求执行。根据前述基坑周边相邻情况可知，拟建场地周边存在道路（地下管线）、建（构）筑物等复杂情况，锚索对周边地下环境存在潜在影响，对周边环境亦影响较大；由于对场地周边地下情况做不到完全掌握，施工当中存在意外情况的可能；锚索施工质量不能保证时变形较大。因此，综合分析本基坑工程不宜采用该支护体系。

（3）围护桩＋内支撑的支护体系：内支撑的施工工艺是先施工外围支护桩，之后从地面逐层往下掘土，逐层施工内支撑，到设计坑底标高后，从下往上逐层施工地下室结构，同时逐层拆除支撑。该支护结构整体刚度大，安全性高且直观，基坑变形小，对周边环境影响小。整个支护结构不存在超出红线情况，也不会对周边建筑物基础、地下管线等造成影响，正常施工期间一般不会和周围邻里发生纠纷。但是，该支护结构一般造价较高，施工工期较长，地下室的施工和支护结构之间关联性高，施工专业性要求更高，采用掘土方式排土，土方开挖成本较高。

根据本工程实际情况，结合基坑周边环境、场地的工程地质和水文地质条件及基坑开挖深度，综合上述分析，决定采用"围护桩＋钢筋混凝土内支撑"的结构形式对基坑进行支护。

B　控 制 方 案

a　支护结构方案

综合考虑本工程特点、周围环境和土层特性，经充分的支护方案比选，本着"安全可靠、经济合理、技术可行、施工方便"的原则，对不同区段采取相应的支护措施：

（1）*AB*、*BC*、*CD*、*KLM*、*MA* 段采用 $\phi 900@1100$ 钻孔灌注桩内设两层钢筋混凝土支撑进行支护。

（2）*DEFGH*、*HJ*、*JK* 段采用 $\phi 800@1000$ 钻孔灌注桩内设两层钢筋混凝土支撑进行支护。

b　地下水控制方案

（1）本工程在局部位置存在②₂层粉土夹粉质黏土含水层，在该土层分布位

置采用 $\phi850@1200$ 三轴深搅桩全封闭止水。

（2）基坑内采用管井坑内疏干降水，管井成孔孔径 800mm，井管与成孔孔壁之间采用级配良好的绿豆砂掺中粗砂混合料充填。在基坑土方施工前应预降水。

典型支护剖面详见图 2-35，围护结构平面布置详见图 2-36。

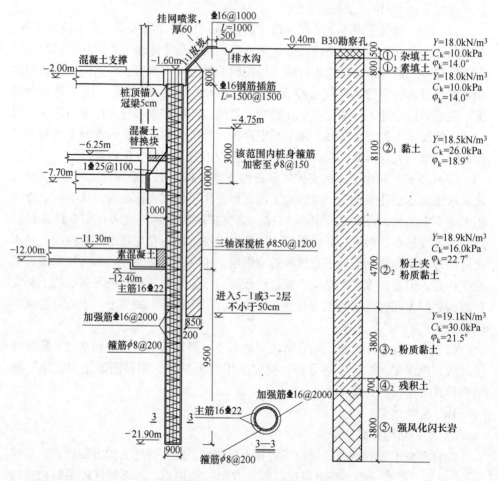

图 2-35 CD 段支护剖面图

C 基坑周边环境的保护措施

本工程基坑周边环境较复杂，周边市政道路、管线及建筑物需重点保护，本方案采取以下保护措施：

（1）支护结构选用刚度较大的钻孔灌注桩＋两层混凝土支撑的支护形式，控制基坑变形及稳定性，减少对周边环境影响。

（2）支撑布设采用对撑、角撑组合形式，各个区域相对独立，可实现分块

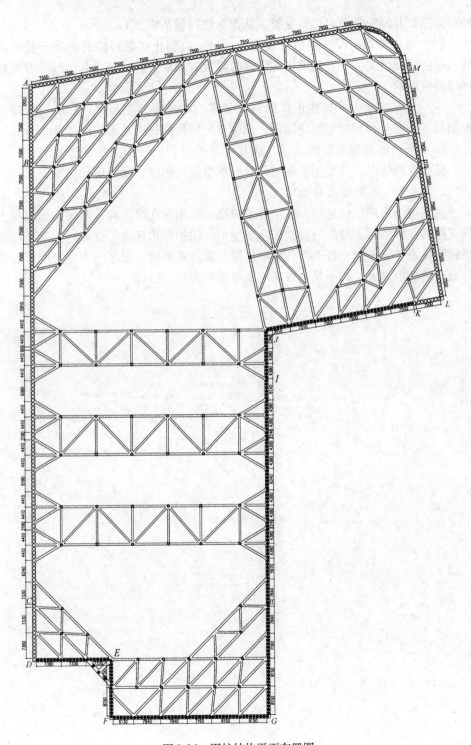

图 2-36　围护结构平面布置图

抽条开挖，并能跟进及时浇筑支撑，从而有效控制基坑变形。

（3）坑内外均布设一定数量观测井，动态监测止水帷幕的封闭状态及坑内外水位的降低情况，一旦基坑出现渗漏时可及时采取措施，防止基坑漏水对周边环境造成影响。

（4）对基坑土方开挖提出详细施工要求，对分层开挖高度、分块面积提出控制标准，充分利用时空效应原理，减少支护体暴露长度及无支撑暴露时间。

（5）提出详细基坑监测方案，在基坑开挖过程中密切关注周边建筑物、道路、管线变形情况，并根据监测结果及时调整施工速度，做到信息化施工。

2.5.3.4　应用效果分析

该基坑周边环境较复杂，保护要求较高，采用钻孔灌注桩＋两层钢筋混凝土内支撑的支护体系，较好地控制了基坑变形，保护周边环境不受破坏。对于内支撑结构体系，合理地安排土方开挖顺序也是非常重要的，无序的土方开挖可能会导致基坑变形过大，甚至是造成基坑支撑体系失稳、破坏。

3 城市地铁工程

随着我国国民经济的飞速发展，城市化进程进一步加快，城市功能分区日益细化，城市中心城区面积不断增长，道路面积以每年3%～4%的速度增加。但相比于公共交通，机动车数量则以每年15%～20%甚至更高的速度增长，加上中心城区人口数量的膨胀，使得城市交通拥堵问题日益严重，而且机动车排出的尾气加剧了城市环境的恶化，带来了人口密集、交通阻塞、雾霾天气等"城市病"。发展以城市轨道交通为骨架，并与地面公共交通相接驳的城市综合交通体系是目前解决城市交通等问题的主要措施。城市轨道交通以其用地省、运能大、速度快、污染低等优点日益成为城市公共客运交通中起骨干作用的现代化立体交通系统，已被称为城市交通的主动脉。城市轨道交通的主要类型有：地下铁道、轻轨、独轨、磁悬浮交通、有轨电车等。本章重点研究探讨修建于城市地下空间中的地铁工程稳定性问题。

地下铁道简称地铁，主要是指在大城市的地下修建车站和隧道，并在其中铺设轨道，以电动快速列车运送大量乘客的城市轨道交通或捷运系统。地铁线路通常设在地下隧道内，但在城市郊区及人员车辆较少的地方，也可能局部从地下延伸至地面或高架桥上。地铁运输几乎不占用街道面积，也不干扰地面交通。城市地铁工程具有运量大、速度快、节约土地、减少污染、减少噪声、减少干扰、节约能源等突出优点，但也存在建造和运营成本高、建设周期长、施工过程中存在安全质量事故、运营期间存在火灾和水灾等安全隐患、恐怖主义分子袭击等问题。

城市地铁工程在修建过程中，可能存在由于地质勘探工作不精细造成水文地质和工程地质条件不明、工程周边环境不清、设计方案不科学、施工工艺不合理、措施准备不充分、施工组织管理不到位等情况，从而可能导致城市地铁工程施工及运营期间稳定性难以控制，造成地铁工程自身及周边建（构）筑物、桥梁、隧道、道路、管线、地表水体等工程周边环境发生沉降、坍塌等问题，出现险情乃至安全质量事故，造成人员伤亡和经济损失。近年来国内外一系列的城市地铁工程险情或事故已充分体现了这一点。因此在城市地铁工程施工过程中，稳定性控制问题已成为整个工程建设过程中的重点和难点所在。本章在分析城市地铁工程发展历史现状及工程特点基础上，从地铁建设过程中勘察、设计、施工、监测等环节论述城市地铁工程稳定性控制理论、方法、技术及工艺，最后通过国内不同地区若干个典型工程实例剖析，有针对性地提出城市地铁工程稳定性控制方案及具体施工方法。

3.1　城市地铁工程发展现状及工程特点

3.1.1　国内外地铁发展现状

1863 年 1 月 10 日，采用明挖法施工的世界上第一条地铁在英国伦敦建成通车，列车用蒸汽机车牵引，线路全长约 6.5km，区间隧道断面为矩形双线断面，宽度为 8.69m、高度为 5.18m。1890 年 12 月，伦敦首次用盾构法施工，建成另一条线路，由电气机车牵引，线路长约 5.2km，区间隧道断面为圆形断面。1896 年，当时奥匈帝国的城市布达佩斯开通了欧洲大陆的第一条地铁，共有 5km，11 站，至今仍在使用。虽然城市轨道交通诞生距今已有一百多年，但重视和大规模修建城市轨道交通系统则是在第二次世界大战结束以后。20 世纪下半叶以来，伴随着世界范围内的城市化进程，大城市逐步形成了目前以地下铁道为主体、多种轨道交通类型并存的现代城市轨道交通新格局。

世界各国地铁各具特色。纽约是 2010 年以前世界地铁运行线路最长的城市，其设施虽较陈旧但方便快捷且价格低廉。中国是世界上地铁发展最快的国家，截止到 2013 年底，上海、北京地铁运行线路总长已分别跃居世界大城市前两位，分别达到 576km、465km。韩国首尔地铁也是四通八达，目前共有 9 条线路，全长约 317km。墨西哥城如今拥有拉美国家规模最大、最现代化的地铁网络，运行线路超过 200km。莫斯科地铁以其宏大的建筑规模和华美的地铁站风貌闻名于世，素有"地下宫殿"之美誉。巴黎地铁是世界上最方便的地铁，地铁站间距非常短，每天发出近 5000 次列车。法国里尔地铁是当今世界最先进的地铁，全部由微机控制，无人驾驶，轻便、省钱、省电，车辆行驶中噪声、振动都很小，高峰时每小时通过 60 次列车，为世界上行车间隔最短的全自动化地铁。美国旧金山地铁是当今世界地铁列车速度之冠。新加坡地铁是世界上最安全、最清洁、管理最好的地铁之一。世界各国和地区城市轨道交通系统发展及排名情况如表 3-1 所示（数据截止到 2013 年底，仅列出前 20 位）。

表 3-1　世界各国和地区城市轨道交通情况

排名	国家/地区	轨道交通系统总长度/km	站台数目	轨道交通系统在该国和地区启用年度
1	中国大陆	2476.06	1386	1969
2	美　国	1747.3	1037	1870
3	日　本	803.1	722	1933
4	西班牙	642.4	555	1919
5	英　国	533.1	386	1863

排名	国家/地区	轨道交通系统总长度/km	站台数目	轨道交通系统在该国和地区启用年度
6	韩 国	482.2	477	1974
7	俄罗斯	446.8	281	1935
8	德 国	446.4	484	1902
9	法 国	345.9	477	1900
10	巴 西	257.5	195	1974
11	中国香港	249.6	300	1910
12	墨西哥	233.4	206	1969
13	意大利	190.5	240	1955
14	加拿大	183.1	170	1954
15	印 度	161.6	146	1984
16	中国台湾	152.8	138	1996
17	智 利	147.5	132	1975
18	土耳其	125.6	124	1875
19	新加坡	113.2	97	1987
20	瑞 典	110.0	100	1950

　　我国城市轨道交通建设起步相对较晚，第一条地下铁道线路为 1969 年建成通车的北京地铁 1 号线，线路长为 23.6km。经过 40 多年的发展，中国城市轨道交通不断创新，已从单一的地铁发展为城市轻轨、市郊铁路乃至城际铁路的多样化、立体化交通系统，从蒸汽机牵引发展为电气化牵引。天津地铁于 1970 年开始建造，到 1984 年 12 月 28 日建成通车。上海地铁于 1990 年初开始建设，到 1995 年开通第一条线路，目前已经成长为世界上规模最大的地铁网络。1995 ~ 2008 年，我国建有轨道交通的城市由 2 个增加到 10 个，投资以每年超过 100 亿元的速度推进。截至 2010 年底，全国拥有地铁运营线路 42 条，运营线路总长度达到 1217km。2011 年以来，我国地铁建设加速发展，发改委批复了合肥、长春、大连三个城市的轨道交通 1 号线工程，加上武汉和深圳新批复的规划线路共 13 条线路。2012 年 4 月 28 日，苏州地铁 1 号线正式通车，中国城市地铁版图再次扩容。我国地铁建设热潮正在从中国大城市蔓延至二三线城市。截至 2012 年底，我国地铁运营里程达到 1726km。截止到 2013 年 12 月底，我国已建有城市轨道交通的城市共 19 个（不含港澳台地区）：北京、上海、广州、成都、天津、深圳、南京、重庆、武汉、西安、沈阳、苏州、佛山、杭州、长春、大连、昆明、哈尔滨、郑州，地铁（包含轻轨）运营线路累计达到 84 条，运营车站 1386 座，总里程达到 2476.06km，其轨道交通情况如表 3-2 所示。其中：北京已建成通车的地铁线路 17 条，车站 262 座，运营里程 465.44km；上海已建成通车的地铁线

表 3-2 我国城市轨道交通情况一览表

序号	城市	首车年份	已通车线路			在建及近期规划线路			备　注
			总里程/km	通车线路/条	车站座数	线路条数	总里程/km	车站座数	
1	北　京	1969（地铁1号线）	465.44	17	262	20	470.5	228	我国首个开通地铁的城市，地铁规模位居世界第二，日均客运量762万人次，最高达1028万人次。预计2020年运营里程将突破1000km
2	上　海	1995（轨道交通1号线）	576.7	16	291	23	398.6	258	目前地铁规模已跃居全球运营第一，日均客运量848.6万人次，最高达670万人次。上海市地铁规划总里程超过1000km
3	广　州	1997（地铁1号线）	245.51	9	144	21	406.6	180	中国第一个拥有地铁的副省级和省会城市，中国第三大城市轨道交通系统。远期规划建设里程超过750km
4	深　圳	2004（地铁罗宝线）	178.59	5	131	5	183.2	104	全国第五个开通运营地铁的城市，运营地铁里程位居全国第四。远期规划共包含16条地铁线路，总里程接近600km
5	天　津	1984（地铁1号线）	139.26	5	92	13	243.3	90	第二个建成并运营地铁的城市。根据目前规划，到2020年将形成由市区与城区两部分线路组成的网络，总规模将达到近1000km
6	重　庆	2004（轨道交通2号线）	169.9	4	88	13	213.4	143	西部地区第一个运营里程超过100km的城市，目前运营通车里程位居国内第六。2号线是我国首条建成通车的单轨地铁线路
7	南　京	2005（地铁1号线主线）	84.75	2	57	8	297.6	112	内地第六个建成并运营地铁的城市。预计至2030年将建成20条轨道交通线路，总长超过775km
8	大　连	2002（快轨3号线）	86.85	3	20	7	230.1	—	大连市轨道交通系统包括旧有轨电车、新武轻轨电车以及快速轨道交通
9	武　汉	2004（地铁1号线）	72.64	3	46	15	329.6	187	内地第五个城市轨道交通系统——武汉。武汉首条地铁2号线于2012年12月28日通车试运营。远期规划由12条城市线路组成，总里程约860km

续表 3-2

序号	城市	已通车线路				在建及近期规划线路			备注
		首车年份	总里程/km	通车线路/条	车站座数	线路条数	总里程/km	车站座数	
10	沈阳	2010（地铁1号线）	114.47	6	41	7	155.2	106	内地第七个、东北地区首座开通运营地铁的城市。规划到2020年，线网建设规模可达210km，由"两横、三纵、两L"共七条线路组成
11	长春	2002（轨道交通3号线）	48.2	2	49	7	256.9	一	长春轨道交通系统由地铁、轻轨和有轨电车组成
12	杭州	2012（地铁1号线）	48	1	34	7	375.6	一	杭州地铁1号线仅一期工程便达到48km，是中国一次建成最长的地铁线路之一。杭州地铁在2008年施工过程中发生基坑坍塌重大事故，导致21人死亡，是我国地铁建设史上发生的最严重事故
13	成都	2010（地铁1号线）	49.9	2	37	8	227.8	163	成都轨道交通系统包括地铁系统和市域铁路系统。成都是中国内地第一个拥有市域铁路的城市，是中西部地区第一个开通运营地铁的城市
14	苏州	2012（轨道交通1号线）	51.3	2	24	7	200	105	内地第一个独立开通城市轨道交通的地级市
15	西安	2011（地铁2号线）	45.9	2	17	8	207.9	137	西北地区首座建成运营地铁的城市，同时也成为中国大陆第十个运营地铁的城市
16	昆明	2012（轨道交通6号线）	40.1	2	4	6	150.6	106	2012年6月28日，昆明第一条地铁通车运行，成为自有独立运营城市轨道交通的地级市
17	佛山	2010（地铁1号线）	14.8	1	11	7	231.7	一	广佛地铁是国内首条城际地铁，佛山地铁1号线是广佛地铁的佛山境内部分，长约14.78km，设11座车站，与广州地铁1号线在西朗站换乘
18	哈尔滨	2012（地铁1号线）	17.55	1	18	1	37	32	我国东北地区第三座开通运营地铁的城市，哈尔滨地铁1号线是我国首座耐高寒地铁，可以在零下38℃低温环境中持续运行
19	郑州	2013（地铁1号线）	26.2	1	20	3	20.7	58	郑州地铁1号线一期于2013年12月28日正式运营，这标志郑州成为中部第六省第二个拥有轨道交通、全国第十九个开通地铁的城市

注：本表中数据截至2013年12月31日，不含港澳台地区。

路 16 条，车站 291 座，运营里程 576.7km；广州已建成通车的地铁线路 9 条，车站 144 座，运营里程 245.51km。正在修建的城市有 11 个：合肥、长沙、南宁、福州、贵阳、南昌、郑州、东莞、青岛、宁波、无锡。正在申报规划地铁的有 6 个：石家庄、太原、济南、乌鲁木齐、兰州、常州。至 2020 年，全国将有 33 个城市开通运营 177 条轨道交通线路，地铁总里程预计将达到约 6100km。

3.1.2 城市地铁组成及工程特点

地铁主要由土建和设备两大部分组成。土建部分包括车站、区间隧道、桥梁、路基、轨道、车辆段和综合基地等；设备部分包括建筑设备和轨道交通系统设备。建筑设备是指建筑电气、给水排水系统、环控系统、电梯与自动扶梯、防灾报警系统、消防系统、人防系统、环境与设备监控系统等；轨道交通系统设备是指通信系统、信号系统、电力监控系统、屏蔽门/安全门系统、自动售检票系统、旅客信息系统、车辆系统和控制中心、地铁网络指挥协调中心等。新建地铁一般将智能设备监控系统、智能防灾报警系统、智能电力自动监控系统深度集成为一体的综合智能监控系统。本章重点研究对象为地下施工土建部分的地铁车站和区间隧道，对于桥梁、路基、轨道、车辆段和综合基地，以及建筑设备和轨道交通系统设备等不做详细介绍。

地铁车站分地下车站、高架车站和地面车站。地下车站由车站主体（站台、站厅、生产和生活用房）、出入口与通道（乘客进行地面和地下换乘的必经之路）、通风道和地面风厅（一般布置在车站两头端部）三大部分组成。高架车站一般由列车行驶的轨道梁结构和车站其他建筑结构组成。区间隧道是连接两个地下车站的建筑物，包括行车隧道、渡线、折返线、地下停车线、联络通道、集水泵房以及其他附属建筑物。对于超长区间隧道，需要在中部建造通风井。

城市地铁工程虽然具有运量大、速度快、节约土地、减少污染、减少噪声、减少干扰、节约能源等突出优点，但也存在建造和运营成本高、建设周期长、施工过程中存在安全质量事故、运营期间存在火灾、水灾等安全隐患等问题。地铁建设本质上应是环境友好工程，但城市地下工程开挖后岩土体必然发生变形，当变形达到极限时，岩土体即破坏失稳，将直接或间接地造成环境恶化，甚至造成灾害事故。地铁建设往往在市区繁华地段，在其施工过程中，常引起周围地层的变形，对周围地面建筑及基础、地下早期人防工程和构筑物、公用地下管线和各种地下设施、城市道路路基路面等都可能造成不同程度的危害。我国不同城市的地层条件差异较大，加之理论与实践衔接不畅、设计或施工措施不利等因素造成地面沉陷、基坑垮塌、隧道涌水、周边建（构）筑物变形、倾斜、坍塌、地下管线损害等事故时有发生，往往造成严重的经济损失和不良的社会影响。

我国城市地铁工程的特点可概括为以下几个方面：

（1）工程地质环境复杂。我国幅员辽阔，不同地区修建地下铁道可能遇到复杂多变的工程地质和水文地质条件。如北京地区地铁线路几乎穿过北京各个不同的工程地质单元，包括不利于施工的较厚砂卵石层、第三系泥岩、砂岩层，降水困难、易发生突涌事故的饱和粉土层等；同时穿越各个不同的水文地质单元，施工可能遇到多层不同性质的地下水，包括上层滞水、潜水、层间水和承压水。上海、广州、深圳等沿海或南方城市，地铁线路经过海积、海冲积、冲积平原和台地等多种地貌单元，常位于"软硬交错"地层中（上部为人工填土、黏性土、淤泥质土、砂类土及残积土，下部为花岗岩、微风化岩等坚硬岩石层或者孤石），还常遇到断裂破碎带、溶洞等特殊地质构造，处于或邻近江河湖海，地下水丰富、地下水位高，地质环境非常复杂。

（2）工程周边环境复杂。由于地铁长距离穿行于城市交通要道和人口密集区域，建（构）筑物、轨道交通设施、桥梁、隧道、道路、管线、地表水体等周边工程环境复杂，不可预见因素较多。以首都北京为例，作为主要缓解城市中心区交通压力的地铁建设，沿线大多穿越建（构）筑物密集区，其中既包括各种重要的高层建筑，也包括脆弱的低层民用建筑，特别是其中还包括大量国家级重点文物保护单位，同时城区地下埋藏着大量各类防空洞和不同年代的管线，还包括正在运营的城市轨道交通线路和国家铁路甚至是高速铁路。上述复杂的建（构）筑物、地下管网及地下结构等构成了复杂的施工环境，给地铁自身的安全可靠施工和工程周边环境保护造成了很大的难度。

（3）工程施工技术复杂。地铁是土建及机电设备复杂的综合性系统工程。随着地铁线路的建设，土建工程向"深、大、险"方向发展，例如车站基坑工程一般在20m甚至30m以上，长度在200m甚至600m以上，这就导致地铁施工方法和技术的复杂性。目前地铁施工法主要包含三大类：明挖法、矿山法和盾构法。施工方法的选择应根据工程性质、规模，工程地质和水文地质条件，地面及地下建（构）筑物，环境保护要求，工期、造价等因素，经全面的技术经济比较后确定。

（4）工程协调工作量大。地铁工程参建单位包括建设、勘察设计、施工、监理、监测、检测和材料设备供应等单位，专业多、项目多、环节多、接口多、作业时空交叉，组织协调量大。同时，工程与周边社区居民、与工程周边环境的权属和管理单位利益攸关、关系密切，沟通协调难度大。

（5）工程控制标准严格。为确保地铁隧道、深基坑施工过程中，建（构）筑物、轨道交通设施、桥梁、隧道、道路、管线、地表水体等工程周边环境不发生过量沉降和坍塌，确保工程施工及运营期间的安全，要求严格控制沉降（包括绝对值和沉降速率等）。例如，暗挖法施工的标准断面隧道地面累计沉降量一般要求控制在30mm以内。

（6）工程安全风险较大。地铁工程的特点决定了其施工安全风险（包括工程自身风险和对工程周边环境的风险）较大，风险关联性强。如北京地铁工程建设中施工安全风险因素一般包括：地质因素、环境因素、工法工艺设计因素、施工工艺及设备因素和施工组织管理因素等。如果水文地质和工程地质条件不明、工程周边环境不清、措施准备不充分，很容易出现险情和安全质量事故，造成经济损失及至人员伤亡。

3.2 地铁工程稳定性概述及分析方法

3.2.1 地下工程围岩稳定概述

地下洞室开挖后，岩体出现自由临空面，围岩的物理环境和力的平衡状态发生改变。一些受结构面控制的岩块会因突然临空而马上塌落，其他未塌落的岩体也将发生应力重新分配而失去原有的自然平衡状态，洞室围岩周边有些部位将产生集中应力，随着施工开挖的进展，当围岩应力超过岩石抗压强度时，围岩进入塑性状态，形成松弛区，最后使围岩产生过度变形而破坏。研究地下工程围岩稳定性，主要是研究岩体在开凿洞室后，岩体中应力分布状况、围岩变形和失稳破坏的力学机理问题。

由于地下岩体是一种自然地质因素很复杂的地质体，这些地质因素的变异性和随机性很大，导致地下工程围岩稳定性的研究比地面建筑物复杂，不能像一般地面建筑物一样可用一个安全系数或分项系数就可以得到解决。因此，常常需要从考察影响围岩稳定性的主要因素入手，根据前期或施工中的地质勘测资料以及岩石试验成果，分析各类围岩的特征，给出围岩稳定的定性、定量或者半定量的解答，从而确定如何发挥围岩的自承能力、地下工程结构的设计参数以及施工开挖方案。

围岩稳定性分析是根据不同的岩体结构、不同的力学特性，简化成不同的力学模型，应用相应的力学计算方法，定性或定量地分析围岩的变形破坏过程。其中，在对围岩稳定性进行定量计算评价时，确定围岩压力是其重点内容，它将直接为地下结构设计提供依据。

3.2.2 地下工程围岩失稳形式

地下洞室开挖后，在围岩中会产生一系列的力学现象，如洞室周边应力的重分布，形成应力的集中和释放区域。在洞室周边顶部和侧壁的松弛范围内，重力将促使岩块与岩体脱离并发生破坏。所谓的围岩稳定性是一个相对的概念，是在一定时间内指保持因地下结构施工时形成的暴露面形状和尺寸的性质，或者说在一定的地质作用和工程荷载作用下，岩体不产生剪切滑移等破坏性现象。根据现场观测，岩石丧失稳定性可以分为三种形式，即块体冒落型（见图 3-1 （a））、岩石破坏型（见图 3-1（b））和塑性变形型（见图 3-1（c））。

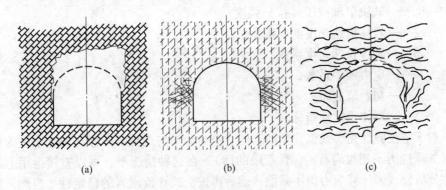

(a)   (b)   (c)

图 3-1　地下工程围岩失稳形式
（a）块体冒落型；（b）岩石破坏型；（c）塑性变形型

3.2.2.1　块体冒落型失稳

块体冒落型失稳主要是洞室顶部的岩石重量超过其阻力或抗拉强度时，岩石便脱离岩体，向洞室内冒落，有时也在侧壁发生局部坍落，一般岩石块体本身不会发生受压受剪破坏。如块体状岩体、节理发育岩体等均属此类。这种现象具有明显的随机性，要根据分离块体模型，利用一些工程地质等经验方法，如赤平极射投影分析方法，对冒落进行预测。

这类围岩的失稳可用刚性体极限平衡法来分析评价，即计算导致失稳的破坏力 $F（Q，H，J\cdots）$（如非稳定岩体的自重 Q、静水压力 H 或动水压力 J 以及构造应力和地震力等）与阻止失稳的抗力 $F（N\tan\varphi，c\cdots）$（如滑移面上的摩擦阻力 $N\tan\varphi$ 和黏结力 c 等）之间的相对大小，以此来判断围岩是否稳定，即：

围岩稳定 $F（N\tan\varphi,c\cdots）> F（Q,H,J\cdots）$ （3-1）

围岩不稳定 $F（N\tan\varphi,c\cdots）< F（Q,H,J\cdots）$ （3-2）

3.2.2.2　岩石破坏型失稳

由于上覆岩体重量或高地应力造成洞室围岩局部应力集中，当应力超过岩石强度时发生岩体破坏，从而形成崩塌失稳。脆性类岩石属于这种情况，岩体破坏一般从洞室侧墙开始，同时岩体的破坏和位移也可能发生在顶部和底部。

在脆性围岩中，围岩的失稳破坏往往是突发性的，也就是说，在洞室周边产生明显位移变形之前，岩石已由于应力集中超出围岩强度而被破坏。因此，在脆性岩石中，通常都是以强度条件为破坏标准的。目前，一般认为在脆性岩体中洞室稳定性多数是以侧壁开始出现破坏（压裂、剪切破坏）作为标准的。其值可由沿洞室周边出现的最大切向应力 σ_t 和岩块强度 R_c 的比值来决定，即稳定条件为：

$$\sigma_t = k\sigma_z \leqslant \xi\eta R_c = SR_c \tag{3-3}$$

式中 R_c——试块单轴抗压（拉）强度；

　　　 ξ——岩体构造强度削弱系数；

　　　 η——岩体长期强度系数；

　　　 k——应力集中系数；

　　　 σ_z——初始地应力；

　　　 S——岩体稳定性指标。

对于坚硬脆性完整或似完整的岩体，应力分布与理想的弹性连续介质极为接近（如果应力不超过岩石的弹性极限的话）。在这种情况下，可以直接运用上述弹性分析公式来计算应力集中系数，然后再按上式评价围岩的稳定性。当然，对于复杂断面的洞室，计算应力集中系数就没有现成的公式可利用了，这时可以运用有限元方法或模型试验得到，或者直接进行现场应力量测得到。

3.2.2.3 塑性变形型失稳

在软质岩石、软弱破碎段等塑性围岩中，稳定的丧失是由于塑性变形的结果，岩石裸露表面无明显的破坏迹象，但整个洞室周边产生了过度的位移。

对塑性岩石来说，为了评价在破坏前产生明显塑性变形的围岩稳定性，如果还按上述方法以强度条件为破坏标准，显然就不合理了。一般采用变形准则来表示，稳定条件为：

$$\varepsilon = \varepsilon_e + \varepsilon_p \leqslant \varepsilon_{lim} \tag{3-4}$$

式中 ε——围岩的总应变；

　　　 ε_e——围岩的弹性应变；

　　　 ε_p——围岩的塑性应变；

ε_{lim}——岩石的极限应变，即岩石达到强度极限时的完全应变。

3.2.3 围岩稳定性影响因素

地下工程围岩稳定性的影响因素很多，主要包括岩体结构、地质构造、岩石物理力学性质、地下水、初始地应力等自然因素，以及洞室形状、尺寸大小、洞室轴线方位、施工开挖方法、支护形式等人为因素，下面就地质类自然因素做一般性说明。

3.2.3.1 岩体结构

围岩岩体的地质结构是指岩层和各类结构面的空间分布特征及其相互组合关系，它对地下工程稳定性的影响主要表现为结构面对岩体破坏模式和破坏面的控制作用，对比较坚硬的围岩尤为关键，结构面参数包括地质结构面的分布及其强度变形特性。当围岩有两组以上结构面切割岩体，特别是出现次数多、延伸长、贯通性强和结构面强度较低的断层和节理组时，将很可能产生围岩失稳。因此，根据围岩结构面的发育情况，常将洞室围岩分为块状、层状、碎裂状及松散状等状态，以此评定地下工程的稳定性。

3.2.3.2 地质构造

在几十亿年的地壳地质演变过程中，发生过多期重大构造运动，有些地区目前仍然处于频繁的构造运动过程之中。在地层中广泛发育的褶皱、断裂等构造现象，就是过去构造运动留下的形迹，这些地质构造使围岩的原有完整性得到丧失或破坏，在工程岩体中形成了大量潜在的破坏面，从而降低了工程岩体的整体强度，进而给地下工程建设带来不利的影响。对正在发生的构造运动而言，其会在地层中形成局部的应力集中。这些集中的应力一旦释放，轻者会造成施工开挖困难或者使支护结构变形和开裂，严重的还将伴随剧烈构造运动，如地震、火山爆发等，其后果将不堪设想。此外，这些集中的应力将增加勘察难度，也使设计计算的难度加大。因此，在地下工程建设中，无论是过去已经发生，还是目前正在发生的构造运动，都会给工程带来不利的影响。

3.2.3.3 岩石物理力学性质

尽管围岩的结构状态是控制围岩稳定的关键因素，孤立地看岩石强度意义不大，但岩石的应力-应变和强度特征直接受其物理力学性质决定，因而对地下工程稳定性还是有重要的影响。尤其对于岩体结构面不甚发育的围岩，岩石强度对围岩的稳定起主导作用，如大块状结构较完整的围岩，这类围岩中因节理和层理等结构面少，且结构面强度高，围岩强度常常与岩石强度接近，此时岩石强度越高，洞室就越稳定；另外，较软弱围岩，如黏土质岩、泥岩、泥板岩等，构造和结构面也不是关键因素，影响围岩稳定的主要因素是围岩的自身强度和变形性质。

3.2.3.4 地下水

地表水和大气降水沿着孔隙、裂隙向岩土体内渗透，与岩土体内原有的地下水一起在地壳内形成一个地下水的分布空间，对围岩产生力学、物理和化学方面的作用，不利于围岩稳定，容易造成地下工程塌方或失稳。根据以往地下工程建设当中围岩所出现的有关问题，大体可归纳为以下三点原因：

（1）动水压力作用。有一定水渗透能力的围岩，地下水沿着孔隙、裂隙在岩土体内的流动产生动力，尤其当洞室开挖后，地下水有了新的排泄通道，在洞周产生渗压梯度，对围岩的推力增加，使岩石向洞内滑动，从而影响工程岩体的稳定性。

（2）静水压力作用。岩体内的孔隙、裂隙既是地下水的通道，又是地下水的赋存空间，存储于岩体内的地下水一方面会在孔隙、裂隙内产生静水压力，另一方面又可以改变工程岩体内的重力分布，从而打破岩土体内原有的应力平衡，影响围岩的稳定性。

（3）对岩体强度的软化作用。岩体的强度除了与其自身的矿物组成、结构、构造等因素有关外，还与其所处的地下水环境关系密切。岩体孔隙、裂隙内的水一方面促进围岩的侵蚀、溶解或使某些矿物成分发生化学变化，从而使围岩强度下降，如以岩盐、石膏、蒙脱石为主的黏土岩会引起膨胀；另一方面，地下水的存在增加了围岩的含水量和饱和度，因而降低软弱结构面的 c 和 φ 值，如胶结弱的砂岩会产生管涌、潜蚀、突水等事故，这两方面都会加剧围岩的失稳和破坏。

3.2.3.5　地应力

地应力指在天然状态条件下地壳内所具有的应力，它分布在岩体的每一个质点上。地应力呈有规律分布的空间为地应力场。地应力是围岩体中一种无形的物理量，由于它的无形性和难以测量，人们至今对地应力的认识还不够充分，但目前一致把地应力场按成因分为自重应力场和构造应力场两大类。地应力对围岩稳定性的影响是很大的，其存在会对岩体的强度产生影响。一方面，地应力的大小和方向可以决定工程岩体中的应力状态，从而决定工程岩体的强度；另一方面，当地下工程活动导致局部的地质环境发生改变时，围岩内的地应力也会根据改变后的地质环境进行重新分布，从而带来岩体强度的改变。

3.2.4　围岩稳定性分析方法

根据工程地质和水文地质调查、测绘和勘探成果以及岩石试验所获得的数据，查明岩体结构特征和地应力条件后，再结合工程经验，就可以来评价围岩稳定性了。由于岩体具有极为复杂的工程特性，因而在实践中也就出现了不同的探索途径和各具特色的分析方法。早期对围岩稳定性分析主要是采用工程地质等定性方法，将围岩视为外荷载，采用静力学分析。随着岩石力学和地下结构设计方法的发展，目前已将围岩视为承载结构体，以弹塑性理论为基础来考虑围岩稳定性。当然，关于地下工程的理论还处于发展阶段，还没有形成统一的标准和方法来判断围岩稳定性，总的来看，用于研究围岩稳定性的方法大体可划归为以下两大类。

3.2.4.1　定性分析方法

定性分析方法主要以工程地质和水文地质条件为基础，分析工程岩体结构、围岩变形和破坏机制（如岩块的位移、掉块、塌方和挤压鼓出等）以及地下水等动态情况来评价围岩稳定性。在这方面具有代表性的是应用较广的围岩分类方法和赤平极射投影分析方法。定性评价是一种较为粗略的评价方法，多用于小型工程的围岩稳定性评价或与定量评价方法相互结合使用。

A　围岩分类方法

围岩分类方法实质上是一种工程类比方法，根据广泛和大量的地质勘察和岩体试验等手段获得的第一手资料，按照一定的标准对围岩进行定性、定量的整理分析，归纳总结围岩的宏观特性及其规律性，综合研究评价围岩的优劣程度，并对围岩进行分段归类，同时提出带有普遍意义的各段围岩的稳定性评分值以及支护形式与支护参数，供设计施工使用。

围岩分类法尽管是一种定性方法，但在世界各国都有广泛应用，各国都在已有实践经验的基础上编制了围岩分类方案，随着越来越多的地下工程实践经验和新技术的出现，围岩分类方法也在不断发展，其种类也发展得较多。国外著名的围岩分类方法有：前苏联的普氏坚固性系数法、Deer 的 RQD 分类法、奥地利的 MATM 法、Barton 的 Q 系统法、Bieniawski 的地质力学 RMR 分类法以及国际岩石力学协会的基本地质描述法等。我国有关工程建设部门也已编制了相应行业的地下工程围岩分类方案，如建设部的《工程岩体分级标准》（GB 50218—94），铁路隧道、水利部门、国防部门的岩体分级办法等，标志着我国的围岩分类方法取得了丰硕的成果并得到了工程实践的检验。

B 赤平极射投影分析方法

地下工程围岩中存在的节理、层理、裂隙、软弱夹层、破碎带以及断层等地质构造结构面，其强度弱，是岩体介质的间断面，直接影响到围岩的稳定。在实际工作中，除了要对这些结构面的成因和性质有深入了解外，对于各结构面的空间组合对围岩的分割作用也要准确把握。赤平极射投影分析方法就是通过作图来分析岩体结构面之间以及结构面与开挖临空面之间的空间组合关系，计算出在不同工程部位可能形成块体的边界、形状以及体积，进而分析其稳定性。因此，从该方法提供的结果精度来看，赤平极射投影分析方法应为定量方法，但由于赤平极射投影方法是一种作图求解的直观方法，结果的精度与作图人员的细致程度有关，为与基于连续介质力学的定量方法相区别，仍将其列入定性分析方法。

除赤平极射投影分析方法外，类似的基于岩体结构面分析的方法还有实体比例投影分析法和关键块体分析法等，目前都已开发出相应的计算分析软件。

3.2.4.2 定量分析方法

定量分析方法根据固体力学、岩体力学原理，采用解析分析法、数值模拟法和模型试验方法，分析不同条件下围岩的应力和变形，对地下洞室的围岩稳定性作出定量的评价。这类定量分析方法对于高地应力区内的地下洞室或大规模深埋地下洞室有运用的必要，因为围岩应力的作用显著增强，不稳定的地质标志比较难以掌握，一般的工程地质难以对地下洞室的围岩稳定性作出准确判断。定量分析方法又可分为以下几种方法，但这些方法各有优缺点，在实际应用中都要几种方法相互印证。

A 解析分析法

解析分析法是通过对洞室开挖断面建立适当的简化力学模型，根据所给定的边界条件，对问题的平衡方程、几何方程和物理方程直接利用数学力学工具来计算围岩中的应力分布状态，进而评价围岩的稳定性。由于洞室形状各异、围岩类型多样，目前此法只能解决一些简单的问题，如圆形、方形洞室的弹性、弹塑性解析解，当然借助复变函数等数学手段也能得到一些不规则洞室的解析解，但由于分析过程过于复杂，目前多在理论界作学术探讨时采用。

B 数值模拟法

为克服解析分析法在数学处理上的困难问题，20 世纪 70 年代以来，随着计算机技术的发展，数值分析方法在地下工程领域得到应用，并作为解决复杂介质、复杂边界条件下各类工程问题的重要工具而逐渐得以推广。数值模拟是借助有限元等数值分析方法，把围岩和支护结构都划分为若干单元，然后根据能量原理建立单元刚度矩阵，并形成整个系统的总体刚度矩阵，从而求出系统上各个节点的位移和单元的应力来分析计算洞室岩体中应力状态以及围岩的稳定性等问题。它不但可以模拟各种形状的洞室、不同施工过程以及材料的非线性，还可以分析复杂的地质情况，如断层、节理等地质构造以及地下水等，不仅能分析二维问题，而且还能分析三维问题，因此该法已成为地下工程岩体稳定分析的重点手段。目前，地下工程计算中常用的数值分析方法有：有限元法（FEM）、有限差分法（FLAC）、离散元法（DEM）、非连续变形分析法（DDA）和数值流形方法（NMM）等。

C 模型试验法

该法是根据量纲分析原理和相似性原理，通过对制作的模型施加与实际问题相似的荷载，来模拟实际对象的应力应变状态，达到研究洞室围岩稳定性的目的。岩体模型试验在国内外已获得了较为广泛的应用与发展，目前常用的试验模拟方法主要有相似材料法、离心试验法和光测弹性法等，其中相似材料法应用较为广泛，它能较好地模拟岩体的物理力学性能以及节理裂隙等构造情况，还能考虑围岩与支护结构之间的共同作用。

D 反馈分析法

该法的主要思路是以现场量测探洞或者主洞中的变形来评价围岩的稳定性，或者据此反推围岩的位移和应力，以判别其稳定性。围岩变形反馈分析涉及三项内容，即变形量测、反分析和稳定性标准。

需要指出的是，上述各类分析方法可能在用于符合其基本假定的一类岩体时，会有较好的准确性，但对于另一类岩体则可能得出不符合实际情况的结论。也就是说，上述各类分析方法都具有其一定的适用范围和一定的局限性，这是由岩体工程特殊的复杂性和人们认识程度的局限性造成的。因此，岩体稳定分析的一条重要原则就是要具体问题具体分析，根据不同的岩体结构采用不同的分析手段。

3.3 地铁工程施工方法及工艺

根据开挖方式的不同，地铁工程有不同的施工方法。开挖方法主要根据施工范围内的工程地质和水文地质勘察资料、工程埋置深度、结构形状和规模、使用功能、工程要求、周边环境及交通等情况进行技术、经济综合比较后确定。目前我国地铁工程采用的施工方法主要包括明（盖）挖法、暗挖法、盾构法和其他常用辅助工法。

3.3.1 明（盖）挖法

3.3.1.1 明（盖）挖施工方法简介

明（盖）挖法是指在地面开挖的基坑中修筑车站或隧道的方法，是修建地铁的常用施工方法。主要施工工序为拆除和恢复道路、土石方开挖和运输、降水、钢筋混凝土结构制作、结构防水、地基加固和监测检测等。按其主体结构的施做顺序，明（盖）挖法又可分为：敞口开挖法、盖挖顺作法、盖挖逆作法、盖挖半逆作法等，后三种方法又可统称为盖挖法或明挖覆盖施工法。

明（盖）挖法基坑常见的支护形式有桩（人工挖孔桩、钻孔灌注桩、SMW工法桩、工字钢桩等）+墙（地下连续墙）+内支撑体系和桩（墙）+锚杆（索）体系；对于现场条件比较开阔的区段，明挖顺作法基坑也可采用放坡开挖或土钉墙支护，如图 3-2 所示。

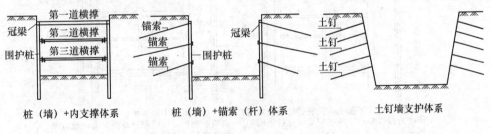

图 3-2 明（盖）挖基坑支护形式

明（盖）挖区间隧道及车站主体结构多采用矩形框架结构，部分采用拱形结构，常用的结构形式有单层单跨、单层多跨、多层单跨、多层多跨等不同的结构形式。

A 明挖顺作法

明挖顺作法是先从地表面向下开挖基坑至基底设计标高，然后在基坑内的预定位置由下而上地建造主体结构及其防水措施，最后回填土并恢复路面。

明挖施工一般可分为四大步骤：围护结构施工→内部土石方开挖→工程结构施工→管线恢复及覆土。明挖区间隧道和明挖车站的施工步骤基本相似，但前者的主体结构较为简单。明挖车站的施工步骤如图3-3所示。

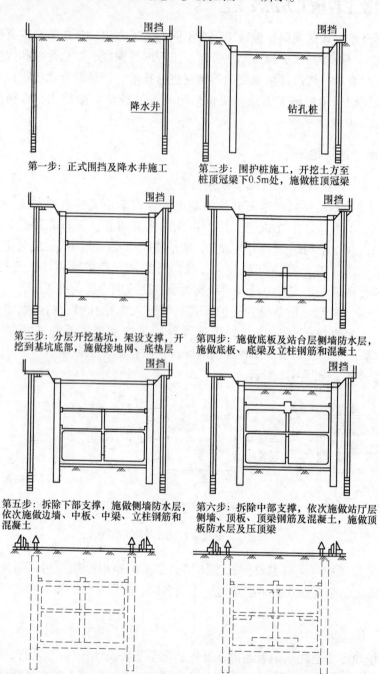

第一步：正式围挡及降水井施工

第二步：围护桩施工，开挖土方至桩顶冠梁下0.5m处，施做桩顶冠梁

第三步：分层开挖基坑，架设支撑，开挖到基坑底部，施做接地网、底垫层

第四步：施做底板及站台层侧墙防水层，施做底板、底梁及立柱钢筋和混凝土

第五步：拆除下部支撑，施做侧墙防水层，依次施做边墙、中板、中梁、立柱钢筋和混凝土

第六步：拆除中部支撑，依次施做站厅层侧墙、顶板、顶梁钢筋及混凝土，施做顶板防水层及压顶梁

第七步：待顶板达到设计强度后，拆除第一道支撑，回填并恢复地下管线，施做永久路面

第八步：施做车站内部结构

图3-3 明挖车站施工步骤（明挖顺作法）

施工方法应根据工程具体地质条件、围护结构形式确定。对地下水位较高的区域，为避免土石方开挖因水土流失引起的基坑坍塌和对周围环境的不利影响，在施工过程中可以采取坑外降水或坑内降水。内部土石方开挖时根据土质情况采取纵向分段、竖向分层、横向分块的开挖方式；同时考虑一定的时间和空间效应，减少基底土体暴露时间，尽快施做主体结构。主体结构一般采用现浇整体式钢筋混凝土框架结构。

明（盖）挖区间隧道及车站主体结构多采用矩形框架结构，部分采用拱形结构。根据功能要求及周围环境影响，可以采用单层单跨、单层多跨、多层单跨、多层多跨等不同的结构形式。侧式车站一般采用双跨结构，岛式车站多采用三跨结构，在道路狭窄和场地受限的地段修建地铁车站，也可采用上下行重叠结构。

B 盖挖顺作法

当路面交通不能长期中断时，可采用盖挖顺作法施工。盖挖顺作法是在现有道路上，按车站或区间宽度，在地表作业挖出挡土结构后，以定型的预制标准覆盖结构（包括纵、横梁和路面板）置于挡土结构上维持交通，向下进行开挖和加设横撑，直至设计标高。依序由下而上施工主体结构和防水措施，回填土并恢复管线或埋设新的管线。最后视需要拆除挡土结构外露部分并恢复道路。

C 盖挖逆作法

如遇开挖面较大、顶板覆土较浅、沿线建（构）筑物过近，为防止施工过程中地表沉陷对邻近建（构）筑物产生影响，可采用盖挖逆作法施工。其施工顺序是：先在地表面向下作基坑的围护结构和中间桩柱，和盖挖顺作法一样，基坑围护结构多采用地下连续墙或帷幕桩，中间支撑多利用主体结构本身的中间立柱以降低工程造价。随后即可开挖表层土体至主体结构顶板地面标高，利用未开挖的土体作为土模浇筑顶板。顶板可作为一道强有力的横撑，以防止围护结构向基坑内变形，待回填土后将道路复原，恢复交通。以后的工作都是在顶板覆盖下进行，即自上而下逐层开挖并建造主体结构直至底板。车站盖挖逆作法的施工步骤如图 3-4 所示。

D 盖挖半逆作法

盖挖半逆作法与逆作法的区别仅在于顶板完成及恢复路面后，向下挖土至设计标高后先浇筑底板，再依次向上逐层建筑侧墙、楼板。在半逆作法施工中，一般都必须设置横撑并施加预应力。

3.3.1.2 明（盖）挖法施工特点

A 明挖法施工特点

（1）对周边环境影响较大。明挖顺作法由于要在主体结构修筑完成后才回填土并恢复路面，施工过程中较长时间地隔断路面交通，对地面交通影响大；明

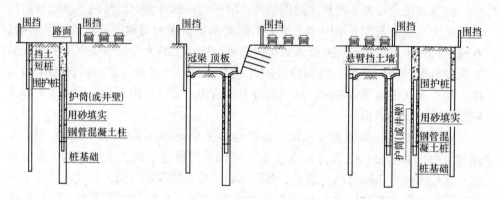

第一步:施工一侧围护桩和中桩(柱)　第二步:开挖施工一半结构顶板　第三步:施工另一侧围护桩和中桩(柱)

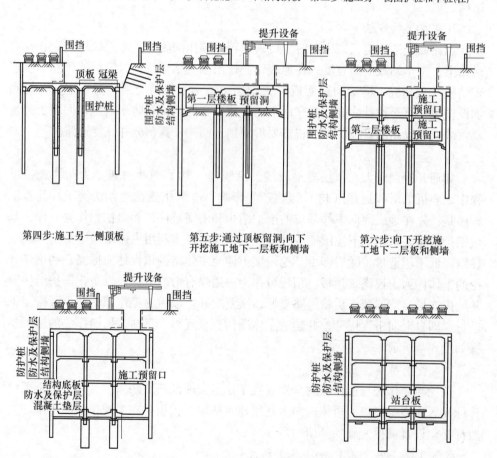

第四步:施工另一侧顶板　　　第五步:通过顶板留洞,向下　　第六步:向下开挖施
　　　　　　　　　　　　　　开挖施工地下一层板和侧墙　　工地下二层板和侧墙

第七步:向下开挖施工结构底板及站台层侧墙　　　第八步:拆除垂直提升设备,恢复路面交通

图 3-4　明挖车站施工步骤（盖挖逆作法）

挖结构与暗挖结构相比，前者施工需对顶板上方的管线进行拆改移。

（2）受地质条件影响较大。软弱地层地段对深基坑的稳定及变形控制要求高；硬岩地层地段对市内基坑爆破的噪声及震速控制要求高；在地下水位较高地段施工时，地下水的过量抽排易造成基坑失稳及周边建（构）筑物变形，对基坑施工的安全影响很大。

（3）易受暴雨、台风等外界自然因素影响。

（4）明挖（敞口开挖）法占用场地大，挖方量及填方量大。

（5）施工速度快，工期短，易于保证工程质量，工程造价低。

B 盖挖法施工特点

盖挖顺作法与明挖顺作法在施工顺序和技术难度上差别不大，仅挖土、出土和结构施工等受盖板的限制，无法使用大型机具，需要采用特殊的小型、高效机具和精心组织施工。

盖挖逆作法、半逆作法和明挖顺作法相比，除施工顺序不同外，还具有以下特点：

（1）对围护结构和中间桩柱的沉降量控制严格，减少了对顶板结构受力变形的不良影响。

（2）中间柱如为永久结构，则其安装就位困难，施工精度要求高。

（3）为保证不同时期施工的构件间相互连接，应将施工误差控制在较小范围内，并有可靠的连接构造措施。

（4）除非在非常软弱的地层中，一般不需再设置临时横撑，不仅可节省大量钢材，也为施工提供了方便。

（5）与盖挖顺作法一样，其挖土和出土速度成为决定工程进度的关键因素。

3.3.2 暗挖法

3.3.2.1 暗挖施工方法简介

地铁暗挖法是指不开挖地面，全部在地下进行开挖和修筑衬砌结构的隧道施工方法。暗挖法施工主要工序包括挖土（钻眼爆破）、通风、装土（岩）、运输（含提升）、初支与二衬或管片安装。暗挖法施工场地占用较小，当受地面交通、地下管线等条件限制不允许使用明挖法施工，或线路埋深较大采用明挖法施工工程费用较高时，可采用暗挖法施工。但暗挖法施工有以下缺点：（1）施工风险较高，开挖截面大小受围岩稳定性控制；（2）工作面狭窄，工作条件差；（3）线路埋置较浅时可能导致地面沉陷；（4）一般工期较长，造价较高。

区间隧道施工常用的开挖方法有台阶法、CD 工法、CRD 工法、双侧壁导坑法（又称眼睛工法）等（见图 3-5）。车站等多跨隧道多采用桩洞法（PBA 工法）（见图 3-6）、中洞法（见图 3-7）或侧洞法等。应根据工程特点、围岩情况、环境要求以及施工单位的自身条件等因素，选择合适的开挖及支护方式。

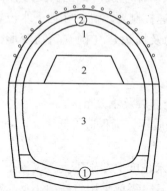

第一步:环形开挖支护上半断面1,预留核心土2;第二步:开挖支护下半断面3;第三步:施做仰拱衬砌①;第四步:施做拱部及边墙衬砌②

(a)

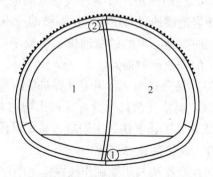

第一步:开挖支护左半断面1;第二步:开挖支护右半断面2;第三步:分段拆除竖向支护,施做仰拱衬砌①;第四步:施做拱部及边墙衬砌②

(b)

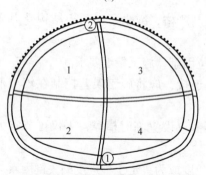

第一步:开挖支护左上半断面1;第二步:开挖支护左下半断面2;第三步:开挖支护右上半断面3;第四步:开挖支护右下半断面4;第五步:分段拆除临时支护,施做仰拱衬砌①;第六步:施做拱部及边墙衬砌②

(c)

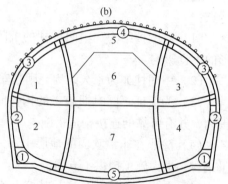

第一步:开挖支护左洞1;第二步:开挖支护左洞2;第三步:自下而上施做左洞衬砌①②③;第四步:开挖支护右洞3;第五步:开挖支护右洞4;第六步:自下而上施做右洞衬砌①②③;第七步:开挖支护中洞5;第八步:施做中洞衬砌④;第九步:开挖支护中洞6;第十步:开挖支护中洞7;第十一步:施做仰拱⑤

(d)

图3-5 地铁区间隧道暗挖法施工工法及工序示意图
(a) 台阶法；(b) CD工法；(c) CRD工法；(d) 双侧壁导坑法

由于地铁多在城市区域内施工，对地表沉降的控制要求比较严格，因此要加强地层的预支护和预加固。常用的施工措施主要有超前小导管预注浆、开挖面深孔注浆、大管棚超前支护等。暗挖法适用于在埋深较浅、松散不稳定的土层和松软破碎岩层内施工。暗挖法是按照"新奥法"原理进行设计和施工，以加固、处理软弱地层为前提，采用足够刚度的复合衬砌（由初期支护、二次衬砌及中间

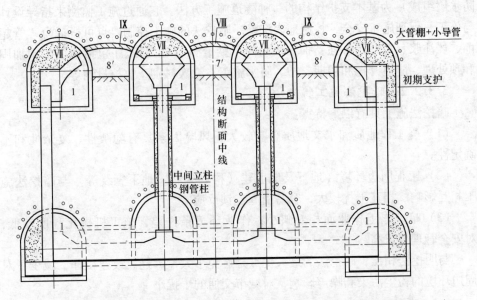

第一步:先上后下开挖支护上下各4个导洞;第二步:开挖支护下面4个导洞间的横通道;第三步:施做下面4个导洞内的条形基础、中间立柱下的底纵梁、底板,施做中柱、边桩;第四步:施做钢管柱及顶纵梁、边桩上梁;第五步:开挖支护中跨、边跨的拱部;第六步:施做拱部二衬;第七步:向下开挖至站厅板底底板标高,施做中层板、纵梁、内衬墙;第八步:向下开挖至底板底标高,施做底板及内衬墙

图 3-6　桩洞法(PBA 工法)施工地铁车站工序示意图

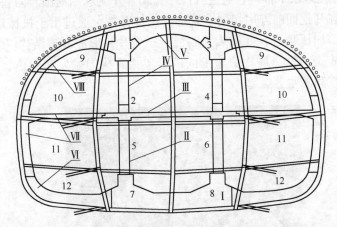

第一步:开挖支护中洞1;第二步:开挖支护中洞2;第三步:开挖支护中洞3;第四步:开挖支护中洞4;第五步:开挖支护中洞5;第六步:开挖支护中洞6;第七步:开挖支护中洞7;第八步:开挖支护中洞8;第九步:分段拆除临时支护,施做中洞底梁、底板;第十步:中洞钢管柱就位、固定;第十一步:分段拆除临时支护,施做中洞中板、浇筑钢管混凝土;第十二步:分段拆除临时支护,施做中拱、顶梁;第十三步:对称开挖支护两侧洞9;第十四步:对称开挖支护两侧洞10;第十五步:对称开挖两侧洞11;第十六步:对称开挖支护两侧洞12;第十七步:分段拆除临时支护,对称施做两侧洞仰拱;第十八步:分段拆除临时支护,对称施做两侧洞站台层侧墙及中板;第十九步:分段拆除临时支护,对称施做两侧洞站厅层边墙及拱部

图 3-7　中洞法施工地铁车站工序示意图

防水层组成）为基本支护结构的一种隧道施工方法。它通过施工监测来指导设计与施工，保证施工安全，控制地表沉降。暗挖法的施工控制要点可概括为"管超前、严注浆、短开挖、强支护、快封闭、勤量测"，主要工序包括地层的预加固和预处理、隧道开挖和初期支护、防水施工、二次衬砌、监控量测等。

3.3.2.2 暗挖法施工特点

暗挖法施工具有以下特点：

（1）受工程地质和水文地质影响较大，风险因素具有隐蔽性、复杂性和不确定性。

（2）工程周边环境（地下及地上建（构）筑物、地下管线等）与暗挖法施工相互影响、相互干扰较大，容易引起连锁反应。

（3）暗挖施工作业面相对狭小，作业环境条件差，施工机械化程度较低，对安全管理要求高。

与明挖法相比，暗挖法的最大优点是避免了大量拆迁、改建工作，减少了对周边环境的粉尘污染和噪声影响，对城市交通的干扰小。

3.3.3 盾构法

3.3.3.1 盾构法简介

盾构法是一种全机械化施工方法，主要用于区间隧道的开挖。它是将盾构机械（见图3-8）在地层中推进，通过盾构外壳和管片支承四周围岩防止发生隧道内坍塌，同时在开挖面前方用切削装置进行土体开挖，通过出土机械运至洞外，靠千斤顶在后部加压顶进，并拼装预制混凝土管片，形成隧道结构（见图3-9）的一种机械化施工方法。盾构法施工的内容包括盾构的始发和到达、盾构的掘进、衬砌、压浆和防水等。

图 3-8 盾构机

盾构法施工的三大关键因素是稳定开挖面、盾构挖掘和衬砌，其主要控制目标是尽可能不扰动围岩，从而最大限度地减少对地面建（构）筑物及地层内埋

图 3-9 掘进成型的盾构隧道

设物的影响。目前地铁隧道施工中使用最多的是泥水平衡盾构机和土压平衡盾构机，这两种机型由于将开挖和稳定开挖面结合在一起，因此无需其他辅助施工措施就能适应地质情况变化较大的地层。

盾构施工过程的施工工序及流程如图 3-10 所示。其中"盾构掘进及管片安

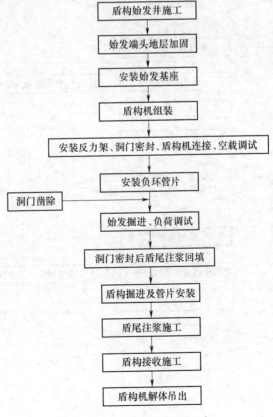

图 3-10 盾构施工主要工序

装"为最主要的工序，重点包括掘进、渣土排运和管片衬砌安装。在掘进过程中还有对盾构机参数、掘进线形、注浆、地表沉降等进行设定和控制。盾构掘进施工以每环为单位，循环进行。其中掘进施工过程如图3-11所示。盾构法施工的主要步骤是：（1）在盾构法隧道的起始端和终端各建一个工作井；（2）盾构机在起始端工作井内安装就位；（3）依靠盾构千斤顶推力（作用在工作井后壁或已拼装好的衬砌环上）将盾构机从起始工作井的墙壁开孔处推出；（4）盾构机在地层中沿着设计轴线方向推进，在推进的同时不断出土和安装衬砌管片；（5）及时地向衬砌背后的空隙注浆，防止地层移动并固定衬砌环位置；（6）施工过程中适时施做衬砌防水；（7）盾构机进入终端工作井后拆除，如施工需要也可穿越工作井后再向前推进。图3-12为土压盾构隧道施工流程图。

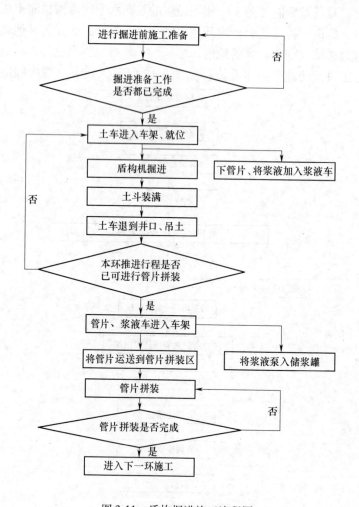

图3-11　盾构掘进施工流程图

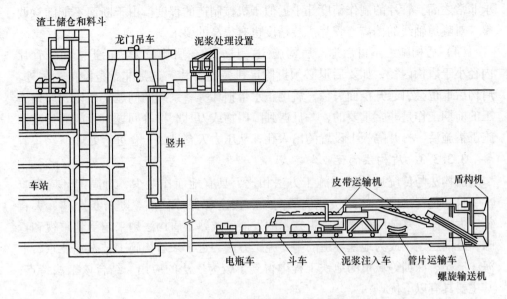

图 3-12 土压盾构隧道施工示意图

3.3.3.2 盾构法的主要技术特点

盾构法地铁隧道施工具有自动化程度高、节省人力、施工速度快、一次成洞、不受气候影响、开挖时可控制地面隆陷、减少对地面建筑物的影响和在水下开挖时不影响水面交通等特点，在隧道洞线较长、埋深较大的情况下，用盾构法施工更为经济合理。盾构施工法在施工长度大于 500m 以上才能发挥较为显著的优势。由于盾构造价昂贵，加上盾构竖井建造的费用和用地问题，盾构法一般适用于长隧道施工，对短于 500m 的隧道采用盾构法施工则认为是不经济的。盾构法施工的主要技术特点如下：

（1）对城市的正常功能及周围环境的影响很小。除盾构竖井处需要一定的施工场地外，隧道沿线不需要施工场地，无需进行拆迁而对城市的商业、交通、居住等影响很小。可以在深部穿越地上建筑物、河流；在地下穿过各种埋设物和既有隧道而不对其产生不良影响。施工一般不需有采取地下水降水等措施，也无噪声、振动等施工污染。

（2）盾构是根据隧道施工对象"量身定做"的。盾构是适合于某一区间隧道的专用设备，必须根据施工隧道的断面大小、埋深条件、围岩特征进行设计、制造或改造。当将盾构转用于其他区间或其他隧道时，必须考虑断面大小、开挖面稳定机理、围岩粒径大小等基本条件是否相同，有差异时要进行针对性改造，以适应其地质条件。盾构必须以工程为依托，与水文地质和工程地质条件密切结合。

（3）对施工精度的要求高。区别于一般的土木工程，盾构施工对精度的要求非常之高。管片的制作精度几乎近似于机械制造的程度。由于断面不能随意调整，对隧道轴线的偏离、管片拼装精度也有很高的要求。

（4）盾构施工不可后退。盾构施工一旦开始，盾构就无法后退。由于管片内径小于盾构内径，如要后退必须拆除已拼装的管片，这是非常危险的。另外，盾构后退也会引起开挖面失稳、盾尾止水带损坏等一系列的问题。所以，盾构施工的前期工作是非常重要的，一旦遇到障碍物或刀具磨损等问题，只能通过辅助施工措施后，打开隔板上设置的出入孔，从压力人仓进入土仓进行处理。

3.3.3.3 盾构法的优点与不足

盾构法与传统地铁隧道施工方法相比，具有地面作业少、对周围环境影响小、自动化程度高、施工快速优质高效、安全环保等优点。随着长距离、大直径、大埋深、复杂断面盾构施工技术的发展、成熟，盾构法越来越受到重视和青睐，目前已逐步成为地铁隧道的主要施工方法，近年来盾构施工技术在北京、上海、广州、深圳等城市的地铁工程中得到了较为广泛的应用。结合该工法特点，其主要具有以下优点：

（1）快速。盾构是一种集机、电、液压、传感、信息技术为一体的隧道施工成套专用特种设备，盾构法施工的地层掘进、出土运输、衬砌拼装、接缝防水和盾尾间隙注浆充填等作业都在盾构保护下进行，实现了工厂化施工，掘进速度较快。

（2）优质。盾构法施工采用管片衬砌，洞壁完整光滑美观。

（3）高效。盾构法施工速度较快，缩短了工期，较大地提高了经济效益和社会效益；同时盾构法施工用人少，降低了劳动强度和材料消耗。

（4）安全。盾构法施工改善了作业人员的洞内劳动条件，减轻了体力劳动量；施工在盾壳的保护下进行，避免了人员伤亡，减少了安全事故。

（5）环保。场地作业少，隐蔽性好，因噪声、振动引起的环境影响小；穿越地面建筑群和地下管线密集区时，周围可不受施工影响。

（6）隧道施工的费用和技术难度基本不受覆土深浅的影响，适宜于建造覆土深的隧道。当隧道越深、地基越差、土中影响施工的埋设物越多时，与明挖法相比，其在经济上和施工进度上越有利。

（7）穿越河底或海底时，隧道施工不影响航道，也完全不受气候影响。

（8）自动化、信息化程度高。盾构采用了计算机控制、传感器、激光导向、测量、超前地质探测、通信技术，是集机、电、液压、传感、信息技术为一体的隧道施工成套设备，具有自动化程度高的优点。盾构具有施工数据采集功能、盾构姿态管理功能、施工数据管理功能、施工数据实时远程传输功能，实现了信息化施工。

盾构法施工主要存在以下不足：

（1）施工设备费用较高。

（2）陆地上施工隧道，覆土较浅时地表沉降较难控制，甚至不能施工；在水下施工时，如覆土太浅则盾构法施工不够安全，要确保一定厚度的覆土。

（3）用于施工小曲率半径隧道时掘进较困难，对断面尺寸多变的区段适应能力差。当岩石强度在 130MPa 以上或推进中遇到不明的较大孤石时处理难度大。

（4）盾构法隧道上方一定范围内的地表沉降尚难完全防止，特别在饱和含水松软的土层中，要采取严密的技术措施才能把沉降控制在很小的限度内，目前还不能完全防止以盾构正上方为中心土层的地表沉降。

（5）在饱和含水地层中，盾构法施工所用的管片，对达到整体结构防水性的技术要求较高。

（6）施工中的一些质量缺陷问题尚未得到很好解决，如衬砌环的渗漏、裂纹、错台、破损、扭转以及隧道轴线偏差、地表沉降与隆起等。

不同的施工方法具有不同的适用条件，应综合分析各种施工方法对地质条件的适应性、对周边环境的影响，以及综合分析其安全、经济性和工期要求等。不同施工方法的工程风险是不同的。一般来说，对于明（盖）挖法施工，主要有基坑支撑失稳、断桩、管涌等工程风险；对于暗挖法施工，主要有洞内塌方、地面沉陷、涌水等工程风险；对于盾构法施工，主要有盾构机故障停机、换刀、俯仰、蛇形、泥水压力过大导致地面隆起等工程风险。上述三种施工方法各有优缺点，列于表 3-3。

表 3-3　地铁主要施工方法特点对比

对比指标	明（盖）挖法	暗挖法	盾构法
地质条件	各种地层均可	有水地层需做特殊处理	各种地层均可
场地条件	占用道路面积较多	不占用地面道路	占用道路面积较少
断面变化	适应不同断面	适应不同断面	断面变化适应性差
埋置深度	浅	浅埋	需要一定深度
防水施工	较容易	较难	容易
地表沉陷	小	较大	较小
施工噪声	大	小	小
交通影响	很大	不影响	除竖井外，不影响
地面拆迁	大	小	小
水处理	降水、疏干	堵、降或堵、排结合	堵、降结合
施工进度	受拆迁干扰大，进度较快	开工快，进度较慢	前期工程复杂，进度中等

地铁施工除了上述常用的施工方法外，还有一些常用的辅助工法，其简要介

绍见下节。

3.3.4 其他常用辅助工法

3.3.4.1 降水

降水技术是确保地下工程在无水或少水情况下安全施工所采取的技术措施。实施降水施工，可能对工程周边环境造成影响，需要根据有关技术规程要求严格控制措施。降水方法有井管降水、真空降水、电渗降水等。我国北方地区多采用基坑外地面深井降水和回灌，也有采用洞内轻型井点降水；南方地区多采用基坑内井管降水，也有采用真空降水和电渗降水的。

3.3.4.2 注浆

注浆加固是避免地铁工程塌方或周边建（构）筑物过大沉降、倾斜等现象发生所采取的有效技术措施，一可止水，二可加固地层。在暗挖法地铁隧道施工中，土体超前注浆预加固在隧道拱部形成一道连续的拱墙，达到加固围岩、截断残余水、减少作业面坍塌的效果，为施工创造良好的作业环境。较常用的超前注浆预加固措施主要有锚杆、超前小导管、超前大管棚等。在基坑开挖中，采用注浆加固是提高支护结构安全度、减少基坑开挖对工程周边环境影响的一项重要措施。

在暗挖法施工中，当围岩的自稳能力在 12h 以内，甚至没有自稳能力时，为了稳定工作面，确保安全施工，需要进行注浆加固地层，以防止塌陷沉降，或进行结构止水。注浆方式主要有软土分层注浆、小导管注浆、TSS 管注浆等；注浆材料分为普通水泥、超细水泥、水泥水玻璃、改性水玻璃、化学浆液等。

3.3.4.3 高压旋喷或搅拌加固

高压旋喷注浆法是将带有特殊喷嘴的注浆管插入土层的预定深度后，以 20MPa 左右的高压喷射流强力冲击，破坏土体，使浆液与土搅拌混合，经过凝结固化后，使土中形成固结体。高压旋喷主要用于地层加固，适用于有水软弱地层，以及砂类土、流塑黏性土、黄土和淤泥等常规注浆难以堵水加固的地层等。盾构法隧道的始发和到达端头常用高压旋喷或搅拌加固，联络通道也常用此法加固地层。近年来也开发了隧道内施作的水平旋喷或搅拌加固技术。

3.3.4.4 钢管棚

钢管棚主要用于暗挖隧道的超前加固，布置于隧道的拱部周边，常用的规格主要有 42mm 直径、4~6m 长和 108/159mm 直径、20~40m 长，前者采用风镐顶进，后者则用钻机施做。近几年来，也有采用 300~600mm 直径的钢管棚，采用定向钻或夯锤施做。管棚一般都要进行注浆，以获得更好的地层加固效果。

3.3.4.5 锚索或土钉

预应力锚索主要用于基坑围护结构的稳定，以便提供较大的基坑内作业空间。

3.3.4.6 冻结法

冻结法是利用人工制冷技术，在地下开挖体周围需加固的含水软弱地层中钻孔铺管，安装冻结器，然后利用压缩机提供冷气，通过低温盐水在冻结器中循环，带走地层热量，使地层中的水冻结，将天然岩土变为冻土，形成完整性好、强度高、不透水的临时加固体，从而达到加固地层、隔绝地下水与地下工程联系的目的。冻结法主要用于止水和加固地层，多用在盾构隧道出发与到达端头、联络通道和区间隧道局部具流塑或流砂地层的止水与加固，既可用于各类不稳定土层，又可用于含水丰富的裂隙岩层，在涌水量较大的流砂层中更能显示出冻结法的优越性。

冻结法可采用的类型有三种，即水平、垂直和倾斜。浅埋隧道多采用水平冻结，工作竖井或盾构出入口的施工，可采用垂直或倾斜冻结。

3.4 工程实例

3.4.1 北京地铁 10 号线丰台站工程

3.4.1.1 工程概况

A 车站概况

北京地铁 10 号线丰台站位于丰台区孟家村平房区内，位于规划丰台火车站南侧，地下两层四跨框架结构，总建筑面积约 26000m²。车站共设两个出入口、两组风道。

车站南起于右 K41 + 722.185，北止于右 K41 + 946.185，右线全长 224.0m。基坑东西向宽 41.5m，局部宽 52.1m，南北向长 226.4m，主体结构部分基坑深约 19.65m，局部风道最深约 21.65m，基坑面积约为 10190m²，为明挖顺作车站。丰台站平面图如图 3-13 所示。

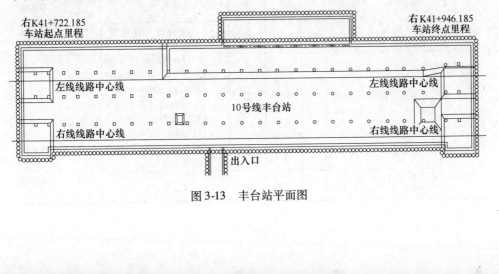

图 3-13 丰台站平面图

B 工程地质条件

本工程场地勘探范围内的土层划分为人工堆积层、新近沉积层和第四系晚更新统冲洪积层三大类，并按地层岩性及物理力学性质进一步分为 5 个大层及若干亚层。

本段线路位于北京平原地区，第四系冲洪积覆盖厚度约 50m，场区除填土及新近沉积土层外无湿陷性黄土、膨胀土、风化岩及残积土的分布，也无滑坡等不良地质作用，无地震液化等不良地层。

场地填土层普遍分布，主要为杂填土①层和砂质粉土、黏质粉土素填土①$_1$层，填土厚度一般为 1.2~4.7m，为松散土层，力学性质差异较大，稳定性较差。

场地浅部新近沉积土层普遍分布，包括砂质粉土、黏质粉土②层，粉细砂②$_1$层，卵石、圆砾③层，细中砂③$_2$层，层底标高为 31.43~36.28m。该土层中粉土、砂土以稍密~中密为主，标准贯入击数较低，卵石、圆砾层重型动力触探击数离散型较大，土体自稳能力较差。

根据现场钻探及人工探井资料，本段线路土层中 11.0~17.0m 之间普遍分布粒径大于 200mm 的漂石，漂石一般粒径 20~200mm，含量 15.8%~69.0%，细中砂充填约 25%~35%；局部夹漂石，一般粒径 200~430mm，含量 10.8%~69.4%，其中 11.0~17.0m 漂石含量 50.2%~69.4%，最大粒径 430mm。地层岩性特征详见表 3-4。

表 3-4 地层岩性特征一览表

沉积年代	地层代号	岩性名称	颜色	状态	密实度	湿度	压缩性	地层描述	综合层底标高/m	分布情况
人工填土	①	杂填土	杂色		松散	稍湿		含砖渣、灰渣	42.64~44.54	不连续
	①$_1$	砂质粉土、黏质粉土素填土	黄褐色		松散	稍湿		以砂质粉土、黏质粉土为主，含少量砖渣		不连续
新近沉积	②	砂质粉土、黏质粉土	褐黄色		稍密~中密	稍湿~湿	中低	含云母、氧化铁，土质不均，夹薄层黏性土	40.10~42.40	不连续
	②$_1$	粉细砂	褐黄色		稍密~中密	湿	中低	含云母		不连续
	②$_2$	粉质黏土、重粉质黏土	褐黄色	可塑		湿	中	含云母、氧化铁，土质不均		透镜体分布
	③	卵石、圆砾	杂色		中密	湿	低	以亚圆形为主，一般粒径 2~5cm，细中砂充填约 20%~45%，局部夹有漂石，最大粒径约 27cm，漂石含量约 10.8%~37.7%	31.43~36.28	连续分布
	③$_2$	细中砂	褐黄色		中密	湿	中低	含氧化铁，局部夹黏性土薄层		透镜体分布
	③$_3$	砂质粉土、黏质粉土	褐黄色		中密	湿	中低	含云母、氧化铁		透镜体分布

沉积年代	地层代号	岩性名称	颜色	状态	密实度	湿度	压缩性	地层描述	综合层底标高/m	分布情况
第四纪晚更新统冲洪积	④	卵石、漂石	杂色		密实	湿	低	亚圆形，级配连续，磨圆度中等，一般粒径2~20cm，含量15.8%~69.0%，细中砂充填约25%~35%；局部夹漂石，一般粒径20~43cm，含量10.8%~69.4%，其中11.0~17.0m漂石，含量50.2%~69.4%，最大粒径43cm	20.35~21.58	连续分布
	④₁	黏质粉土、粉质黏土	褐黄色	可塑	中密	湿	中低	含云母、氧化铁，土质不均，局部夹黏土		不连续
	④₂	细中砂	褐黄色		密实	湿	低	含云母及少量卵石		透镜体分布
	⑤	卵石	杂色		密实	湿~饱和	低	亚圆形，级配连续，磨圆度中等，一般粒径4~8cm，最大粒径约15cm，细中砂充填约30%，局部夹有漂石，最大粒径大于20cm，漂石含量约20%以上	未钻穿	连续分布

C 水文地质概况

勘察深度范围内揭露一层地下水。地下水类型为潜水，该层水补给来源主要为大气降水和侧向径流补给，以侧向径流和向下越流方式排泄。潜水水位埋深26.56~27.50m。车站基底标高为26m，水位标高为20.5m，施工过程中不需降水。

潜水对混凝土结构无腐蚀性，在干湿交替环境下对钢筋混凝土结构中钢筋有弱腐蚀性，在长期浸水的环境下对钢筋混凝土结构中的钢筋无腐蚀性，地下水对钢结构具有弱腐蚀性。

D 周边环境概况

丰台站位于规划国铁丰台火车站东南角外，在负一层与国铁及规划地铁16号线丰台站换乘，车站东侧为规划四合庄西路。

车站主要位于丰台区孟家村范围内，车站范围内地下管线主要为孟家村内的供水和排水管线，并随房屋拆迁一并迁改。施工过程中无地下管线。

车站北侧最近距离约 53.6m 为国铁正线，东侧最近距离约 61m 为三环新城住宅楼。

丰台站北侧为丰台站—前泥洼站区间，采用盾构接收，盾构到达时间为 2012 年 5 月中旬，盾构接收为 2012 年 8 月 4 日~9 月 17 日，共计 45 日历天；南侧接樊家村站—丰台站区间，暗挖法接收。

3.4.1.2 工程特点及分析

本工程的特点、难点主要表现在车站明挖基坑跨度大（基坑南北向长 226.4m，东西向宽 41.5m，局部宽 52.1m，面积约为 10190m²）、基坑深度大（主体结构部分基坑深约 19.65m，局部风道最深约 21.65m）、距现有建（构）筑物较近（车站北侧最近距离约 53.6m 为国铁正线，东侧最近距离约 61m 为三环新城住宅楼）、位于市区繁华地段、施工期为雨季。

丰台站在 2010 年 6 月 1 日~9 月 30 日汛期期间主要进行基坑土方开挖、锚喷支护、防水作业、钢筋绑扎、模板拼装、脚手架搭拆及混凝土浇筑等工程。根据丰台站土方工程特点，工程施工过程中可能发生支护结构失稳、桩间护壁渗漏、基坑开挖边坡滑移、地面开裂、塌陷等造成的基坑变形、坍塌，以及建筑物变形过大造成的沉降、裂缝等。具体表现在：

（1）在丰台站土方开挖及结构施工过程中，由于暴雨导致水流量过大流入基坑，造成基坑浸泡以致基坑坍塌。

（2）在丰台站土方开挖及结构施工过程中基坑周边排水措施不当，水从周边流入基坑致使基坑部分坍陷导致周边给排水管破裂，基坑出现涌水。

（3）在施工现场附近区域内出现大雨造成水流量过大，雨水冲刷基坑周边土壤造成周边出现孔洞致使附近管线出现悬空现象，导致管线破裂给基坑带来危害。

（4）基坑周边生活区内的自身管线可能出现的堵塞、破裂对基坑施工造成一定的影响。

（5）施工范围内出现洪涝灾害导致无法施工。

3.4.1.3 稳定性控制对策

根据丰台站工程特点、地质条件和周边环境情况，车站主体围护结构除中部外挂风道处局部采用钻孔灌注桩＋混凝土支撑支护外，其余均采用灌注桩＋预应力锚索的围护体系。基坑所有锚索均为普通拉力型锚索，除第一道锚索设在混凝土冠梁上，以下各道锚索位置处均采用钢腰梁。

基坑东西两侧围护桩采用直径 1m@1.5m 钻孔灌注桩，除中部外挂风道处和局部存在集水坑处外，桩长主要为 24m 和 26.5m。竖向采用四道预应力锚索，水平间距 1.5m；除局部存在集水坑处外锚索最长 23m，最大采用 5S15.2 钢绞线。

基坑采用 1.2m@1.5m 钻孔灌注桩，最大桩长为 26.5m。盾构顶部位置竖向采用四道预应力锚索，其他位置为六道预应力锚索，索长最大为 20m，最大钢束为 4S15.2 钢绞线。

图 3-14 为丰台站基坑支护设计标准段剖面图。

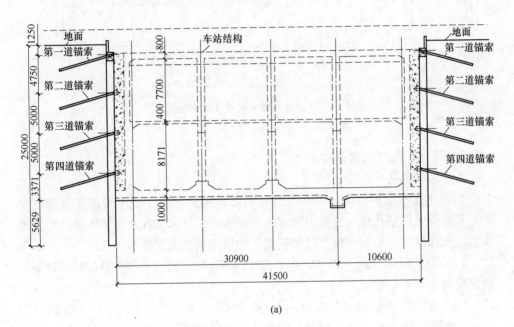

(a)

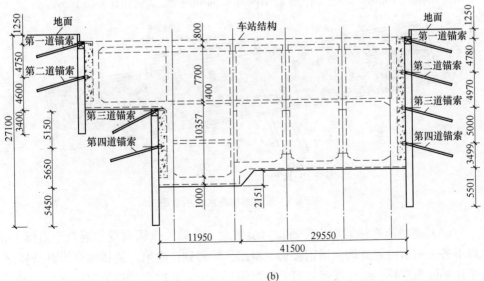

(b)

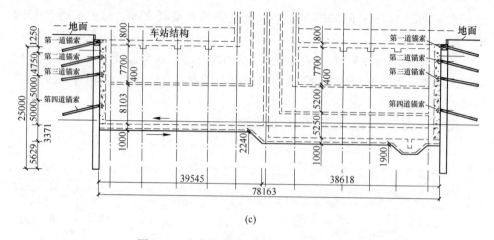

(c)

图 3-14 丰台站基坑支护设计标准段剖面图

(a) 1—1 剖面图；(b) 2—2 剖面图；(c) 3—3 剖面图

3.4.1.4 应用及效果分析

A 总体部署

（1）本工程围护结构除中部风道处局部采用钻孔灌注桩 + 混凝土支撑支护外，其余均采用钻孔桩 + 预应力锚索的围护体系，基坑土方开挖严格遵循"开槽支撑、先撑后挖、分层开挖、严禁超挖"的原则施做支护体系。

（2）总工程量为围护桩 423 根、锚索 1442 根、土石方开挖 $22.44 \times 10^4 m^3$、浇筑混凝土 $3.8 \times 10^4 m^3$。

（3）车站主体结构总长 226.4m，宽约 43m，共分 10 个流水段。每段长约 23m，面积约 $1000m^2$，施工作业采用南北双向同时施工，如图 3-15 所示。

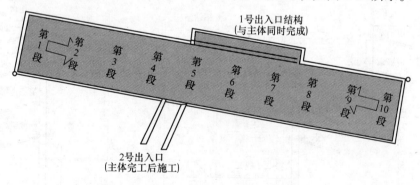

图 3-15 主体结构流水段示意图

（4）基坑所有锚索均为普通拉力型锚索，除第一道锚索设在混凝土冠梁上，以下各道锚索位置处均采用钢腰梁。根据工期筹划，除第一道锚索外，其余锚索采用早强灌浆料，缩短锚索浆料养护时间，为土方开挖提早提供工作面，土方分层开挖示意图如图 3-16 所示。

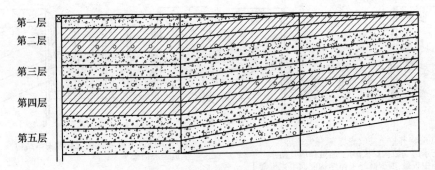

图 3-16 土方分层开挖示意图

（5）基坑开挖总体施工顺序：丰台站土方开挖采用从南北两侧向中部同时施工，中间第5、6流水段与外挂风道位置形成出土马道，输送土方，第5、6流水段土方利用长臂挖掘机倒运到外挂风道位置，再利用地面长臂挖掘机运送到基坑外。

B 施工工序

a 主体围护结构施工工序

主体围护结构施工工序详见图 3-17。

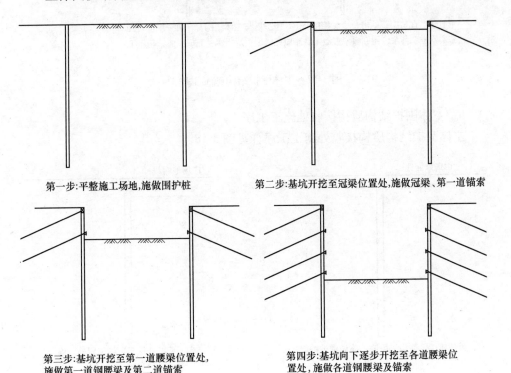

第一步:平整施工场地,施做围护桩

第二步:基坑开挖至冠梁位置处,施做冠梁、第一道锚索

第三步:基坑开挖至第一道腰梁位置处,施做第一道钢腰梁及第二道锚索

第四步:基坑向下逐步开挖至各道腰梁位置处,施做各道钢腰梁及锚索

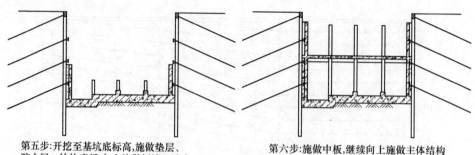

第五步:开挖至基坑底标高,施做垫层、
防水层、结构底板,向上施做侧墙及防水
至中板处,围护桩与主体结构间回填素混凝土

第六步:施做中板,继续向上施做主体结构
至负一层顶板下

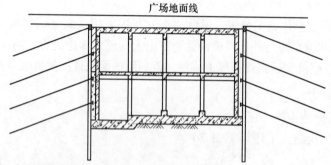

第七步：在与国铁站房负一层相接部位，围护桩与主体结构，在负一层位置回填
夯实素土；其余位置回填素混凝土；施做完成顶板及防水；完成主体结构施工

图 3-17 主体围护结构施工工序图

b 主体围护结构盾构接收处施工工序

主体围护结构盾构接收处施工工序详见图 3-18。

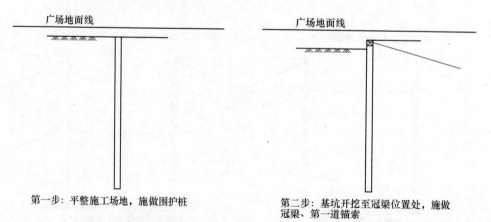

第一步:平整施工场地,施做围护桩

第二步:基坑开挖至冠梁位置处,施做
冠梁、第一道锚索

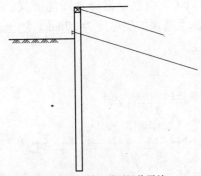

第三步：基坑开挖至第一道腰梁位置处，
施做第一道钢腰梁及第二道锚索

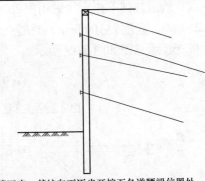

第四步：基坑向下逐步开挖至各道腰梁位置处，
施做各道钢腰梁及锚索

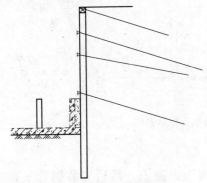

第五步：开挖至基坑底标高，施做垫层、
防水层、结构底板，向上施做侧墙及防水
至第四道锚索下；桩墙之间同步回填C15
素混凝土

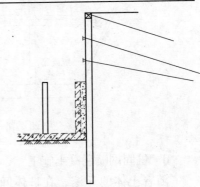

第六步：第四道锚索抽芯后，再继续向上施做
侧墙及防水至中板下

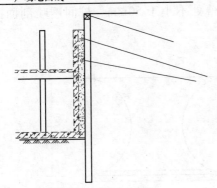

第七步：施做中板后，继续向上施做
主体结构至负一层顶板下

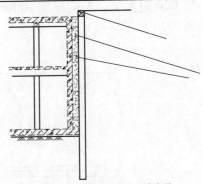

第八步：施做完成顶板及防水；完成主体
结构施工及回填混凝土

图 3-18　主体围护结构盾构接收处施工工序图

c 挡土墙施工

轨道基础下挡土墙采用 HPB300 级、HRB335 级钢筋混凝土现浇而成，厚度 250mm，高度为 1000mm，混凝土标号 C30，主筋保护层厚度为 30mm。挡土墙模板支撑示意图如图 3-19 所示。

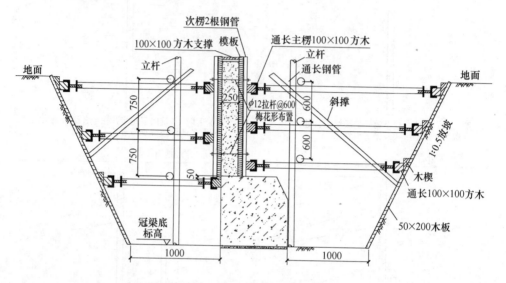

图 3-19 挡土墙模板支撑示意图

d 桩间网喷混凝土施工

随着土体的开挖，在桩体间采用挂网喷混凝土，然后安装钢管支撑或锚索，以保持土体的稳定。桩体打设长 150mmM16 膨胀螺栓，竖向间距 500mm。桩间挂 $\phi8@150\times150$ 的钢筋网片，网片长 2.0m，宽 1.0m，网片搭接长度 150~300mm，网片间焊接连接。钢筋网片与膨胀螺栓焊接在一起，喷 C20 混凝土，平均厚度 100mm，最薄处不小于 50mm。桩间网喷剖面图如图 3-20 所示。

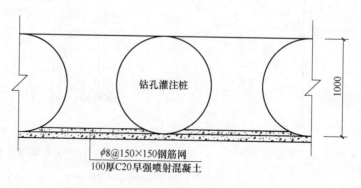

图 3-20 桩间网喷剖面图

C 监测巡视

在施工过程中对基坑围护结构的受力情况、周围地表位移等进行监测是十分必要的。掌握基坑开挖对周围环境的影响，可为邻近建筑物及地下管线的安全提供保证。可以通过接受反馈信息，科学合理安排下一步的施工工序，使施工更加安全，工程质量更好。土方开挖时，做好基坑周边临时建筑物的监测和巡视工作。

a 基坑监测内容

主要项目包括：建筑物沉降、建筑物裂缝；做好基坑周边地下管线沉降观测；并对桩顶水平位移、桩顶垂直位移、桩身变形、锚索轴力、地表沉降、锚索轴力及地下水位等项目进行监控量测，布点位置按照设计和第三方监测单位共同确定。桩顶、桩体水平位移测点按照40m的间距布设，短边中点布设。地表沉降测点按照20m间距布设。

b 监测频率

（1）基坑开挖期间：基坑开挖深度 $h \leqslant 5m$，1 次/3 天；$5m < h \leqslant 10m$，1 次/2 天；$10m < h \leqslant 15m$，1 次/天；$h > 15m$，2 次/天。

（2）基坑开挖完成以后：1~7 天，1 次/天；7~15 天，1 次/2 天；15~30 天，1 次/3 天；30 天以后，1 次/周；经数据分析确认达到基本稳定后，1 次/月。

当变形超过有关标准或场地条件变化较大时，加密监测。当有危险事故征兆时，则需进行连续监测。

c 施工监控量测控制值

施工监控量测控制值标准详见表 3-5。

表 3-5 施工监控量测控制值标准

序 号	量 测 项 目	控 制 值
1	建筑物沉降	10mm
2	建筑物裂缝	按评估要求
3	地下管线沉降	有压 10mm，倾斜率 0.002
		雨污水 20mm，倾斜率 0.005
4	地表沉降	0.15%H 或30mm 两者取小值
		位移最大速率 2mm/d
5	桩体水平位移	10mm，位移最大速率 2mm/d
6	桩体垂直位移	10mm，位移最大速率 2mm/d
7	桩身变形	0.15%H 或30mm 两者取小值
		位移最大速率 3mm/d
8	锚索轴力	设计轴力值

每次量测完毕后，将量测数据传输到计算机，利用专用的软件对其进行计算、处理，得到各测点的位移值。根据计算结果编制地表变形的数据报表。同时，根据安全性评判指标对施工安全进行判断，并在数据报表中明确施工状态为安全、注意或危险，并及时通知施工单位。定期总结监测数据，并绘制地表变形-时间变化曲线图、地表变形-开挖深度变化曲线、位移变化速率曲线等。

　　d　监测预警

根据设计单位提出的监控量测值，监测内容设定预警值，作为围护结构施工安全判别标准（对周边环境的监测每项均需要设预警值）。项目监测按"分区、分级、分阶段"的原则制定监控量测控制值标准，将施工过程中监测点的预警状态根据严重程度由小到大分为三级：黄色、橙色和红色三级监测预警，及时进行反馈和控制。预警分级参考表3-6。

表 3-6　监测预警分级

预警级别	预警状态描述
黄色预警	双控指标（变化量、变化速率）均超过监控量测控制值的70%时；或双控指标之一超过监控量测控制值的85%时
橙色预警	双控指标（变化量、变化速率）均超过监控量测控制值的85%时；或双控指标之一超过监控量测控制值
红色预警	双控指标（变化量、变化速率）均超过监控量测控制值；或实测变化速率出现急剧增长时

当实测数据出现任何一种预警状态时，监测组应立即向施工主管、监理、建设和其他相关单位报告，获得确认后立即提交预警报告。

（1）发出黄色预警时，监测人员和施工单位加密监测频率（由项目部主管领导、监理开专家会进行安全评估确定监测频率，并形成会议纪要形式），加强对地面和建筑物沉降动态的观察，尤其应加强对预警点附近的雨、污水管和有压管线的检查和处理。

（2）发出橙色预警时，除继续加强监测、观察、检查和处理外，根据预警状态的特点进一步完善针对该状态的预警方案，同时对施工方案、开挖进度、支护参数、工艺方法等作检查和完善，在获得设计和建设单位同意后执行。

（3）发出红色预警时，立即停止开挖，除立即向上述单位报警外还应立即采取补强措施，并经设计、施工、监理和建设单位分析、认定后，改变施工程序或设计参数，再进行施工处理。

当数据超过警戒时，监测人员应在报表中标注出来，并且向施工单位技术主管和主管部门进行汇报。每周将本周的数据进行处理、汇总，做成成果表进行周报。

为指导监测工作，保证监测工作质量，在基坑开挖前专门编制了《丰台站监控量测方案》。

e 现场巡视内容

对开挖面地质情况巡视以下内容：

（1）土层性质及稳定性。包括土质性质及其变化情况（土质密实度、湿度、颜色等性质，分布情况，与地质勘察及踏勘结果和设计条件的差异情况）；开挖面土体渗漏水情况（渗漏水量、气味、颜色、是否伴有砂土颗粒、发生位置、发展趋势等）；土体塌落情况（塌落位置、塌落体大小、发展趋势、塌落原因等）。

（2）地下水控制效果。包括堵水效果或抽降水控制效果、降水井抽水出砂量、变化情形及持续时间、附近地面沉陷情况等。

对支护结构体系巡视以下内容：

（1）支护体系施做及时性情况。

（2）支护体系渗漏水情况。包括渗漏水量、气味、颜色、是否伴有砂土颗粒、发生位置、发展趋势等。

（3）支护体系开裂、变形变化情况。包括桩顶与冠梁脱开现象，冠梁开裂范围、宽度与深度，桩间网喷护壁开裂情形；支撑扭曲及偏斜程度、发生位置、发展趋势；锚头脱落、松动或变形情形；腰梁与土体脱开情况及发生位置；土钉墙面层开裂情况、发生位置、发展趋势等。

对基坑周边巡视以下内容：

（1）坑边超载情况。包括坑边荷载重量、类型、与坑缘距离、面积、位置等。

（2）地表积水情况。包括积水面积、深度、水量、位置、地面硬化完好程度、坡顶排水系统是否合理及通畅等。

对周边建筑巡视以下内容：

（1）建（构）筑物：1）建（构）筑物开裂、剥落情况。包括裂缝宽度、深度、数量、走向、剥落体大小、发生位置、发展趋势等。2）地下室渗水情况。包括渗漏水量、发生位置、发展趋势等。

（2）地下管线：1）管体或接口破损、渗漏情况。包括位置、管线材质、尺寸、类型、破损程度、渗漏情况、发展趋势等。2）检查井等附属设施的开裂及进水情况。包括裂缝宽度、深度、数量、走向、位置、发展趋势、井内水量等。

D 控制效果

北京地铁10号线丰台站车站工程基坑开挖面积大、施工难度高、风险源多，通过采取科学的主体结构围护方案和合理的施工组织设计，工程在施工过程中未出现基坑失稳、周边建（构）筑物及地下管线变形过大现象。自2013年开通以来至今运营正常，充分说明了该车站工程设计方案和施工措施的科学性和有效性。

3.4.2　北京地铁 10 号线三元桥站—亮马河站区间隧道工程

3.4.2.1　工程概况

A　区间工程概况

北京地铁 10 号线一期工程三元桥站—亮马河站部分盾构区间位于东三环内侧辅路，在三源里建筑群（北小街 8 号，南小街 2 号、6 号、8 号，泛旅大厦等）和三环主路桥间穿行，其隧道右线距该建筑群的最近距离为 3.7m，两条隧道间净距为 6m。由于该建筑群中的南、北小街 8 号楼均为 20 世纪 80 年代初建成的 12 层壁板楼，两层地下室为钢筋混凝土现浇结构，筏板基础，地上部分为钢筋混凝土装配式预制结构，采用 78BG 试用图，整体性较差，经评估该楼结构形式抵抗变形能力非常差，当盾构隧道通过引起地面沉降时，可能发生较大变形，影响楼房安全。

盾构区间线路与南、北小街 8 号楼临近关系实景照片及平面示意图分别如图 3-21 和图 3-22 所示。

图 3-21　盾构区间线路与南、北小街 8 号楼临近关系实景照片

B　地质条件

临近楼房施工时盾构隧道穿越⑥层粉质黏土及⑥₂层粉土，隧道顶部为⑥层粉质黏土，底部为⑥₂层粉土层，距⑦₂粉细砂层 0.2 ~ 2.6m。离楼房较远的左线盾构隧道施工已完成，由于左右两线净距小于 2m，右线盾构隧道施工时，要考虑施工引起的土体变形会对已完成的左线隧道结构产生一定的挤压变形影响，此外，还要将楼房的沉降变形控制在允许范围，保证楼房安全。区间隧道施工段进入承压水范围内，土体的自稳能力差。

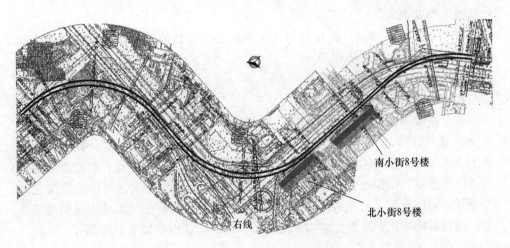

图 3-22　盾构区间线路与南、北小街 8 号楼临近关系平面示意图

C　周边环境

三元桥站—亮马河站区间隧道下穿多层楼房，下穿京顺路和机场高速路，下穿三环路主路，离三环路两侧高层建筑较近。地下各种公用管线密布，整体沉降要求高，局部沉降要求很高。

3.4.2.2　工程特点及难点分析

本工程特点及难点如下：

（1）如此小间距、长距离双线平行盾构隧道设计与施工在国内尚属罕见，对施工期间两隧道间的相互影响，其计算分析方法还不成熟，国内没有可借鉴的工程和经验，国外类似工程和经验也很少，这给设计、施工提出了挑战。

（2）先行隧道已施工完成，无法通过改变隧道自身的刚度或强度来抵抗后行隧道施工对其带来的影响，采取何种措施来保证先行隧道在后行隧道施工中及通过后的安全，也是设计和施工中的重大难题之一。

（3）后行盾构隧道施工对先行盾构隧道的影响是一个复杂的挤压、卸载过程，其中包含地层反力和管片内力的变化等，如何对后行盾构隧道施工对先行隧道影响的全过程进行分析、采取何种加固措施、在何时何处实施及拆除加固措施是设计的难点。

（4）调线后后行隧道距楼房的水平距离有所增加，但楼房仍处在盾构施工影响区范围内，同时由于两线隧道距离太近，施工对地层的扰动相对更大，引起地面的沉降也会更大，因此施工对楼房产生的风险并没有完全消失，而楼房自身结构差，如何保证隧道结构安全的同时，确保楼房的安全是要克服的难题。

（5）由于本工程的前提条件已确定，无论是对先行隧道还是对楼房的保护措施均无法从地面施做，因此所有的措施只能在两条隧道内进行，保护措施的设计及施工难度很大。

（6）分析计算和设计指标如何在实际施工中进行监测及结果如何分析、如何指导下一步施工等要求很高。

3.4.2.3 稳定性控制措施

A 线路调整方案

由于左线隧道已先期施工完成，右线隧道距南小街8号楼最近水平距离为3.7m，通过计算，可以预测右线施工对楼房的影响。采用有限差分数值计算软件 FLAC^{2D}，利用勘察报告提交的土层厚度、土层力学参数、地下水位等水文地质条件等参数，模拟过程考虑建（构）筑物荷载作用。建筑物结构荷载简化为均布竖向矩形荷载（对筏板基础而言），通过建筑物基础在埋深处传递到地基土上。筏板基础采用弹性板壳结构单元进行模拟。计算模型如图 3-23 所示。

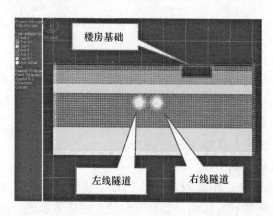

图 3-23 盾构隧道施工对楼房的影响数值模拟计算模型

模拟计算结果显示：（1）左隧道开挖，右隧道未开挖时，隧道轴线上方最大地表沉降为 15.0mm。（2）双线盾构隧道开挖完成后地表沉降最大值 30mm，沉降槽宽度 63m。（3）双线盾构隧道开挖完成后，地下 5m 水平面（楼基础地面）差异沉降 17mm，其中靠近隧道一侧沉降 18mm，远离隧道一侧沉降 1mm。然而经评估，南小街8号楼基础边缘的最大允许沉降量为 10mm，因此如按原设计方案（隧道与楼房净距 3.7m）施工，沉降值将不能满足评估要求。因此需要对线路进行调整优化。

鉴于盾构隧道左线先期已施工完毕，只能考虑将右线向左线平移调整，使得在南小街8号楼处线间距最近处为 7.7m（隧道净距 1.7m），隧道与楼房净距7.5m，两隧道净距 2.5m 范围是 150m。线路调整优化后隧道与楼房基础剖面关系如图 3-24 所示。调线后，两条隧道净距在 3m 和 4m 之间的长度为 140m，净距小于 3m 的长度达 236m，净距在 2.5m 以内的长度为 150m，其中在南小街8号楼区域，隧道净距大部分在 2m 左右，最小距离为 1.7m。

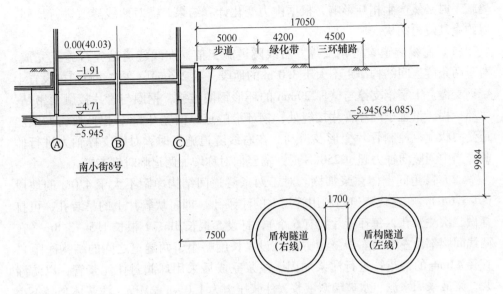

图 3-24 调线后隧道与楼房基础剖面关系图

与调线前一样,在施工前对距隧道较近的南小街 8 号楼进行施工影响的数值分析计算,对两条隧道的内力变化情况进行数值分析计算。

a 双线通过后地表和楼房基础沉降计算

计算参数根据左线通过后的实际沉降值 20mm,以及通过盾构试验段采取各种控制措施后,右线隧道施工能控制的沉降值为 13 ~ 15mm 为前提选取。

根据数值计算,左线通过后地面沉降最大值 19.2mm,沉降槽宽度 60m,地下 5m 水平面(楼房基础标高面)地层最大沉降值 21.5mm,楼房基础差异沉降 3mm。双线通过后地面沉降最大值 31mm,沉降槽宽度 62m,地下 5m 水平面(楼房基础标高面)地层最大沉降值 33mm,靠近隧道一侧楼房沉降 9mm,远离隧道一侧楼房沉降 1mm,楼基础处两侧差异沉降 8mm。

b 左、右线隧道内力变化计算

由于两线间距最小处仅 7.7m,远小于标准线间距(一般盾构线间距为 12 m),右线施工时对左线影响较大,经数值分析计算,当两条隧道净距 1.7m,在右线盾构掘进时,左线隧道内力增加 31%,右线隧道内力增加 8.7%,右线隧道施工对左线既有隧道的结构影响比较大,右线隧道自身内力增加不大,影响较小。因此,根据计算分析,在左线隧道已施工完成的情况下,右线盾构施工前,需对左线隧道采取加固措施,以防止左线隧道变形。

B 控制方案

a 左、右线隧道加固保护措施

由于两条隧道最小净距仅 1.7m,且有 150m 净距小于 2.5m,两条隧道近距离施工时必然产生相互影响，根据内力变化计算结果，需对两线隧道进行加固，以约束其隧道结构变形。

（1）左线隧道设置钢支撑。右线隧道施工前，左线隧道已先行施工完成，对于两条隧道间结构净距不大于 3.0 m 的地段（共 236m），在左线隧道内设置十字钢支撑。十字钢支撑与壁厚 20mm 的环形钢圈连接，钢圈与管片接触面密贴，每环一榀，设置于两环管片接缝处，钢环沿隧道纵向宽 0.5m，以此改善左线隧道受力状况，控制管片变形及滑动。在右线隧道施工时，对钢支撑轴力进行监测，当中间竖向轴力超过 250kN 时，需竖向对称增加两道临时钢支撑。

（2）隧道间土体注浆加固。对于两条隧道间结构净距不大于 4.0m 的地段（共 376m），在左线隧道内利用管片上的注浆孔（即每块管片上的吊装孔，可打穿做二次注浆孔，每环管片共有 6 个），打设 5 根长 3m、1 根长 1.5~3.8m（在两线间腰部由左线向右线隧道方向打设，长度略小于两隧道之间的结构净距）、直径 42mm 的钢花管进行注浆加固。注浆完成后采用球阀封住注浆管，以防漏浆，浆液采用水泥、水玻璃双液浆，注浆压力为 1.0~1.2MPa，注浆体半径不小于 500mm，强度为 1MPa。在右线盾构机到达前，对左线隧道周边土体的注浆加固应施做完成且达到要求强度，以控制因右线隧道施工引起左线隧道变形。

b 右线盾构施工技术措施

除提前对左线进行十字钢支撑加固和两线之间的土体注浆加固，右线盾构施工本身的技术措施也非常关键。

（1）合理设置土压力，防止超挖，控制推进速度。土压平衡盾构施工的核心是保持开挖面的土压平衡，即要做到开挖面稳定，土压波动小，根据监测数据及时调整土压力值，以减少对土体的扰动。右线隧道在穿越南、北小街 8 号楼时，土压力控制在 0.18~0.2MPa。此外，防止超挖也是控制土压平衡的重要手段，其有效办法就是严格进行出土量管理，根据前面掘进时所掌握的松散系数，结合土质情况，准确计算推进中的理论出土量，本工程在过楼段掘进时出土量不超过理论计算值的 98%。再者，在通过楼房时，将盾构机的推力比正常时减小 10%~15% 左右，适当提高刀盘的转速以达到加快切削土体的目的，并降低盾构机的掘进速度，控制在 20~30mm/min。

（2）加强同步注浆和二次注浆。在盾构隧道混凝土管片壁后注浆的目的有三个：防止隧道周边地层变形；提高隧道管片衬砌结构的止水性能；确保衬砌结构的稳定性。对于周边地层的变形，主要是指地层土和衬砌管片之间所产生的间隙，若间隙不能及时得到填充，由于周边土层产生松弛，会对地表和地表的建（构）筑物带来影响。通过对管片与地层之间的间隙做及时有效的填充，从而提高隧道本身止水性能，止水性能提高就可防止周边土层的失水、变形，并且保证了隧道质量。

考虑到本工程的特殊性（对沉降要求非常高），在穿越期间采用早强、渗透率高的 HSC 超细水泥浆液进行同步注浆，确保每环的同步注浆量控制在 5.0 ~ 5.5m³（180% ~ 220%）。注浆压力控制在 0.35MPa。配合比通过实验确定，保证浆液进入间隙后 4h 内初凝。盾构推进后，及时利用管片上的注浆孔进行二次注浆，二次注浆的浆液采用水泥-水玻璃双液浆，补浆的部位和时间应与隧道上方地表沉降的速率结合，坚持"少量多次"的原则。为将二次补浆对推进影响减至最小，保证盾构机推进的连贯性，将盾构机后续配套台车改装为补浆罐车，储备约 10 环的浆液，在管片脱离盾尾后，立即实施二次补浆。

盾尾漏浆是同步注浆中重点关注的问题，因为盾尾密封不好，浆液会在注入过程中从盾尾钢丝刷与管片接触面渗出，导致浆液在地层中不能很好填充，存在空隙，最终产生较大的沉降。造成盾尾漏浆主要有以下几个原因：一是盾尾刷磨损；二是盾尾与管片之间间隙不均匀；三是衬背注浆压力过高。为尽可能地避免，采取防止盾尾漏浆的措施包括：在挖掘前对盾尾密封系统进行全面检查与维护，全面更换已磨损的密封刷；在管片拼装前必须把盾壳内的杂物清理干净，防止对盾尾刷造成损坏；每 15 环全面检查 1 次盾尾密封腔油脂状况，严格控制盾尾油脂的压力和加大注入量；经常检查盾尾周边与管片的间隙，控制好盾构机的姿态和管片选型，保持间隙均匀；进行管片壁后注浆时，严格控制注浆压力；如发现盾尾漏浆比较严重时，应使用初凝时间较短的浆液。

3.4.2.4 控制效果分析

A 盾构通过后南小街 8 号楼的沉降监测分析

南小街 8 号楼共设 8 个沉降监测点（见图 3-25），SYA22、SYA23、SYA24、SYA25 为楼房靠近盾构隧道一侧的监测点，SYA18、SYA19、SYA20、SYA21 为楼房另一侧监测点。

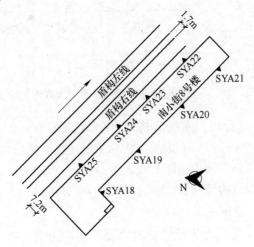

图 3-25 沉降监测点布置示意图

SYA24 监测点位于南小街 8 号楼中部，是距离盾构区间最近的楼房沉降点，距盾构隧道右线 7.5 m，距盾构隧道左线中线 18.5m，左线施工时，该点的沉降值控制在 −2.5mm 内（见图 3-26）。但右线隧道盾构施工完成后，该监测点成为南小街 8 号楼沉降值最大点，右线隧道盾构机完全通过 80 天后，沉降值为 −7.61mm（见图 3-27）。

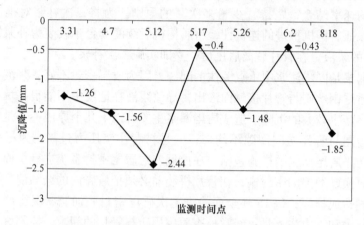

图 3-26　左线盾构通过后 SYA24 点的沉降变化情况

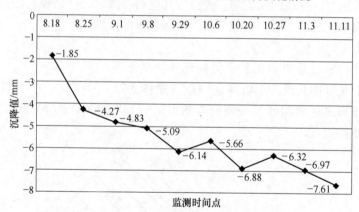

图 3-27　右线盾构通过后 SYA24 点的沉降变化情况

通过图 3-26 可以看出，左线盾构对 SYA24 点影响不大（该点距左线中线 18.5m），沉降值控制在 2.5mm 以内。图 3-27 反映在右线盾构推进后，SYA24 点的继续沉降情况，可以看出，由于右线距该点较近（7.5m），因此右线盾构对该点影响较大，在右线盾构通过 50 天后，该点的累计沉降值为 −7.61mm。但总体控制在允许的 10mm 范围内。

B　盾构通过后南小街 8 号楼段地面沉降监测分析

除了南小街 8 号楼共设 8 个沉降监测点外，相应楼房周边地面监测点根据相关要求加密测点。图 3-28 为其中 DG71-4 地面点（右线隧道中线正上方）沉降曲线，图 3-29 为右线盾构隧道 71 断面典型沉降断面。由图可知，DG71-4 点位于右线隧道中心正上方对应的地面，右线盾构通过后，沉降值为 -15.8mm。71 断面上 5 个监测点最大沉降值为 -16.8mm，且在地面形成了一个小规模的沉陷盆地，但总体最大沉降量在许可范围之内。

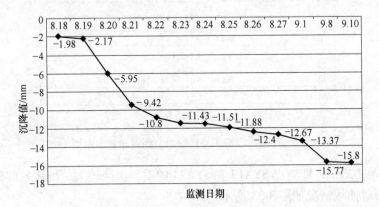

图 3-28　DG71-4 地面点（右线隧道中线正上方）沉降曲线

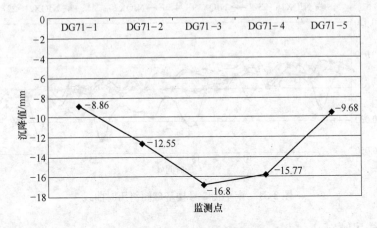

图 3-29　右线盾构隧道典型沉降断面（71 断面）

C　盾构通过后南小街 8 号楼变形监测分析

根据实际情况，南小街 8 号楼倾斜监测点分别布置在变形缝两侧。南小街 8 号楼的每对测点分别布置在第二层和第五层楼房的窗户下方，共布置两对倾斜测点，如图 3-30 所示。对于楼房上的主要裂缝的宽度进行监测，选取 9 条裂缝进行量测。在该楼 8 层阳台上进行变形缝的量测。

a　楼房基础倾斜

基础倾斜各监测点的数据均在控制范围内，最大基础倾斜发生在 NJQX19-

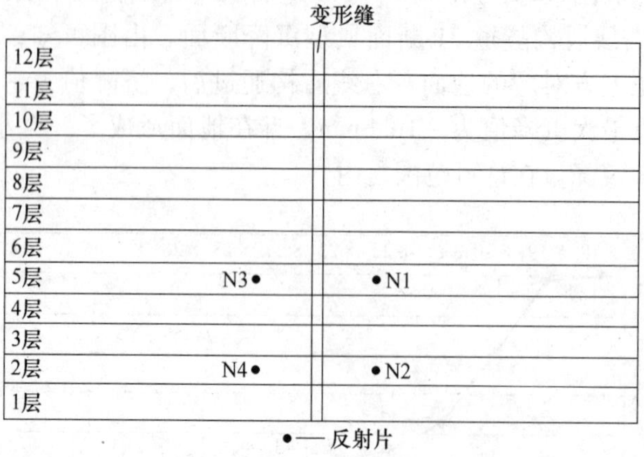

		变形缝	
12层			
11层			
10层			
9层			
8层			
7层			
6层			
5层	N3 ●	● N1	
4层			
3层			
2层	N4 ●	● N2	
1层			

●—— 反射片

图 3-30   南小街 8 号楼倾斜监测点布置示意图

24，为 −0.025%，即测点 SYA19 和 SYA24 的差异沉降较大，楼房基础倾斜各监测点的历时曲线情况如图 3-31 所示。

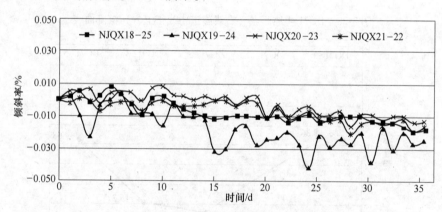

图 3-31   南小街 8 号楼基础倾斜历时曲线

b   楼房倾斜

从监测结果来看，楼房在南北方向和东西方向的纵向倾斜和横向倾斜累计均为 0.01%，两者最大值均在测点 N3-4。楼房倾斜各监测点的历时曲线情况如图 3-32 和图 3-33 所示。

c   裂缝及变形缝观测

从楼房已有裂缝的变化发展情况来看，各裂缝无明显的变化。变形缝累计张开 1.00mm，均在允许范围内。

D   盾构通过后左线隧道的变形监测分析

为保证右线隧道盾构机掘进时不影响左线隧道结构安全，在左线隧道内布设

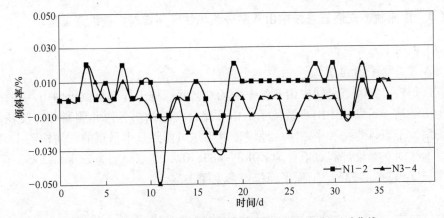

图 3-32 南小街 8 号楼楼房纵向（南北方向）倾斜历时曲线

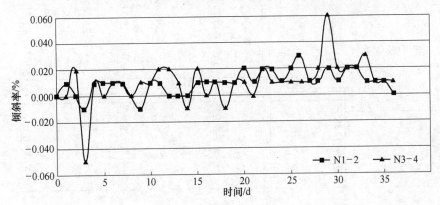

图 3-33 南小街 8 号楼楼房横向（东西方向）倾斜历时曲线

了监测仪器，对混凝土管片的螺栓内力、钢圈与混凝土管片之间的接触压力、混凝土管片拼装缝之间的接头张开量、混凝土管片内净空收敛变形等进行实时监测。

监测结果中，混凝土管片的螺栓内力变化在 0.2t 内，压强为 7.87MPa，低于螺栓的设计强度值 235MPa；钢圈与混凝土管片之间的接触压力在 0.06t 内，压强为 2.36MPa，低于管片的强度 50MPa；混凝土管片拼装缝之间的接头张开量变化在 1.6mm 内，低于设计控制值 2.0mm；混凝土管片内净空收敛变形在 8mm 内，低于设计控制值 36mm，横向变形大于竖向变形，横向受力比竖向受力大，结构安全。监测数据表明，隧道左线各项数据均在可控范围内，隧道质量合格，结构安全。

综合以上监测分析结果，在隧道近距离施工的近 200 环内，通过采取有效稳定性控制措施，保证了设计要求的各项技术指标，对左线隧道起到了很好的加固作用，保障了左线隧道及建筑群的安全。

3.4.3　广州轨道交通五号线中山八站—西场站区间穿越广茂铁路工程

3.4.3.1　工程概况

A　工程平面位置

广州轨道交通五号线中山八站—西场站区间盾构工程起点位于中山八站，终点为西场站。始发站中山八站位于中山八路公交总站内，西北侧紧邻广茂铁路；西场站位于东风西路和平南小区地段，以与东风西路基本垂直的方向横跨东风西路。本区间左线设计起点里程为 ZDK3 + 883.107，终点里程为 ZDK4 + 825，区间左线长度为 941.893m。工程平面位置参见图 3-34。

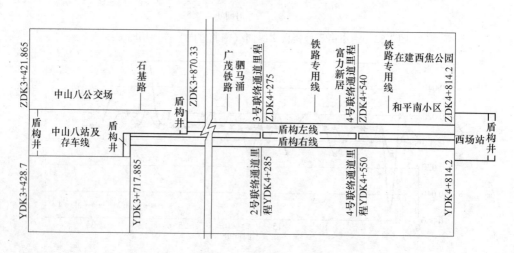

图 3-34　中山八站—西场站区间平面示意图

B　工程与广茂铁路相交位置

盾构隧道从中山八站北侧暗挖段始发，经过广州市第十二中学和石基路后，与广茂铁路相交，隧道线路的左线与广茂铁路相交的里程为 ZDK4 + 033 ~ ZDK4 + 099（铁路里程为 K3 + 668 ~ K3 + 612.7）。左线与铁路相交的范围约为 66m，具体如图 3-35 所示。

C　工程地质

<1> 人工填土层：主要为杂填土和素填土，主要呈灰色、灰褐色、黄褐色、灰黄色等，杂填土组成物主要为人工堆填的碎石、砖块、混凝土块及中粗砂、黏性土，少量生活垃圾，硬质物含量较高，大部分稍压实。

<2 – 1A> 海陆交互相淤泥：呈深灰色 ~ 灰黑色，主要由黏粒及有机质组成，流塑 ~ 软塑。

<2 – 1B> 淤泥质土层：实测击数 1 ~ 6 击，平均 3.5 击。其含水量平均值 48.40%，压缩系数标准值 $a = 1.03\text{MPa}^{-1}$，为高压缩性土。

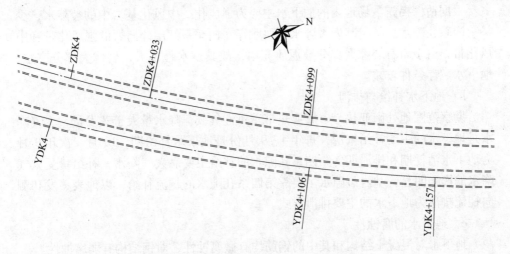

图3-35　左线隧道与铁路相交位置平面图

<2-2>海陆交互相沉积砂层：土性较杂，有淤泥质粉砂、淤泥质细砂及粉砂、细砂、中砂，呈深灰色、浅灰绿色、浅灰黑色等，含淤泥质及少量有机质，局部有贝壳碎片，饱和，淤泥质粉细砂多呈松散状。

<5-2>硬塑或密实状残积土层：为碎屑岩风化作用形成的粉质黏土、粉土组成，呈红褐色，黏性土呈硬塑状，粉土呈密实状。

<6>红色砂岩类岩石全风化带：呈红褐色、紫红色等，主要由泥质粉砂岩组成，局部为粉砂质泥岩、粉砂岩，原岩组织结构已基本风化破坏，但尚可辨认，岩芯呈坚硬土状或密实土状。

<7>岩石强风化带：呈红褐色，岩性主要为泥质粉砂岩，岩石组织结构已大部分破坏，但尚可清晰辨认，矿物成分已显著变化，风化裂隙较发育，岩体较破碎，岩芯呈岩状或半岩半土状，岩质较软。

<8>红色砂岩岩石中风化带：呈红褐色，岩性主要为泥质粉砂岩，局部夹砾岩及粉砂岩，粉砂状结构或砾状结构，中厚层～厚层状，岩石组织结构部分破坏，矿物成分基本未变化，有风化裂隙，泥质钙质胶结，岩芯较完整，呈短柱状～长柱状，岩质稍硬。

<9>岩石微风化带：呈红褐色，岩性为泥质粉砂岩，粉砂状结构，中厚～厚层状构造，泥质、钙质、铁质胶结，胶结紧密，局部有少量风化裂隙，岩芯完整，以长柱状为主，岩质较硬。

盾构左线隧道与广茂铁路相交处，隧道洞顶埋深约达19m，隧道洞身所处的地层较好，大部分处于<8>和<9>、局部<5-2>和<6>地层中。

D　水文地质

a　地下水类型

根据钻探揭露，场地内的地下水主要为强风化、中风化基岩中的裂隙水，少量第四系孔隙水。层状基岩裂隙水主要赋存在白垩系红层碎屑岩的强风化带和中风化带，由于岩石裂隙大部分被泥质充填，故其富水性不大，岩体大部分完整，地下水赋存条件较差。

b　地下水补给与排泄

勘察范围地处南亚热带，属亚热带季风性气候。降水量大于蒸发量，大气降水是地下水的主要补给来源，每年 4 ~ 9 月份是地下水补给期，10 月 ~ 次年 3 月为地下水消耗期和排泄期。第四系孔隙水的补给主要靠大气降水，补给量受大气降水的影响明显，基岩裂隙水主要靠第四系孔隙水的越流补给，以地表蒸发和侧向径流排泄为地下水的主要排泄方式。

c　地下水的腐蚀性

地下水对混凝土结构和其中的钢筋均有微腐蚀性，对钢结构有弱腐蚀性。

3.4.3.2　工程重点与难点

（1）地表沉降控制要求高。隧道通过铁路时，地面沉降控制要求严格，铁路轨道沉降限值为：1）轨面沉降值不得超过 6mm；2）相邻两股钢轨水平高差不得超过 6mm；3）相邻两股钢轨三角坑不得超过 5mm。

（2）隧道覆土层地质条件复杂。本隧道穿越的地层主要为红层岩石全风化带 <6>、中风化带 <8> 和微风化带 <9>，局部穿越上软下硬地层，对盾构机掘进的土压平衡压力、注浆压力、掘进速度等参数的控制要求较高，给隧道施工造成一定的难度。

（3）施工受到铁路制约。本工程隧道下穿广茂铁路，该铁路行车密度高，关系重大，因此地铁工程的施工必须确保广茂铁路的正常、安全运营。盾构施工时，火车行驶不限速。

3.4.3.3　控制方案

A　总体部署

为确保区间盾构工程施工期间广茂铁路运营行车的安全，必须从工法、施工参数以及各种保护措施上进行优化。具体安排如下：

（1）采用盾构掘进下穿广茂铁路，施工采用土压平衡模式，以最大限度减少地面沉降，确保广茂铁路安全。

（2）在盾构机过铁路前，与铁路业主取得联系，进入轨道区进行沉降监测。

（3）与铁路有关部门沟通联系，以取得有关专业上的配合，如填道砟等。

B　隧道施工方法及技术参数

本区间左线隧道采用一台由德国海瑞克生产的土压平衡式盾构机（S-399号）进行掘进。隧道结构采用预制钢筋混凝土管片，预制钢筋混凝土管片的外径为 6m，内径为 5.4m，管片厚度为 300mm。

本台盾构机配置两套注浆系统，盾尾采用单液同步注浆技术，增加的注浆系统用于管片补充双液背填注浆。及时进行管片壁后二次注浆，以有效控制地表沉降。

整个施工过程中始终坚持以施工监测、信息反馈指导施工的方针，以地表沉陷监测、建筑物及铁路轨道变形监测、洞内管片变形监测等为基础，加强量测数据的分析处理，加强对地层变形的分析、预测、反馈指导施工。

盾构机的主要尺寸及性能参数如表 3-7 所示。

表 3-7 盾构机主要尺寸及性能参数

序号	位 置	项 目 名 称		出 厂 参 数	备 注
1	盾构整体	机体总长/mm		7210	除刀盘
		盾体直径/mm		前体：φ6250；中体：φ6240；盾尾：φ6230	
		盾壳厚度/mm		前体：50；中体：40；后体：40	
		盾尾间隙/mm		30	
		装备总功率/kW		1750	
		最大掘进速度/mm·min^{-1}		80	油缸无负荷伸出
		盾尾密封		3 道	耐水压 0.5MPa
2	刀 盘	开挖、超挖直径/mm		6280	新滚刀时
		驱动形式		液压驱动	水冷却减速器
		最大转速/r·min^{-1}		4.5	
		最高扭矩/kN·m		标准扭矩：4500；脱困扭矩：5300	
		扭矩系数		18	标准扭矩时
3	铰接装置	形 式		被动式铰接	
		最大行程差（垂直、水平）/mm		150	
		最大转角（垂直、水平）/(°)		1.4	
4	传感器	土压传感器		土仓 5 个，螺旋机 1 个	
5	液压油缸	掘进油缸	顶力/kN	34210	
			行程/mm	2000	
			数量/台	30	
			工作压力/MPa	30	
		铰接油缸	回缩力/kN	6147	
			行程/mm	150	
			数量/台	14	
			工作压力/MPa	21.1	

序号	位 置	项 目 名 称		出 厂 参 数	备 注
6	刀盘设计和刀具布置	刀盘设计	刀盘对地层适应性	抗压强度 120MPa 以下地层	
			刀盘的开口率/%	28	
		刀具布置	中心刀的类型	滚刀	
			滚刀的数量	中心双刃 6 把,正面单刃 12 把,双刃 8 把	
			铲刀数量	8 把	
			刮刀的数量	64 把	
			刀具的高差设置	滚刀高出刮刀 35mm;刮刀高出刀盘面板 140mm	
7		同步注浆系统		总能力 20m³/h, KSP 泵	
8		泡沫系统		水能力 133L/min	

C 盾构穿越铁路施工技术措施

在盾构隧道施工过程中,开挖破坏了地层的原始应力状态,地层单元产生了应力增量,特别是剪应力增量,这将引起地层的移动,而地层移动的结果又必将导致不同程度的地面沉降。当差异沉降过大,铁路就有可能遭到破坏,破坏主要是由于地层变形引起进而导致铁路的沉降或倾斜变形。对此,采取如下措施:

(1)对盾构到达铁路下方前 30m 范围内的掘进参数及地面沉降情况进行统计分析,预测盾构机通过铁路可能出现的沉降值,以制定盾构掘进最优参数,确定盾构机过铁路的加固措施。

(2)盾构机在距离铁路区段 20m(该处主要为<6>、<7>地层)时停止掘进,对刀具及机械设备进行彻底的检查和维修,确保盾构机以良好的状态顺利穿过轨道群。

(3)提高同步注浆质量与管理。每环推进前,对同步注浆的浆液进行小样试验,严格控制注浆质量。在同步注浆过程中,合理掌握注浆压力(注浆压力控制在 0.25 ~ 0.28MPa 之间),使注浆量、注浆流量和推进速度等施工参数形成最佳匹配。考虑盾构推进过程中纠偏、跑浆和浆体的收缩等因素,实际注浆量达到理论值的 150% 以上,并及时进行二次补浆。

(4)控制推进速度和姿态。盾构机的推进速度和姿态控制直接影响到土体沉降,因此在过铁路时应保持盾构的掘进速度,匀速穿越铁路区段,掘进速度控制在 15 ~ 20mm/min 左右,即一环的掘进时间约控制在 75 ~ 100min,以尽量减少对土体的扰动。

(5)加强盾尾舱的管理。推进过程中,增加盾尾刷保护及严格控制盾尾油脂的压注;对盾尾舱进行定期检查,平均每 8 环全面检查一次;在管片拼装前必须把盾壳内的杂物清理干净，以防对盾尾刷造成损坏。安排专人观察盾尾漏浆情况，确定无漏浆后再进行正常掘进。

（6）加强对盾构掘进中的工况管理，严防由于泥饼生成和土仓的堵塞，导致在铁路范围内清洗土仓。通过加水或泡沫，对切削下来的土体进行改良，改善土体的"和易性"和"塑性"，防止黏性土附着在刀盘上。

（7）若在掘进施工过程中发现轨面沉降，采用调整道砟的方法及时调整轨面高程，以满足铁路道路的标准。

（8）盾构机在推进过程中采用土压平衡模式进行隧道掘进，保证掌子面的土压稳定，严格控制地表沉降量，确保铁路安全运输。通过铁路段的掘进选定以下施工管理指标来进行掘进控制管理：1）上部土仓压力 0.11~0.13MPa（主要管理指标）；2）推进速度 15~20mm/min；3）总推力 12000~15000kN；4）排土量 56~58m³；5）刀盘转速 1.0~1.2r/min；6）扭矩 1500~2500kN·m；7）注浆压力 0.25~0.28MPa；8）注浆量 6~8m³。

（9）加强盾尾刷保护。在掘进过程中每 2~3 环打一次盾尾油脂。

D 穿越铁路的综合控制措施

（1）强化质量意识，加强技术培训。

（2）与铁路部门配合，做好穿越铁路前的准备工作。盾构推进前及时和铁路部门联系，积极配合铁路部门的工作，在穿越过程中与铁路部门相关负责人同时进行全程监控，保证盾构推进过程中地上铁路运营、地下施工的安全。

（3）做好地下勘探工作，防止推进过程中意外情况发生。在穿越施工前，请专业地下勘探部门对穿越地段地下做详尽细致的地下勘探，彻底摸清地下障碍物的分布情况，做好充分准备，排除穿越过程中的意外因素。

（4）考虑到铁路列车运行时的冲击荷载，在铁路正下方采用加强型管片。

（5）加强设备维修。在进入铁路区域前 20m 进行刀盘、注浆系统、密封系统、推进千斤顶及监控系统等设备的检修，确保穿越过程中设备无故障，进行连续施工。

（6）加强盾构推进时同步注浆和二次操作。盾尾脱出形成的建筑空隙是构成地面沉降的主要原因，因而必须加强、细化盾构推进时同步注浆和二次补压浆的技术措施，并严格操作。

1）注入材料。在盾构推进时采用单液（水泥砂浆）同步注浆，二次补注浆采用双液浆，补充一次注浆未填充部分和体积减少部分，从而减少盾构机通过后土体的后期沉降，提高隧道止水效果。

2）注入压力。同步注浆要求注入口的注入压力大于该点的静止水压力及土压力之和，但注浆压力过大管片外土层将会被浆液扰动而造成较大的后期地层沉降及隧道本身的沉降，并易造成跑浆；而注浆压力过小，浆液充填速度过慢，充填不及时，也会使地层变形增大。同步注浆注入口的压力选取 1.1~1.2 倍静止土压力。后期补压浆根据地层变形监测信息确定其注入压力和注入量。

3）浆液注入量。根据过铁路段工程的工程地质条件及工程特点，选择合适的浆液注入量，在实际操作中，结合注浆压力来确定注入量。

4）注入时机。同步注浆在衬砌脱出盾尾及盾构掘进时同步进行，并在推进一环的时间内完成。二次补压浆则利用滞后盾构机3~4环管片上的注浆孔完成。

同步注浆和后期补压浆是盾构掘进施工的一道重要工序，施工中必须做好包括注入位置、注浆量、注浆压力以及注浆历时的注浆记录，并根据地层变形的监控量测信息及时调整，确保注浆工序的施工质量。同步注浆以及二次补浆参数为：①同步注浆6800L/环，注浆压力0.25MPa；②二次补浆800L/环，注浆压力0.28MPa。

（7）加强泥土塑流化改造。土仓内土体的塑流性优劣直接影响到盾构工作面稳定原理的实现，土体的塑流性差时，将使切削刀盘转矩、螺旋输送机转矩、盾构千斤顶推力增大，甚至使开挖排土无法进行。因而需要注入外加剂搅拌，以使开挖土层泥化，改善弃土塑流性。调整外加剂材料组成，注入泡沫等材料，调整土体黏粒含量，加泡沫参数为2700L/环。向开挖土层中加泡沫能有效减少土颗粒之间的摩擦力，降低刀盘的扭矩，利于土体塑流性改造。

（8）做好出现险情时的补救预防准备。预备道砟，当路轨沉降量达到5mm时，则立刻铺砟调整轨道高度。

（9）加强地面沉降及地层内部变形监测。在过铁路里程ZDK4+033~ZDK4+099处布设主观观测断面，对地层做三维变形量测。充分重视监控量测信息化施工的基础和保证，要求与一般地段相比，其监测项目、频率、数据处理各方面都要及时有效。

3.4.3.4 应用效果监测分析

A 监控量测项目

根据本工程的特点，监控量测主要包括隧道外周边环境及岩土稳定性监测。现场监测的主要内容包括：（1）地面沉降、地表裂缝监测；（2）铁路轨道的沉降、水平位移、倾斜及裂缝、周围重要设施（包括市政管线）的变位。

B 监测控制标准

根据有关规范要求，结合土压平衡盾构施工经验，一般地面隆陷控制在+10~-30mm以内；建筑物的沉降控制在-30mm以内，倾斜率控制在0.3%以内；在铁路范围内，规范要求铁路轨道沉降限值为：（1）轨面沉降值不得超过6mm；（2）相邻两股钢轨水平高差不得超过6mm；（3）相邻两股钢轨三角坑不得超过5mm；（4）铁路沉降达3mm时作为报警值。

C 盾构过铁路施工监测措施

为确保广茂铁路的行车安全，盾构下穿广茂铁路时，拟定采用下列测量及监测保护措施：

地面沉降监测点需布置纵向（沿轴线）剖面监测点和横剖面监测点，纵向（沿轴线）剖面监测点的布设一般需保证盾构顶部始终有监测点在监测，所以沿轴线方向监测点间距一般小于盾构长度，通常为 3～10m 一个测点，而本台盾构机长约 8m，故取每隔 5～6.5m 在路基两侧各布一个测点。监测横剖面每隔 5m 布置一个，在横剖面上从盾构轴线由中心向两侧由近到远，取测点间距为 2m，布设的范围为盾构外径的 2～3 倍，即铁路左右各约 15m 范围。

地面沉降监测点的埋设采用冲击钻在地表钻孔，然后放入长 1.2～1.3m，直径 20～30mm 的圆头钢筋，四周用水泥砂浆填实，钢筋需插入地下深约 1m。对于轨面的监测，在每根轨道上沿轨道方向每 3m 设一个观测点，测点用红油漆标记，并统一编号。为布设轴线点，沿隧道在轴线附近布设一条闭合平面控制导线，将轴线点放样到地面上。由于移交的水准点比较分散，所以在沿途较稳定地区埋设 2～3 个水准控制点。

量测频率：盾构掘进时，地面监测频率为 1 次/2h，监测范围为机头前 10m 和后 20m，监测结果在监测完成后 15min 内上报。施工监测时要与铁路工务段人员一起进行监测。

D 数据处理及信息反馈

（1）数据处理。各项监测数据收集后及时整理，绘制位移-时间曲线、应力应变等随施工作业面的推进时间变化规律曲线，即时态散点图。当位移-时间曲线趋于平缓时，对初期时态曲线进行回归分析，以预测可能出现的最大变形值、应力值和掌握位移变化规律。

（2）信息反馈。因本隧道洞身范围内的地质情况复杂多样，与盾构穿越广茂铁路关系重大，对监测结果采用反分析法和正分析法进行预测和评价，以预测该结构或地面可能出现的最大位移或沉降值，并根据图 3-36 进行位移、速率综合分析判断，预测结构及广茂铁路的安全状况，指导施工，反馈给设计。

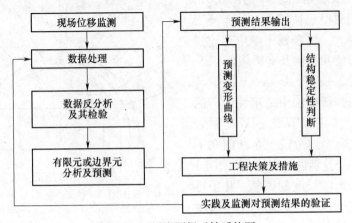

图 3-36　监测-预报反馈系统图

4 交通隧道工程

交通隧道建设在国家经济发展中起着十分重要的先行作用，在公路、铁路和城市交通建设中，为穿越山岭和水底，都需要建设各种隧道等结构工程。自英国于 1826 年起在蒸汽机车牵引的铁路上开始修建长 770m 的泰勒山单线隧道和长 2474m 的维多利亚双线隧道以来，英、美、法等国相继修建了大量铁路隧道。19 世纪共建成长度超过 5km 的铁路隧道 11 座，有 3 座超过 10km，其中最长的为瑞士的圣哥达铁路隧道，长 14998m；1892 年通车的秘鲁加莱拉铁路隧道，海拔 4782m，是现今世界海拔最高的标准轨距铁路隧道。

4.1 隧道工程施工方法

4.1.1 新奥法施工技术

新奥法施工方法主要有全断面法、台阶法和分部开挖法。

4.1.1.1 全断面法

全断面法全称为"全断面一次开挖法"，即按照隧道设计断面外轮廓一次开挖完成的施工方法。全断面法适用于Ⅰ~Ⅲ级硬岩的石质隧道，可采用深孔爆破施工。优点是有较大的作业空间，有利于采用大型配套机械化作业和提高施工速度，工序少，干扰少，便于施工组织与管理，采用深孔爆破时，可加快掘进速度，且爆破对围岩的震动次数较少，有利于围岩稳定。缺点是由于开挖面较大，导致围岩相对稳定性较差，每循环工作量相对较大，要求施工单位有较强的开挖、出渣和运输及支护能力。

4.1.1.2 台阶法

台阶法是新奥法中适用性最广的施工方法，多用于Ⅳ级、Ⅴ级围岩中。该方法将断面分成上半断面和下半断面两部分分别进行开挖，如图 4-1 所示，随着台阶长度的调整，几乎可以用于所有的地层，是现场使用的主导方法。根据台阶长度，分为长台阶

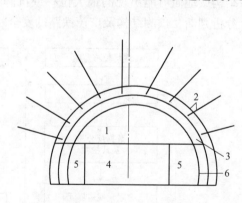

图 4-1　台阶施工方法
1—上半部开挖；2—拱部锚喷支护；3—拱部衬砌；
4—下半部中央开挖；5—边墙部开挖；
6—边墙部锚喷支护及衬砌

法、短台阶法和超短台阶法。

4.1.1.3 分部开挖法

分部开挖法又分为台阶分部开挖法、单侧壁导坑法和双侧壁导坑法三种方法。

A 台阶分部开挖法

台阶分部开挖法适用于一般土质或易坍塌的软弱围岩地段，又称环形开挖留核心土法。上部留核心土可以支挡开挖工作面，增强开挖面的稳定性，核心土及下部开挖在拱部初期支护下进行，施工安全性较好。一般环形开挖进尺为 0.5 ~ 1.0m，不宜过长。

B 单侧壁导坑法

单侧壁导坑法适用于围岩稳定性较差、隧道跨度较大、地表沉陷难以控制的地段。该方法确定侧壁导坑的尺寸很重要，侧壁导坑尺寸过小，其分割洞室增加其稳定性作用不明显，施工机具不方便展开；如果侧壁导坑尺寸过大，则导坑本身稳定性降低需要增加临时支护，增加工程成本。一般侧壁导坑宽度不宜超过 0.5 倍洞宽，高度以到起拱线为宜，导坑可分为二次开挖和支护，不需要进行架设工作平台，开挖和支护顺序如图 4-2 所示。

单侧壁导坑法的优点是通过形成闭合支护的侧导坑将隧道断面的跨度一分为二，有效地避免了大跨度开挖造成的不利影响，明显地提高了围岩稳定性。缺点是因为要施加侧壁导坑的临时支护，随后还要拆除，无疑增加了工程成本。

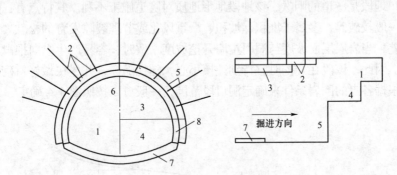

图 4-2 单侧壁导坑施工方法

1—侧壁导坑开挖；2—侧壁导坑锚喷支护及设置中壁墙临时支撑；3—后行部分上台阶开挖；
4—后行部分下台阶开挖；5—后行部分锚喷支护；6—拆除中壁墙；
7—灌注仰拱；8—灌注洞周衬砌

C 双侧壁导坑法

双侧壁导坑法又称眼睛工法,适于在软弱围岩中,当隧道跨度更大或因环境要求,且要求严格控制地表沉陷时采用。双侧壁导坑法开挖和支护顺序如图 4-3 所示。

导坑尺寸拟定的原则同单侧壁导坑法,但宽度不宜超过断面最大跨度的1/3。

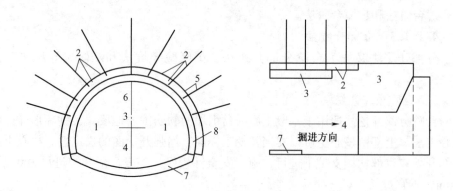

图 4-3 双侧壁导坑施工方法

1—侧壁导坑开挖；2—侧壁导坑锚喷支护及设置中壁墙临时支撑；3—后行部分上台阶开挖；

4—后行部分下台阶开挖；5—后行部分锚喷支护；6—拆除中壁墙；

7—灌注仰拱；8—灌注洞周衬砌

左、右导坑应该错开开挖，避免在同一断面同时开挖而不利于隧道围岩稳定，错开的距离应该根据开挖一侧导坑引起的应力重分布不至于影响另一侧已成的导坑原则确定，也可以根据经验取 7～10m。

4.1.2 洞口施工方法

洞口地段是隧道的咽喉，该地段地形地质对隧道施工不利。其特点有：洞口地段地层一般较破碎，多属于堆积、坡积、严重风化或节理裂隙发育的松软岩层，稳定性较差；当岩层层面坡度与洞门主墙开挖坡度一致时，容易产生纵向推滑力等不利情况。因此，该段在开挖时宜特别谨慎小心，随挖随撑，并尽快做好衬砌，每座隧道应根据各自的围岩条件来确定洞口段范围，一般可以按照图 4-4 确定。

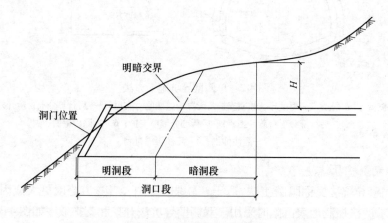

图 4-4 洞口段的一般范围

洞口地段的施工方法取决于诸多因素，如施工机具设备情况；工程地质、水文地质和地形条件；洞外相邻建筑的影响；隧道自身构造特点等。根据地层情况，可分为以下几种施工方法：

（1）洞口地段围岩为Ⅲ级以下，地层条件良好时，一般可采用全断面直接开挖进洞，初始10～20m区段的开挖，爆破进尺应控制在2～3m。施工支护于拱部可施做局部锚杆；在墙、拱部采用喷素混凝土支护。洞口3～5m区段可以挂网喷混凝土及设钢拱架予以加强。

（2）洞口段围岩为Ⅲ～Ⅳ级，地层条件较好时，宜采用正台阶法进洞（不短于20m区段），爆破进尺控制在1.5～2.5m。施工支护采用拱、墙系统锚杆和钢筋网喷射混凝土。必要时设钢拱架加强施工支护。

（3）洞口段围岩为Ⅲ～Ⅴ级，地层条件较差时，宜采用上半截面长台阶法进洞施工。上半断面先进50m左右后，拉中槽落底，在保证岩体稳定的条件下，再进行边墙扩大及底部开挖。上部开挖进尺一般控制在1.5m以下，并严格控制爆破药量。施工支护采用超前锚杆与系统锚杆相结合，挂网喷射混凝土。拱部安设间距为0.5～1.0m的钢拱架支护，及早施做混凝土衬砌，确保稳定和安全。

（4）洞口段围岩在Ⅴ级以上，地层条件差时，可采用分部开挖法和其他特殊方法进洞施工。具体方法有：开挖前对围岩进行预加固措施，如先采用超前预注浆锚杆或采用管棚注浆法加固岩层然后用钢架紧贴洞口开挖面进行支护，再采用短台阶或预留核心土环形开挖法等进行开挖作业，在洞身开挖中，支撑应紧随开挖工序，随挖随支，施工支护采用网喷混凝土、系统锚杆支护；架立钢拱架间距为0.5m，必要时可在开挖底面施做临时仰拱，开挖完毕后及早施做混凝土内层衬砌。

4.1.3 明洞施工方法

明洞一般修建在隧道的进出口，当遇到地质条件差，全洞顶覆盖层较薄，用暗挖法难以进洞时，或洞口路堑边坡上有危石，或铁路、公路、河渠必须在隧道上方通过，且不宜修建立交桥或涵渠时，均需要修建明洞。明洞是隧道口或路线上起防护作用的重要建筑物，应该高度重视其施工方法。根据地形地质情况有以下两种施工方法。

4.1.3.1 先墙后拱法

先墙后拱法又称为"全部明挖先墙后拱法"。这种方法适用于埋深较浅，且按临时边坡开挖能暂时稳定的对称式明洞。根据地质条件，选择临时边坡坡率，从上往下分台阶开挖，直至路基设计标高。如果地质条件较好，也可只用一个坡率。先墙后拱法的优点是衬砌整体性好，施工空间大，缺点是土方开挖量大，刷坡较高。

4.1.3.2　先拱后墙法

当路堑边坡较高、明洞埋置深度较深，或明洞位于松软地层中，不能明挖一挖到底，或全部明挖可能引起坍塌时，应采取先拱后墙法。施工过程中，首先开挖拱部以上土石，直至挖到拱脚，灌注拱圈，做外贴式防水层，进行初步回填，然后暗挖拱脚以下土石，灌注边墙，故又称明拱暗墙法。因边墙是暗挖，在挖马口时应该注意防范掉拱事故。先拱后墙法的优点是土石方开挖量较小，刷坡率低；缺点是衬砌整体性较差，边墙的施工空间较小，防水层施做时不方便。

4.2　隧道工程的结构设计原理

隧道支护体系是由岩体和支护结构两部分组成的，在通常情况下，岩体是主要的承载单元，而支护结构是辅助性的，但也是不可缺少的。在某些特殊情况下，支护结构也是主要的承载单元。

支护结构包括初期支护和二次衬砌，起着承重和围护两方面的作用：一方面承受围岩压力、结构自重以及其他荷载的作用；另一方面可以防止围岩风化、崩塌和具有防水等作用。

初期支护和衬砌结构形式是否合理，对于结构的承载能力和经济效果都有很大的影响。在进行具体设计时，结构形式的选择应考虑使用要求、工程地质及水文地质条件、围岩的稳定性及其自身的承载能力、施工条件、建筑材料和工程造价等多方面因素，而其中围岩的稳定性对于结构形式的选择起决定性的作用。

4.2.1　隧道洞室开挖后的应力状态

4.2.1.1　隧道开挖后的弹塑性二次应力状态

自然界的岩体很少是线弹性的，因此，开挖隧道所引起的应力集中，有可能超过岩体的强度，而使局部区域的围岩进入塑性状态或受拉而破坏，这必然要改变围岩的弹性二次应力场和位移场。

对于承受任意应力状态作用的连续、均质、各向同性的岩土类材料，常采用莫尔-库仑（Mohr-Coulomb）条件作为塑性判据，亦称为屈服准则（见图4-5）。

对于在洞室周边上且轴对称

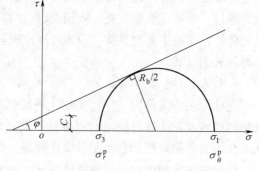

图4-5　材料的屈服准则图

的情况，即当 $\lambda = 1$ 时，距隧道中心某一距离的各点，其应力值是相同的，因此围岩中的塑性区必然是个圆形区域，如图4-6所示。令这个圆形塑性区的半径为 R_0，那么在塑性区与弹性区的交界面上（即在 $r = R_0$ 处），塑性区的应力 σ^{p} 与弹性区的应力 σ^{e} 一定保持平衡，同时，交界面上的应力既要满足弹性条件，又要满足塑性条件，可得到在 $r = R_0$ 处：

$$\sigma_r^{\mathrm{p}} = \gamma H_{\mathrm{c}}(1 - \sin\varphi) - C\cos\varphi$$

$$\sigma_\theta^{\mathrm{p}} = \gamma H_{\mathrm{c}}(1 + \sin\varphi) + C\cos\varphi$$

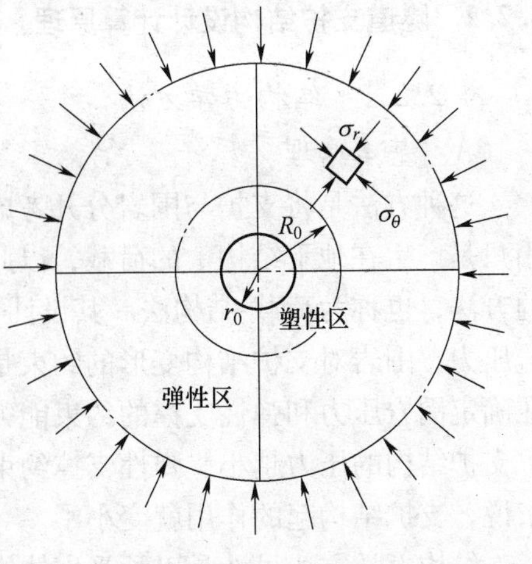

图 4-6 围岩弹塑性区

对于 $\lambda \neq 1$ 的情况，围岩弹塑性二次应力场和位移场比较复杂，这里不再详述。

隧道围岩丧失稳定是围岩二次应力与围体强度特征的矛盾过程的发展结果。围岩的二次应力场是客观存在的，但能否造成隧道围岩的失稳破坏，则要具有一定的转化条件和转化过程。从工程设计的角度来看，这个转化条件就是所谓的判据。严格地说，破坏判据应该是根据物理实验所获得的破坏机理而建立起来的材料破坏的力学法则，它必须包含具有一定物理意义的基准值，以及表示材料状态的特征值，如应力状态或变形状态。根据工程设计的实践经验，这个判据主要应包括两方面的内容：围岩的二次应力状态与岩体强度的关系和围岩的位移状态和岩体变形能力的关系。

4.2.1.2 围岩的二次应力状态与岩体强度的关系

实验证明，只有围岩的应力状态超过岩体的强度条件，才能造成岩体的塑性变形、剪切破坏、坍塌、滑动、弯曲变形等失稳的前兆。所以，满足岩体的强度条件是围岩失稳和破坏的必要条件。由于岩体中实际存在的不连续性和各向异性，岩体的强度必然不能直接引用岩石的强度公式。遗憾的是，虽然岩石力学工作者多年努力，但迄今仍未建立起一个完备而又实用的岩体强度的理论判据。

4.2.1.3 围岩的位移状态和岩体变形能力的关系

工程实践证明，隧道是高次超静定结构，围岩局部区域进入塑性状态或受拉破坏，都不一定意味着隧道围岩就将丧失整体的稳定性，除非渐进的强度损失引起岩体变形无法控制，使围岩极度松弛，才有可能导致隧道围岩发生坍塌。所以，满足围岩的变形条件是造成围岩失稳破坏的充分条件。

4.2.2   隧道支护结构设计计算原理

4.2.2.1   结构力学方法

A   基本原理

这种方法是将支护与围岩分开考虑，支护结构是承载主体，地层对结构的作用只是产生在地下结构上的荷载，以此计算衬砌在荷载作用下产生的内力和变形的方法，也称为荷载-结构法。其设计原理是按照围岩分级或由实用公式确定围岩压力，围岩对支护结构变形的约束是通过弹性支撑来体现的，而围岩承载力则在确定围岩压力和弹性支撑的约束能力时间接考虑。围岩的承载能力越高，它给予支护结构的压力越小，弹性支撑约束支护结构变形的弹性反力越大，这时相对来说，支护结构起的作用就变小了。

结构力学方法虽然是以承受岩体松动、崩塌而产生的竖向和侧向主动土压力为主要特征，但在围岩与支护结构相互作用的处理上却有几种不同做法。

（1）主动荷载模式，如图4-7（a）所示。此模式不考虑围岩与支护结构的相互作用，因此，支护结构在主动荷载下可以自由变形。它主要适用于围岩与支护结构的"刚度比"较小的情况，或软弱围岩对结构变形的约束能力较差，没有能力去约束衬砌变形的情况，如采用明挖法施工的城市地铁工程及明洞工程。

（2）主动荷载加被动荷载模式，如图4-7（b）所示。此模式认为围岩不仅对支护结构施加主动荷载，而且由于围岩与支护结构的相互作用，还对支护结构施加被动的约束反力。为此，支护结构在主动荷载和约束反力作用下进行工作。这种模式适用于各种类型的围岩，只是各级所产生的弹性抗力大小不同而已。这种模式基本能反映出支护结构的实际受力状况。

（3）实际荷载模式，如图4-7（c）所示。这是一种当前正在发展的模式，它采用量测仪器实地量测作用在支护结构上的荷载值，这是围岩与支护结构综合

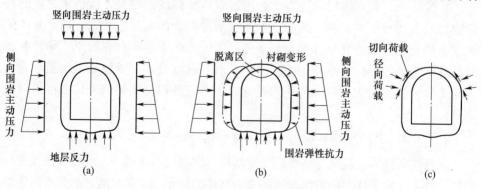

图4-7   荷载-结构模型

（a）主动荷载模式；（b）主动荷载加被动荷载模式；（c）实际荷载模式

作用的综合反映，既包括围岩的主动荷载，也含有弹性反力。在支护结构与围岩牢固接触时，不仅能量测到径向荷载，而且能量测到切向荷载，切向荷载的存在可以减少荷载分布的不均匀程度，从而改善结构的受力情况，结构与围岩松散接触时，就只有径向荷载。

B 隧道支护结构承受的荷载

隧道支护结构受力变形后如图 4-8 所示，据此分析作用在隧道支护结构上的荷载分为主动荷载和被动荷载两种。主动荷载按照作用情况又分为主要荷载和附加荷载两种。

a 主要荷载

它是指长期及经常作用的荷载，如围岩松动压力，支护结构的自重，地下水及列车、汽车活荷载等，其中围岩压力是主要的。支护结构自重，可按预先拟定的结构尺寸和材料重度计算确定。在含水地层中，静水压力可按最低水位考虑。由于静水压力使衬砌结构物中的轴向压力加大，对抗弯性能差的混凝土衬

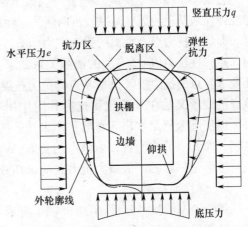

图 4-8 隧道衬砌结构受力变形特点

砌结构来说，相当于改善了它的受力状态，对结构有利。对于没有仰拱的衬砌结构，列车、汽车活荷载直接传给地层，而对于设有仰拱的衬砌结构，列车、汽车活荷载对拱墙衬砌结构的受力影响应根据具体情况而定，一般可忽略不计。

b 附加荷载

附加荷载是指偶然的、非经常作用的荷载，如温差压力、灌浆压力、冻胀力及地震荷载等，其中主要的是地震荷载。

计算荷载应按照上述两种荷载同时存在的情况进行组合。一般仅考虑主要荷载，只有在某些特殊情况时，如七度以上地震区，或严寒地区冻胀性土壤的洞口段衬砌，才按主要荷载加附加荷载来验算结构，但此时可采用较低的安全系数值。

C 隧道支护结构的计算方法

隧道支护结构计算的主要内容有：按工程类比方法初步拟定断面的几何尺寸；确定作用在结构上的荷载，进行力学计算，求出截面的内力，如弯矩和轴向力；验算截面承载力。

由前述知道，隧道支护结构计算采用荷载-结构模型，即在主动荷载及被动荷载共同作用下的拱式结构。衬砌结构在主动荷载作用下产生的弹性抗力的大小

和分布形态取决于衬砌结构的变形，而衬砌结构的变形又与弹性抗力有关，所以衬砌结构的计算是一个非线性问题，必须采用迭代解法或某些简化的假定，使问题得以解决。由于对弹性抗力的处理方法不同，而有几种不同的计算方法，下面分别加以介绍。

a 假定抗力图形法

图4-9为曲墙式衬砌结构采用"假定抗力图形法"求解衬砌截面内力的计算图。它是一个在主动荷载（垂直荷载大于侧向荷载）及弹性抗力共同作用下，支撑在弹性地基上的无铰高拱。拱两侧的弹性抗力按二次抛物线分布，只有知道特定点，即最大抗力点 h 截面的弹性抗力值 σ_h，其他各截面的弹性抗力值才可以通过与 h 点弹性抗力值 σ_h 有关的函数关系式求出。因此解题关键不仅要求结构内力，还要求 h 点的抗力值。但是 h 点的抗力按温克勒假定与 h 点的衬砌变形有关，而该点的变形又是在外荷载和抗力共同作用下得到的，表面上看似乎问题很难解决，但实际上只是多出 h 点的一个未知的抗力值。其他问题与求解拱结构没什么区别，而 h 点的抗力可以由该点的变形协调来求解，即 h 点的衬砌变形与该点的底层变形是一致的，故最大抗力点的未知数可以通过多列出一个方程来求解。

b 弹性地基梁法

弹性地基梁法计算简图如图4-10所示。这种方法是将衬砌结构看成置于地基上的曲梁或直梁。弹性地基上的抗力按温克勒假定的局部变形理论求解。当曲墙的曲率是常数或直墙时，可采用初参数法求解结构内力，一般直墙式衬砌的直边墙利用此法求解。

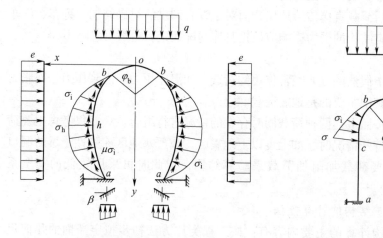

图4-9 假定抗力图形法计算简图 　　 图4-10 弹性地基梁法计算简图

D 衬砌截面强度验算

按荷载-结构模型进行设计，最后要做截面验算。由支护结构内力计算结果，可得到衬砌任一截面所受弯矩、轴力及剪力，其中弯矩和轴力是主要的影响因素。如图4-11（a）所示，为一偏心受压杆件，简化为图4-11（b）可知：

$$e_0 = M/N$$

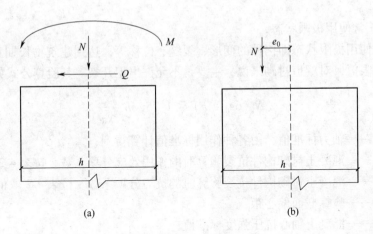

图4-11 截面内力计算简图

单线隧道和明洞的整体式衬砌均用概率极限状态设计。在可靠度设计中，一般要做承载力极限状态和正常使用极限状态两种极限状态的截面验算。

　　a 承载能力极限状态

承载能力极限状态是指截面受力达到了构件强度或整个结构丧失稳定的情况，对具体隧道衬砌结构来说主要是面临压坏。现行规范规定的验算公式如下：

$$\gamma_{sc}N_k \leqslant \varphi\alpha bhf_{ck}/\gamma_{kc}$$

式中　N_k——轴力标准值，由各种作用标准值计算得到；

　　　　γ_{sc}——混凝土衬砌构件抗压验算时作用效应分项系数，按表4-1选用；

　　　　γ_{kc}——混凝土衬砌构件抗压验算时抗力分项系数，按表4-1选用；

　　　　φ——构件纵向弯曲系数，对于隧道衬砌、明洞拱圈及回填紧密的边墙，可取 $\varphi = 1.0$，对于其他构件，应根据其长细比查得；

　　　　f_{ck}——混凝土轴心抗压强度标准值；

　　　　b——截面宽度；

　　　　h——截面厚度；

　　　　α——轴向力偏心系数，可由 e_0/h 值查得。

表4-1　单线隧道混凝土衬砌构件抗压验算各分项系数

分项系数	深埋隧道衬砌	偏压隧道衬砌	明洞混凝土衬砌
作用效应分项系数	3.95	1.60	2.67
抗力分项系数	1.85	1.83	1.35

上式的物理意义是在考虑各种因素的概率影响之后的作用效应下，构件将出现的轴力设计值，其应小于或等于同样考虑相关概率影响之后求得的截面极限抗压能力。

b   正常使用极限状态

正常使用极限状态即构件的变形、裂缝、位移等，达到建筑物长期正常使用所规定的限值，对隧道衬砌来说，主要是不允许出现开裂。其验算公式如下：

$$\gamma_{st} N_k (6e_0 - h) \leqslant 1.75 \varphi b h^2 \frac{f_{ctk}}{\gamma_{Rt}}$$

式中 N_k——轴力标准值，由各种作用标准值计算得到；

γ_{st}——混凝土衬砌构件抗裂验算时的作用效应分项系数，按表4-2取值；

γ_{Rt}——混凝土衬砌构件抗裂验算时的抗力分项系数，按表4-2取值；

e_0——验算截面偏心距；

f_{ctk}——混凝土轴心抗压强度标准值；

其他符号意义同上。

表4-2   单线隧道混凝土衬砌构件抗裂验算各分项系数

分项系数	深埋隧道衬砌	偏压隧道衬砌	明洞混凝土衬砌
作用效应分项系数	3.10	1.40	1.52
抗力分项系数	1.45	2.51	2.70

注：当 $e_0/h < 1/6$ 时可不进行抗裂验算。

除此之外，为充分发挥衬砌材料的抗压能力，现行规范还规定，截面内力偏心距 e_0 不要大于该截面厚度的 0.45 倍。

对于其他如双线隧道支护结构等，仍用原来的破损阶段方法计算，其抗压强度按下式计算：

$$KN \leqslant \varphi \alpha R_a b h$$

式中 K——安全系数，可按表4-3取值；

N——轴向力；

R_a——混凝土或砌体的抗压极限强度；

其他符号意义同上。

表4-3   混凝土和砌体结构的强度安全系数

圬 工 种 类		混凝土		砌 体	
荷 载 组 合		主要荷载	主要荷载 + 附加荷载	主要荷载	主要荷载 + 附加荷载
破坏原因	混凝土或砌体达到抗压强度极限	2.4	2	2.7	2.3
	混凝土达到抗拉强度极限	3.6	3	—	—

从抗裂要求出发,混凝土矩形截面偏心受压构件的抗拉强度按下式计算:

$$KN \leqslant \varphi \frac{1.75R_tbh}{6e_0/h - 1}$$

对混凝土矩形构件,现行规范规定的安全系数及材料强度数值计算结果表明:当 $e_0 \leqslant 0.2h$,系统抗压强度控制承载能力,不必验算抗裂;当 $e_0 > 0.2h$ 时,系统抗拉强度控制承载能力,不必验算抗压。

4.2.2.2 岩体力学方法

在隧道结构体系中,一方面围岩本身由于支护结构提供了一定的支护抗力,从而引起围岩的应力调整,达到新的平衡;另一方面由于支护结构阻止围岩变形,也必然要受到围岩给予的反作用力而发生变形。这种反作用力和围岩的松动压力极不相同,它是支护结构和围岩共同变形过程中对支护施加的压力,故可称为"形变压力"。显然这种形变压力的大小和分布规律不仅与围岩特性有关,而且还取决于支护结构的变形特性——刚度。要研究这种情况下围岩的三次应力场和支护结构中的内力和位移,就必须采用整体复合模型(地层-结构模型),其中围岩是主要承载单元,支护结构是镶嵌在围岩孔洞上的加劲环。

目前对于这种模型有解析法、特征曲线法和数值法三种。

A 解析法

该方法根据所给的边界条件,对问题的平衡方程、几何方程和物理方程直接求解。这是一个弹塑性力学问题,求解时,假定围岩为无限介质,初始应力作用在无穷远处,并假定支护结构与围岩紧密接触,即其外径与隧道的开挖半径相等,且与开挖同时瞬间完成。由于数学上的困难,现在还只能对少数几个问题给出具体解答,例如圆形隧道。

B 特征曲线法

特征曲线法的基本原理是:隧道开挖后,如无支护,围岩必然产生向隧道内的变形,施加支护后,支护结构约束了围岩的变形,此时围岩与支护结构一起共同承受围岩挤向隧道的变形压力。所以,特征曲线法就是通过支护结构与隧道围岩相互作用,求解支护结构在荷载作用下的变形和围岩在支护结构约束下的变形之间的协调平衡,从而求得为了维持坑道稳定所需的支护阻力,也就是作用在支护结构上的围岩的形变压力。

C 数值方法

对于几何形状和初始应力状态都比较复杂的隧道,一般需要采取数值方法,尤其是需要考虑围岩的各种非线性特性时,该方法主要指有限元法。隧道结构体系有限元分析的一般步骤为:结构体系离散化(包括荷载的离散化)、单元分析(形成单元刚度矩阵)、整体分析(形成总体刚度矩阵)、求解刚度方程(求节点位移)、求单元应力。

4.2.2.3　以围岩分级为基础的经验设计方法

在大多数情况下，隧道体系还是依赖"经验设计"的，并在实施过程中，依据量测信息加以修正和验证。经验设计的前提是要正确对隧道围岩进行分级，然后在分级的基础上编制支护结构体系的基本图示。

在进行支护结构经验设计时，需要注意以下几点原则：

（1）对隧道围岩要有一个正确的分级。大体上都把隧道围岩分为四个基本类型，即完整、稳定的岩体；易破碎、剥离的块状岩体；有地压作用的破碎岩体；强烈挤压性岩体或有强大地压的岩体。

（2）在各类岩体中，支护结构参数大体按照下述原则选用：

1）完整、稳定的岩体：锚杆长度不小于 1.5m，根数 $n = 4 \sim 4.2$ 根/m 左右。从力学上看坑道不需要锚杆支护，围岩本身强度就可以支持坑道，但因局部裂隙或岩爆等，需用锚杆加以防护。喷射混凝土用于开挖面的填平补齐，为确保洞内安全作业应设金属网防止顶部岩石剥离。二次衬砌采用最小的混凝土厚度约在 30cm 左右。

2）易破碎、剥离的块状岩体：这类岩体范围较广，还可细分为若干亚类。锚杆长 $1.5 \sim 3.5m$，$n = 10$ 根/m 左右，多数情况是长、短锚杆配合使用，短锚杆用涨壳式，长锚杆用胶结式。喷层厚 $0 \sim 10cm$，稳定性较好的围岩，利用喷射混凝土对开挖面进行填平补齐，也可只在拱部喷射，此时开挖面正面无需喷射。二次衬砌厚度为 $30 \sim 40cm$，包括喷层在内约 40cm 即可。

3）有地压作用的破碎岩体：锚杆长 $3.0 \sim 4.0m$，有时 6.0m 的全胶结式锚杆，$n = 10$ 根/m 左右，这种围岩视单轴抗压强度与埋深压力的比值，在预计有塑性区发生时，从控制塑性区发展来看，锚杆必须配合混凝土使用。喷层厚15～20cm，根据岩体破碎情况正面也要喷 3cm 左右。

4）强烈挤压性岩体：在这种围岩中施工是很困难的，要分台阶施工，限制分部的面积。锚杆长 $4.0 \sim 6.0m$，$n = 15$ 根/m 左右。喷层厚 $20 \sim 25cm$，正面喷 $3 \sim 5cm$。必须采用可缩性支撑，间距约75cm。

（3）在施工中应尽量减少围岩损害，使其尽量保持原有岩体强度，因此，应该采用控制爆破技术。同时，要注重支护结构的施工顺序和正确地掌握岩体的时间效应之间的关系。

4.3　围岩松动压力的形成和确定方法

4.3.1　围岩松动压力的形成

开挖隧道所引起的围岩松动和破坏的范围有大有小，有的可达地表，有的则影响较小。对于一般裂隙岩体中的深埋隧道，其波及范围仅局限在隧道周围一定深度。所以作用在支护结构上的围岩松动压力远远小于其上覆岩层自重所造成的压力。这可以用围岩的"成拱作用"来解释。下面以水平岩层中开挖一个矩形坑道，来说明坑道开挖后围岩由形变到坍塌成拱的整个变形过程，如图4-12所示。

（1）隧道开挖后，在围岩应力重分布过程中，顶板开始沉陷，并出现拉断裂纹，可视为变形阶段（见图4-12（a））。

（2）顶板的裂纹继续发展并且张开，由于结构面切割等原因，逐渐转变为松动，可视为松动阶段（见图4-12（b））。

（3）顶板岩体视其强度的不同而逐步塌落，可视为塌落阶段（见图4-12（c））。

（4）顶板塌落停止，达到新的平衡，此时其界面形成一近似的拱形，可视为成拱阶段（见图4-12（d））。

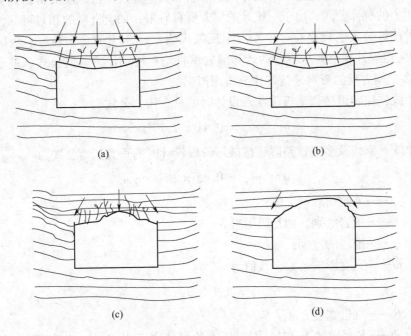

图4-12　松动压力的形成

4.3.2　确定围岩松动压力的方法

确定围岩松动压力的方法有：现场实地量测；按理论公式计算确定；采用统计的方法分析确定。应该说，实地量测是今后的努力方向，但按目前的量测手段和技术水平来看，量测的结果尚不能充分反映真实情况。理论计算则由于围岩地质条件的千变万化，所用计算参数难以确切取值，目前还没有一种能适合于各种客观实际情况的统一理论。在大量施工塌方事件的统计基础上建立起来的统计方法，在一定程度上能反映围岩压力的真实情况。目前，采用几种方法相互验证参照取值是确定围岩压力较通用的方法。

4. 3. 2. 1　深埋隧道围岩松动压力的确定方法

当隧道的埋置深度超过一定限值后，由于围岩有"成拱作用"，其松动压力仅是隧道周边某一破坏范围（自然拱）内岩体的重量，而与隧道埋置深度无关。故解决这一破坏范围的大小就成为问题的关键。

A　我国《铁路隧道设计规范》所推荐的方法

确定围岩松动压力的关键是找出其破坏范围的规律性，而这种规律性只有通过大量的实际破坏形态的统计分析才能发现。

围岩破坏的直接表现形式是施工中产生塌方。因此，根据大量隧道塌方资料的统计分析，可找出隧道围岩破坏范围形状和大小的规律性，从而得出计算围岩松动压力的统计公式。由于所统计的塌方资料有限，加上资料的相对可靠性，所以这种统计公式也只能在一定程度上反映围岩松动压力的真实情况。我国现行《铁路隧道设计规范》中推荐的计算围岩垂直均布松动压力 q 的公式，就是根据1000多个塌方点的资料进行统计分析而拟定的。

单线铁路隧道按概率极限状态设计时的垂直压力公式为

$$q = \gamma h_q = 0.41 \times 1.79^S \times \gamma \qquad (4\text{-}1)$$

单线、双线及多线铁路隧道按破坏阶段设计时的垂直压力公式为

$$q = \gamma h_q = 0.45 \times 2^{S-1} \times \gamma \omega \qquad (4\text{-}2)$$

式中　h_q——等效荷载高度值；

　　S——围岩级别，如Ⅲ级围岩 $S = 3$；

　　γ——围岩的重度；

　　ω——宽度影响系数，其值为

$$\omega = 1 + i(B - 5)$$

　　B——坑道宽度，m；

　　i——B 每增加 1m 时，围岩压力的增减率（以 $B = 5$m 为基准），$B < 5$m
　　　　时，取 $i = 0.2$，$B > 5$m 时，取 $i = 0.1$。

式（4-1）及式（4-2）的适用条件如下：

（1）$H/B < 1.7$（H 为坑道的高度）；

（2）深埋隧道；

（3）不产生显著的偏压力及膨胀压力的一般围岩；

（4）采用钻爆法施工的隧道。

随着现代隧道施工技术的发展，可将隧道开挖引起的破坏范围控制在最小限度内，所以围岩松动压力的发展也将受到控制。

在上述产生垂直压力的同时，隧道也会有侧向压力出现，即围岩水平均布松动压力 e。e 可按表 4-4 中的经验公式计算（一般取平均值），其适用条件同式（4-1）及式（4-2）。

表 4-4 水平均布松动压力

围岩级别	I ~ II	III	IV	V	VI
水平均布压力	0	< 0.15q	(0.15 ~ 0.3) q	(0.3 ~ 0.5) q	(0.5 ~ 1.0) q

B 普氏理论

普氏认为，所有的岩体都不同程度被节理、裂隙所切割，因此可视为散粒体。但岩体又不同于一般的散粒体，其结构面上存在着不同程度的黏结力。基于这种认识，普氏提出了岩体的"坚固性系数 f"（又称侧摩擦系数）的概念。

岩体的抗剪强度 $\tau = \sigma \tan\varphi + c$，现将岩体视为散粒体，但又要保证其抗剪强度不变，则 $\tau = \sigma f$，所以有

$$f = \tau / \sigma = (\sigma \tan\varphi + c) / \sigma = \tan\varphi + c / \sigma = \tan\varphi_0 \tag{4-3}$$

式中 φ, φ_0——岩体的内摩擦角和似摩擦角；

τ, σ——岩体的抗剪强度和剪切破坏时的正应力；

c——岩体的黏结力。

由此可以看出，岩体的坚固性系数 f 是一个说明岩体特性（如强度、抗钻性、抗爆性、构造、地下水等）的综合指标。

为了确定围岩的松动压力，普氏进一步提出了基于"自然拱"概念的计算理论。他认为在具有一定黏结力的松散介质中开挖坑道后，其上方会形成一个抛物线形的自然拱，作用在支护结构上的围岩压力就是自然拱内松散岩体的重量。而自然拱的形状和尺寸（即它的高度 h_k 和跨度 $2b_t$）与岩体的坚固性系数 f 有关，具体表达式为

$$h_k = b_t / f \tag{4-4}$$

式中 h_k——自然拱高度；

b_t——自然拱的半跨度。

在坚硬的岩体中，坑道侧壁较稳定，自然拱的跨度即为坑道的跨度，如图 4-13(a) 所示。在松散和破碎岩体中，坑道的侧壁受到扰动而产生滑移，自然拱的跨度也相应加大，如图 4-13(b) 所示。此时的 b_t 值为

$$b_t = \frac{B}{2} + H_t \tan\left(45° - \frac{\varphi_0}{2}\right) \tag{4-5}$$

式中 B——坑道的净跨；

H_t——坑道的净高；

φ_0——岩体的似摩擦角，$\varphi_0 = \arctan f$。

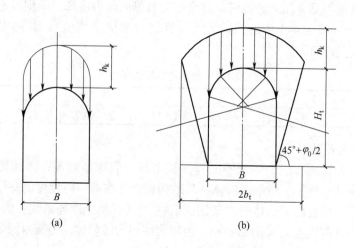

图 4-13 普氏理论自然拱形成

围岩垂直均布松动压力公式为

$$q = \gamma h_k \tag{4-6}$$

围岩水平均布松动压力可按人们所熟悉的朗金公式计算

$$e = \left(q + \frac{1}{2}\gamma H_t \right)\tan^2\left(45° - \frac{\varphi_0}{2} \right) \tag{4-7}$$

按普氏理论算得的软质围岩松动压力，与实际情况相比偏小，对坚硬围岩则偏大，一般在松散、破碎围岩中较为适用。

C 太沙基理论

太沙基也将岩体视为散粒体，他认为坑道开挖后，其上方的岩体因坑道的变形而下沉，并产生如图 4-14 所示的错动面 OAB。假定作用在任何水平面上的竖向压应力 σ_v 是均布的，相应的水平压应力 $\sigma_h = \lambda\sigma_v$（$\lambda$ 为水平压应力系数）。在地面深度为 h 处取出一厚度为 dh 的水平条带单元体，考虑其平衡条件 $\Sigma V = 0$，得

$$2b(\sigma_v + d\sigma_v) - 2b\sigma_v + 2\lambda\sigma_v\tan\varphi_0 dh - 2b\gamma dh = 0$$

展开后，得

$$\frac{d\sigma_v}{\gamma - \dfrac{\lambda\sigma_v\tan\varphi_0}{b}} - dh = 0$$

解上述微分方程，并引进边界条件（当 $h = 0$ 时，$\sigma_v = 0$），得洞顶岩层中任意点

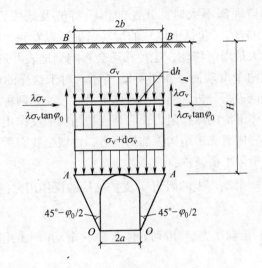

图 4-14 太沙基理论围岩压力示意图

的垂直压应力为

$$\sigma_v = \frac{\gamma b}{\tan\varphi_0 \lambda}(1 - e^{-\lambda\tan\varphi_0\frac{h}{b}}) \tag{4-8}$$

随着坑道埋深 h 的加大，$e^{-\lambda\tan\varphi_0\frac{h}{b}}$ 会趋近于零，σ_v 则趋于某一个固定值，且

$$\sigma_v = \frac{\gamma b}{\tan\varphi_0 \lambda} \tag{4-9}$$

太沙基根据实验结果，得出 $\lambda = 1 \sim 1.5$，取 $\lambda = 1$，则

$$\sigma_v = \frac{\gamma b}{\tan\varphi_0} \tag{4-10}$$

如以 $\tan\varphi_0 = f$ 代入，得

$$\sigma_v = \gamma b/f$$

式中，b、φ_0 意义同上。

此时便得到与普氏理论计算公式相同的结果。太沙基认为当 $H \geqslant 5b$ 时为深埋隧道。至于侧向均布压力，则仍按朗金公式计算：

$$e = \left(\sigma_v + \frac{1}{2}\gamma H_t\right)\tan^2\left(45° - \frac{\varphi_0}{2}\right) \tag{4-11}$$

4.3.2.2 浅埋隧道围岩压力的确定方法

当隧道浅埋时，地层多为松散堆积物，"自然拱"无法形成，此时的围岩压力计算不能再引用上述深埋情况的计算公式，而应按浅埋情况进行分析计算。

　　前已述及当隧道埋深不大时，开挖的影响将波及地表而不能形成"自然拱"。从施工过程中岩体（包括土体）的运动情况可以看到，隧道开挖后如不及时支撑，岩体即会大量塌落移动，这种移动会影响到地表并形成一个塌陷区域，此时岩体将会出现两个滑动面，如图 4-15 所示。对于这样的情况，可以采用松散介质极限平衡理论进行分析。当滑动岩体下滑时，受到两种阻力作用：一是滑动面上阻止滑动岩体下滑的摩擦阻力；二是支护结构的反作用力，这种反作用力的数值应等于滑动岩体对支护结构施加的压力，也就是我们所要确定的围岩松动压力。根据受力的极限平衡条件：

　　滑动岩体重量 = 滑动面上的阻力 + 支护结构的反作用力（围岩松动压力）

则

　　　　　　　　围岩松动压力 = 滑动岩体重量 – 滑动面上的阻力

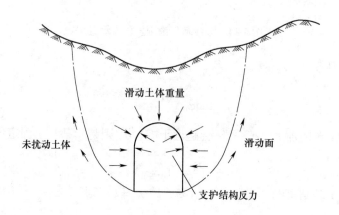

图 4-15　浅埋隧道上覆土体滑动示意图

　　计算浅埋隧道围岩松动压力分两种情况：

　　（1）当隧道埋深 h 小于或等于等效荷载高度 h_q（即 $h \leqslant h_q$）时，因上覆岩体很薄，滑动面上的阻力很小，为安全起见，计算时可忽略滑动面上的摩擦阻力，则围岩垂直均布压力为

$$q = \gamma h \tag{4-12}$$

式中　γ——围岩重度；

　　　h——隧道埋置深度。

　　围岩水平均布压力 e 按朗金公式计算：

$$e = \left(q + \frac{1}{2}\gamma H_t \right) \tan^2 \left(45° - \frac{\varphi_0}{2} \right) \tag{4-13}$$

式中符号意义同前。

（2）当隧道埋深 h 大于等效荷载高度 h_q（即 $h > h_q$）时，随着隧道埋置深度增加，上覆岩体逐渐增厚，滑动面的阻力也随之增大。因此，在计算围岩压力时，必须考虑滑动面上阻力的影响。

施工中，上覆岩体的下沉和位移与许多因素有关，如支护是否及时，岩体的性质、坑道的尺寸及埋置深度的大小，施工方法是否合理等。为方便计算，根据实践经验作如下简化假定，如图 4-16 所示。

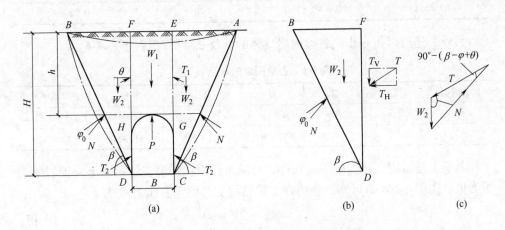

图 4-16　浅埋隧道围岩压力计算示意图

（1）岩体中所形成的破裂面是一个与水平面成 β 角的斜直面，如图 4-16(a) 中的 AC、BD。

（2）当洞顶上覆盖岩体 $FEGH$ 下沉时受到两侧岩体的挟持，应当强调它反过来又带动了两侧三棱岩体 ACE 和 BDF 的下滑，而当整个下滑岩体 $ABDHGC$ 下滑时，又受阻于未扰动岩体。据此所形成的作用力有：洞顶上覆盖岩体 $EFHG$ 的重量 W_1；两侧三棱体 ACE，BDF 的重量 W_2；两侧三棱体给予下沉岩体 $EFDL$ 的阻力 T（对整个下滑岩体来说为内力），$T = T_1 + T_2$；整个下滑岩体滑动时，两侧未扰动岩体给予的阻力 N。

（3）斜直面 AC、BD 是一个假定破裂滑面，该滑面的抗剪强度决定于滑面的摩擦角 φ 及黏结力 c，为简化计算采用岩体的似摩擦角 φ_0。应注意，洞顶岩体 $EFHG$ 与两侧三棱体之间的摩擦角 θ 与 φ_0 是不同的，因为 EG、FH 面上并没有发生破裂面，所以它介于零与岩体内摩擦角之间，即 $0 < \theta < \varphi_0$。显然 θ 值与岩体的物理力学性质有着密切的关系，在计算时可以取一个经验数字，此处假定 θ 与 φ_0 有关（见表 4-5）。表 4-5 中所推荐的数值，是根据隧道的埋深情况和地质、地形资料，经验算一些发生地表沉陷和衬砌开裂的隧道以后提出的，可供实际工作时使用。

表4-5 岩体两侧摩擦角 θ 与似摩擦角 φ_0 的关系

岩体似摩擦角 φ_0	θ	岩体似摩擦角 φ_0	θ
$<20°$	$(0 \sim 0.1)\varphi_0$	$45° \sim 50°$	$(0.5 \sim 0.6)\varphi_0$
$20° \sim 30°$	$(0.1 \sim 0.2)\varphi_0$	$50° \sim 55°$	$(0.6 \sim 0.7)\varphi_0$
$30° \sim 35°$	$(0.2 \sim 0.3)\varphi_0$	$55° \sim 60°$	$(0.7 \sim 0.8)\varphi_0$
$35° \sim 40°$	$(0.3 \sim 0.4)\varphi_0$	$60° \sim 65°$	$(0.8 \sim 0.9)\varphi_0$
$40° \sim 45°$	$(0.4 \sim 0.5)\varphi_0$	$>65°$	$0.9\varphi_0$

另外，还可以进一步把各类围岩具体的 θ 及 φ_0 计算值列于表4-6。

表4-6 各级围岩的 θ 及 φ_0 值

围岩级别	I	II	III	IV	V	VI
θ	$0.9\varphi_0$	$0.9\varphi_0$	$0.9\varphi_0$	$(0.7 \sim 0.9)\varphi_0$	$(0.5 \sim 0.7)\varphi_0$	$(0.3 \sim 0.5)\varphi_0$
φ_0	$>78°$	$70° \sim 78°$	$60° \sim 70°$	$50° \sim 60°$	$40° \sim 50°$	$30° \sim 40°$

基于上述假定，按力的平衡条件，可求出作用在隧道支护结构上的围岩松动压力值。由图4-16(a)可知，作用在支护结构上总的垂直压力 Q 为

$$Q = W_1 - 2T_1\sin\theta \tag{4-14}$$

式中，W_1 为已知的 $EFHG$ 的土体重量；$T_1\sin\theta$ 为 $EFHG$ 土体下滑时受两侧土体挟制的摩擦力，其中 θ 已作假定可知，但 T_1 是未知的，必须先算出 T_1 值，才能求出 Q。

(4) 求两侧三棱体对洞顶土体的挟制力 T_1。取三棱体 BDF（或 ACE）作为脱离体分析，如图4-16(b)所示，作用在其上的力有 W_2、T、F，其中 W_2 为 BDF 的土体自重，T 为隧道与上覆土体下沉而带动两侧 BDF 和 ACE 随着下滑时在 FD 面产生的带动下滑力，F 为 BD 面上的摩擦阻力。由图4-16(a)可知 $T = T_1 + T_2$，T_1、T_2 分别为上覆土体部分和衬砌部分带动 FD 和 EC 面下滑时的带动力，其方向如图所示。因此为了求出 T_1 必须先求 T。根据力的平衡条件，由图4-16(c)所示的力三角形可求出 T 值。

三棱体重量 W_2 为

$$W_2 = \frac{1}{2}\gamma \cdot \overline{BF} \cdot \overline{DF} = \frac{1}{2}\gamma H^2 \frac{1}{\tan\beta} \tag{4-15}$$

式中，γ 为围岩重度；H、β 意义见图4-16(a)。

按正弦定理，有

$$\frac{T}{\sin(\beta - \varphi_0)} = \frac{W_2}{\sin[90° - (\beta - \varphi_0 + \theta)]}$$

将式（4-15）代入上式，化简后得

$$T = \frac{1}{2}\gamma H^2 \frac{\tan\beta - \tan\varphi_0}{\tan\beta[1 + \tan\beta(\tan\varphi_0 - \tan\theta)] + \tan\varphi_0\tan\theta} \frac{1}{\cos\theta} \qquad (4\text{-}16)$$

令

$$\lambda = \frac{\tan\beta - \tan\varphi_0}{\tan\beta[1 + \tan\beta(\tan\varphi_0 - \tan\theta)] + \tan\varphi_0\tan\theta} \qquad (4\text{-}17)$$

则

$$T = \frac{1}{2}\gamma H^2 \frac{\lambda}{\cos\theta} \qquad (4\text{-}18)$$

分析式（4-18）的物理含义，从散体极限平衡理论可知，T 为 FD 面的带动下滑力，则 λ 即为 FD 面上的侧压力系数，而 T 又为 T_1 和 T_2 之和，衬砌上覆土体下沉时受到两侧摩擦阻力为 T_1，这是我们所需要求的数值。T_1 值根据上述概念可直接写出，为

$$T_1 = \frac{1}{2}\gamma h^2 \frac{\lambda}{\cos\theta} \qquad (4\text{-}19)$$

欲求 T_1 必须先求 λ。但是从式（4-17）中可以看出，λ 为 β、θ、φ_0 的函数。前面已说明 θ、φ_0 为已知，而 β 为 BD 与 AC 滑动面与隧道底部水平面的夹角，由于 BD 和 AC 滑动面并非极限状态下的自然破裂面，它是假定与土体 $EFHG$ 下滑带动力有关的，而其最可能的滑动面位置必然是 T 为最大值时带动两侧土体 BFD 和 ECA 的位置。基于这一概念，应当通过求 T 的极值来求得 β 值。

（5）求破裂面 BD 的倾角 β。

根据前述内容，令 $\dfrac{\mathrm{d}\lambda}{\mathrm{d}\beta} = 0$，经简化得

$$\tan\beta = \tan\varphi_0 + \sqrt{\frac{(\tan^2\varphi_0 + 1)\tan\varphi_0}{\tan\varphi_0 - \tan\theta}} \qquad (4\text{-}20)$$

由式（4-20）知，在 T 取极值条件下的 β 值仅与 θ、φ_0 有关，而 θ、φ_0 是随围岩级别而定的已知值。在求得 β 后则 T_1 亦可求得。

（6）求围岩总的垂直压力 Q。将求得的 T_1 值代入式（4-14），得 Q 值为

$$Q = W_1 - 2 \times \frac{1}{2}\gamma h^2 \frac{\lambda}{\cos\theta}\sin\theta$$

而 $W_1 = Bh\gamma$，则

$$Q = Bh\gamma - \gamma h^2\tan\theta\lambda \qquad (4\text{-}21)$$

（7）求围岩垂直均布松动压力 q。

$$q = \frac{Q}{B} = \gamma h\left(1 - \frac{h\lambda\tan\theta}{B}\right) = \gamma h K \qquad (4\text{-}22)$$

式中　K——压力缩减系数，其值为 $K = 1 - \dfrac{h}{B}\lambda\tan\theta$；

B——隧道开挖宽度；

h——洞顶岩体覆盖层厚度。

（8）求围岩水平均布松动压力。若水平压力按梯形分布，则作用在隧道顶部和底部的水平压力可直接写为

$$\left.\begin{array}{l} e_1 = \gamma h \lambda \\ e_2 = \gamma H \lambda \end{array}\right\} \tag{4-23}$$

式中 λ——侧压力系数，可由式（4-17）求得。

当水平压力为均布时，则

$$e = \frac{1}{2}(e_1 + e_2) \tag{4-24}$$

对于傍山隧道，由于受有偏压，更易发生山体变形及滑动。当山体基岩稳定时，开挖隧道不至于发生滑动或坍塌，但会引起山体的沉陷变形。对于地面坡度陡斜的浅埋隧道，在围岩松动压力的计算公式中，应考虑地形的影响，公式推导方法与在地表水平时的原则相同，在此不再推导，只将结果写出。但应当注意，由于地表的倾斜，隧道两侧土体破裂面倾角将为 β' 和 β，则与之相对应的 λ' 和 λ、T' 和 T 也分别不同。在荷载作用下其垂直压力 Q 可按下式计算（假定偏压分布图形与地面坡一致）：

$$Q = \frac{\gamma}{2}\big[(h + h')B - (\lambda h^2 + \lambda' h'^2)\tan\theta\big] \tag{4-25}$$

式中 h, h'——内、外侧由拱顶水平至地面的高度，m；

　　　B——坑道跨度，m；

　　　γ——围岩重度，kN/m^3；

　　　θ——顶板土柱两侧摩擦角，（°）。

$$\lambda = \frac{1}{\tan\beta - \tan\alpha} \frac{\tan\beta - \tan\varphi_0}{1 + \tan\beta(\tan\varphi_0 - \tan\theta) + \tan\varphi_0 \tan\theta} \tag{4-26}$$

$$\lambda' = \frac{1}{\tan\beta' + \tan\alpha} \frac{\tan\beta' - \tan\varphi_0}{1 + \tan\beta'(\tan\varphi_0 - \tan\theta) + \tan\varphi_0 \tan\theta} \tag{4-27}$$

$$\tan\beta = \tan\varphi_0 + \sqrt{\frac{(\tan^2\varphi_0 + 1)(\tan\varphi_0 - \tan\alpha)}{\tan\varphi_0 - \tan\theta}} \tag{4-28}$$

$$\tan\beta' = \tan\varphi_0 + \sqrt{\frac{(\tan^2\varphi_0 + 1)(\tan\varphi_0 + \tan\alpha)}{\tan\varphi_0 - \tan\theta}} \tag{4-29}$$

隧道水平压力强度为

$$\left.\begin{array}{l} e_1 = \gamma h_1 \lambda, e_2 = \gamma h \lambda \\ e'_1 = \gamma h'_1 \lambda', e'_2 = \gamma h' \lambda' \end{array}\right\} \tag{4-30}$$

4.4 工程实例

4.4.1 浅埋偏压邻近既有线小净距隧道工程

4.4.1.1 工程概况

某隧道地处黄土丘陵地貌，主要形态有黄土梁、峁，山峰相连，冲沟发育，多呈"V"字形。起止里程 DIK48 + 689 ~ DIK49 + 565，为全长 876m 的单线隧道，最大深埋约 87m，其中 DIK49 +487. 76 ~ DIK49 +565 位于曲线上，曲线半径 R = 1800m，线路为单面上坡，坡率为 0.3%，距既有铁路隧道洞净距为 8m。全隧道分Ⅲ、Ⅳ、Ⅴ三种级别围岩。岩性特征有：

（1）砂质黄土：黄褐色，中密，稍湿；碎石土：杂色，稍湿，中密，以碎石加块石为主；圆砾土：黄褐色，中密，稍湿，夹有卵石，卵石磨圆度一般，充填物为粗砂；二叠系上统石千峰组：灰黄色-灰色-紫红色，强风化-弱风化-微风化，砂岩为细粒结构，钙质胶结，致密状，节理发育，砂岩为细粒砂岩，页岩沿层理面分裂成薄片。

（2）地层基本承载力：砂质黄土为 150kPa，碎石土为 500kPa，圆砾土为 400kPa。

4.4.1.2 工程特点数值分析

A 不同施工方法模拟研究

正确的施工方法对工程安全、经济等方面至关重要，为此分别对Ⅲ、Ⅳ、Ⅴ级围岩采用全断面法、台阶法和单侧壁导坑法三种施工方法进行数值模拟对比分析，以此确定各级围岩对应采用的合理的施工方法。模拟中采用弹性材料模拟初期支护，采用 Cable 单元模拟砂浆锚杆和超前小导管，采用 Shell 单元模拟隧道的二次衬砌。围岩物理力学参数如表 4-7 所示。

表 4-7 围岩物理力学参数

围岩等级	密度 /kg·m⁻³	体积模量 /GPa	剪切模量 /GPa	抗拉强度 /MPa	黏结力 /MPa	内摩擦角 /(°)
Ⅲ	2400	3. 2	1. 92	0. 300	1. 3	65
Ⅳ	2200	0. 42	0. 19	0. 010	0. 5	55
Ⅴ	1850	0. 17	0. 04	0. 006	0. 1	45

从数值模拟结果可以看出，全断面法施工工期短，经济性好，但当围岩级别较差时很难满足隧道稳定性要求，是适用于围岩级别较好时的施工方法；单侧壁导坑法虽能满足隧道稳定性要求，但其施工工期及施工投入较大，不经济；台阶法相对于全断面法一般能满足隧道稳定性要求，又较为经济。不同围岩级别采用不同施工方法数值模拟结果对比如表 4-8 所示。

表 4-8 不同围岩级别不同开挖方法对比

围岩级别	开挖方法	最大主应力 /MPa	位移/mm		塑性区	支护体受力/t
			水平	垂直		
Ⅲ	全断面法	1.26	12	14	范围较小，无影响	7.0
	二台阶法	1.24	12	14	范围较小，无影响	5.6
	单侧壁导坑法	1.23	7	10	范围小，无影响	6.2
Ⅳ	全断面法	1.37	23	42	范围较大，有影响	7.0
	二台阶法	1.29	13	26	范围较小，无影响	7.4
	单侧壁导坑法	1.25	9	12	范围较小，无影响	5.5
Ⅴ	全断面法	1.85	60	71	范围大，岩柱破坏	7.8
	二台阶法	1.69	26	52	范围较大，有影响	7.5
	单侧壁导坑法	1.66	14	17	范围较大，有影响	5.3

以数值模拟结果作为参考，结合工程经验，并且从经济、效率、安全角度出发，最终确定该隧道各段施工方法如表 4-9 所示。

表 4-9 该隧道施工方法选择一览表

线别	编号	起点里程	迄点里程	围岩级别	长度/m	施工方法
单线隧道	1	DIK48 + 689	DIK48 + 715	Ⅳ	26	台阶法
	2	DIK48 + 715	DIK49 + 139	Ⅲ	424	全断面法
	3	DIK49 + 139	DIK49 + 143	Ⅲ	4	全断面法
	4	DIK49 + 143	DIK49 + 245	Ⅲ	102	全断面法
	5	DIK49 + 245	DIK49 + 249	Ⅲ	4	全断面法
	6	DIK49 + 249	DIK49 + 491	Ⅲ	242	全断面法
	7	DIK49 + 491	DIK49 + 528	Ⅲ	37	全断面法
	8	DIK49 + 528	DIK49 + 550	Ⅳ	22	台阶法
	9	DIK49 + 550	DIK49 + 565	Ⅴ	15	明挖法

B 中间岩柱加固方法

根据工程经验，对质量较差的围岩，岩柱加固以注浆方式为主，辅以锚杆支护综合选取。另外，在质量较差的围岩中，小净距隧道其岩柱上部即雁形部应力状态相对最差，因此认为，对该部位进行相关加固处理是必要的，可以较好地改善和提高岩柱及隧道整体稳定性。

采用 FLAC³D 对不同加固方式进行定性分析，模拟中采用 Cable 单元模拟超前小导管的加固效果。具体计算分析中，分别选取了系统支护、常规注浆加固、岩柱水平注浆锚杆支护三种加固方式，以研究不同加固措施的加固效果及其适用性。其中，系统支护包括：喷射混凝土、洞周系统锚杆、岩柱水平对拉锚杆和二衬支护。选取典型的 V 级围岩进行分析。

C　围岩位移分析

中间岩柱采用不同加固方式时，隧道开挖后左右洞拱顶下沉值及岩柱左右侧水平位移如表 4-10 所示。

表 4-10　不同岩柱加固支护方式下左右洞位移特征值

岩柱加固方式		方式 1 系统支护	方式 2 系统支护 + 常规注浆	方式 3 系统支护 + 常规 注浆 + 注浆锚杆
拱顶下沉/mm	既有隧道	8.3	4.1	3.3
	新建隧道	12.5	7.6	6.4
岩柱水平位移/mm	既有隧道	3.4	2.3	1.1
	新建隧道	5.1	4.6	3.4

从表 4-10 中可以看出，中间岩柱从常规系统支护状态到加固支护状态，左右洞拱顶下沉值和岩柱水平位移相对值均有明显的减小，其中，常规注浆方式对拱顶下沉的抑制作用非常显著，相对系统支护状态拱顶下沉减小了 30% 以上，这与常规注浆直接作用于隧道拱顶位置有关，在此基础上对中间岩柱进行水平注浆锚杆加固，对局部限制岩柱水平位移作用显著，但对拱顶下沉减小的贡献较小。

4.4.1.3　隧道施工方案

A　加固方案选择

既有隧道为运营隧道，施工过程中必须保证其正常运行，所以在对隧道中间岩柱的加固过程中，必须考虑作业空间和作业时间的限制。在这些常用的加固方法中，超前小导管注浆加固是比较合理的。其原因主要在于：首先，注浆加固与其他加固方法相比，其工艺相对简单，注浆在新建隧道内施工，不影响既有隧道运行；其次，注浆加固与其他方法相比，可以先于掌子面开挖之前进行施做，可以起到对既有隧道围岩预先加固的作用，而对于预应力锚杆，则需要在新建掌子面开挖后才能施做，此时围岩可能已经产生一定的松动，无法起到预先加固的作用；第三，从受力上来看，由于中间岩柱岩体较破碎，预应力锚杆或对拉锚杆的张拉值很难确定，过大则可能导致局部应力过大，围岩破坏。而注浆法是通过浆液的渗透加强破碎岩石之间的胶结，从而发挥岩体的自承能力，不易产生应力集中现象。但是注浆加固不能有效限制岩体横向变形。

鉴于以上分析，对该浅埋偏压临近既有线小净距隧道中间岩柱采用两种加固方式：

（1）针对围岩较差的 Ⅳ 级、V 级围岩，采用系统支护 + 超前小导管预注浆

+中空注浆锚杆耦合加固技术，此技术既能发挥注浆的优点，又能利用锚杆限制围岩变形，中空注浆锚杆二次注浆加固，实现耦合支护。

（2）针对围岩相对较好的Ⅲ级围岩，采用系统支护+中空注浆锚杆耦合加固技术。

B　"双控"注浆方案

所谓的"双控"指的是用注浆压力与注浆量两者共同控制围岩注浆，起到以最经济、快捷的施工达到最好的加固效果。

a　超前小导管注浆

新建隧道靠近既有隧道侧半轮廓设置 ϕ42mm 长 4.5m 超前注浆小导管，相邻两环交错布置，外插角为 30°。纵向两排搭接长度为 1.5m，环向间距×纵向间距 =0.4m×2.4m，每循环 26 根。小导管注浆采用 1：1 水泥浆和水玻璃双浆液，水玻璃掺量为 5%。注浆压力采用 0.3~0.5MPa，最大不超过 0.9MPa。注浆量按岩体孔隙率 5% 考虑，单孔注浆量控制在 0.5m³ 以内。

b　中空注浆锚杆

开挖后及时施做径向 ϕ22mm 长 3.0m 组合中空锚杆对岩柱体进行二次注浆加固，同时加强初期支护强度及刚度，梅花型设置，环向间距×纵向间距 =1.2m×1.2m，如图 4-17~图 4-19 所示。

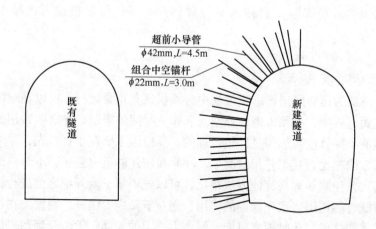

图 4-17　两隧道间岩柱体加固图

4.4.1.4　控制效果分析

A　中间岩柱注浆效果分析

通过对 Ⅴ 级围岩条件下中间岩柱加固效果的数值计算，从模拟结果可以看出，采用超前小导管对中间岩柱进行注浆加固后，中间岩柱围岩的应力状态得到了进一步改善，其加固前后对比结果见表 4-11。

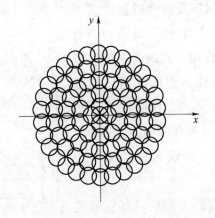

图 4-18　超前注浆剖面图

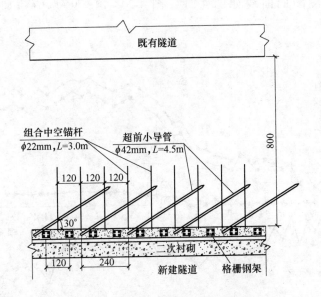

图 4-19　小导管及组合中空锚杆布置图

表 4-11　中间岩柱加固前后效果对比

对　比	应力/MPa	水平位移/mm	锚杆轴力/t	塑　性　区
加固前	1.0	5.9	7.8	范围大，受拉破坏
加固后	0.2	3.6	5.3	范围小，受压

B　隧道施工过程中的监控量测

a　既有隧道净空收敛量测

由于既有隧道受偏压及新建隧道施工影响，会产生向新建隧道"拉伸"的变形，为了验证隧道"拉伸"作用，在既有隧道进行净空变形量测。采用 SL-2 便携式钢尺收敛计，在隧道 DIK48 + 600、DIK48 + 700、DIK48 + 750 和 DIK48 + 800 布设 4 个断面，每个断面设 4 条测线，测线布置如图 4-20 所示。

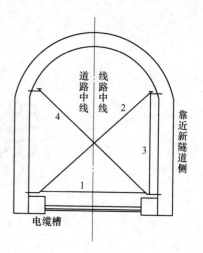

图 4-20　既有隧道测线布置示意图

通过记录掌子面在测点前后对既有隧道产生的位移，绘出位移与掌子面距离的动态曲线，各监测断面曲线如图 4-21 ~ 图 4-24 所示。

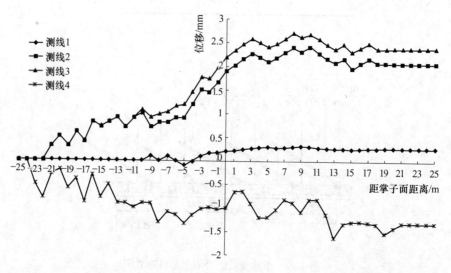

图 4-21　DIK48 + 600 处净空收敛位移与掌子面距离关系曲线

4 个监测断面各测线最大位移如表 4-12 所示。

表 4-12　监测断面各测线最大位移汇总表

断面位置	测线 1/mm	测线 2/mm	测线 3/mm	测线 4/mm
DIK48 + 600	0.4	2.1	1.4	- 1.4
DIK48 + 700	1.6	4.2	0.2	- 4.3
DIK48 + 750	- 0.9	4.3	0.9	- 4.8
DIK48 + 800	- 1.2	4.5	1.6	- 4.2

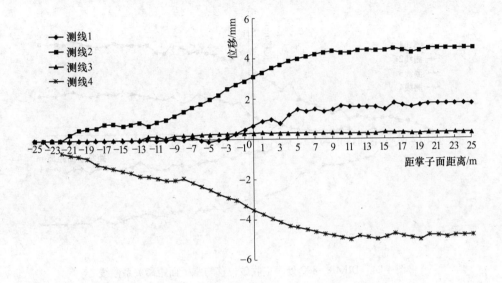

图 4-22　DIK48 + 700 处净空收敛位移与掌子面距离关系曲线

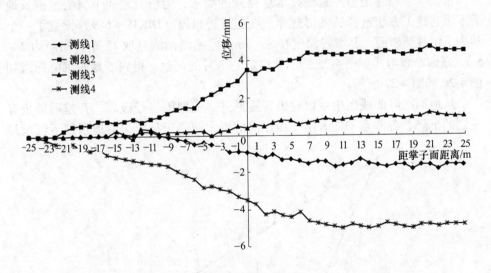

图 4-23　DIK48 + 750 处净空收敛位移与掌子面距离关系曲线

从上述既有隧道净空收敛位移与掌子面距离关系曲线及各测线最大位移汇总表可以看出，既有隧道有向新建隧道变形的趋势，变形量不大，最大位移量为4.5mm。变形在距离掌子面20m左右开始，随掌子面的接近变形逐渐增大，当掌子面越过监测断面后，变形随掌子面距离的增加而逐渐趋于稳定，当监测断面与掌子面距离超过20m后，变形基本稳定。

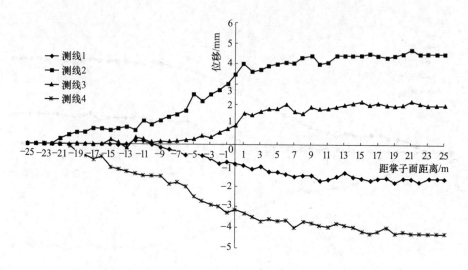

图 4-24   DIK48 + 800 处净空收敛位移与掌子面距离关系曲线

b   洞口下沉量测

根据《铁路隧道监控量测技术规程》的要求，为研究地表下沉的范围及地表下沉与施工方法选择的变形规律，在隧道进口段（DIK48 + 689）设置了一个地表下沉观测断面，其埋置深度在 3 ~ 5m。监测断面测点取 13 个，间距为 2 ~ 5m。断面布置形式如图 4-25 所示。经过一个月的观察，得到了地表沉降曲线如图 4-26 和图 4-27 所示。

从地面沉降曲线图中可以看出，隧道进口浅埋围岩较破碎，开挖后地表有一定的沉降，各测点均随着掌子面距离的增大而趋于稳定，隧道顶部下沉量最

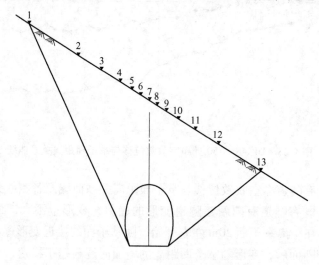

图 4-25   地面沉降监测断面布置图

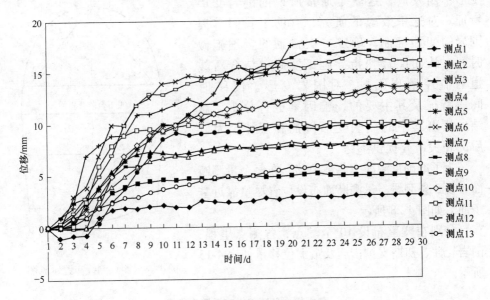

图 4-26 各测点随时间变化曲线

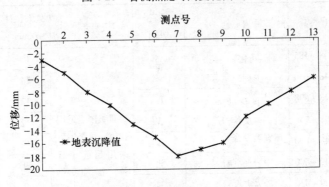

图 4-27 各测点累计变形曲线

大，往两边逐渐减小，最大沉降量仅为 18mm，沉降量并不大。这主要是由于隧道进出口为 V 级围岩，为了确保隧道施工安全，在洞口地段采用了 $\phi108$mm 的大管棚及超前小导管辅助施工，由于管棚的刚度大，能够承担较大的围岩应力，一旦施做能够立即承受荷载，还能较好地控制围岩变形，因此在进出口浅埋段地表下沉值较小。在初期支护及仰拱施工完成后，地表下沉速率明显减小，因此需要在施工过程中及时施做初期支护，仰拱先行，再做拱墙衬砌使结构及早闭合。

　　c　隧道净空收敛量测

在隧道的开挖过程中，随着开挖面的向前推进和时间的推移，隧道围岩变形不断发展，这就是通常所说的围岩变形特征。对这一效应的研究，有助于我们掌握围岩的变形特征，确定二次衬砌的合理施做时间，从而配合和指导施工实践。结合新隧道的监控量测资料，对围岩变形"位移-时间"特征及其主要的影响因素进行分析、总结，找出其中的一些变形特征和规律，为以后的相关研究提供参考。

为了准确量测净空收敛位移，在每个量测断面布设 5 条测线，量测断面布设位置尽量靠近掌子面，如图 4-28 所示。

分别在隧道布设 10 个测点，各测点里程、围岩岩性、初期支护措施及最大位移量如表 4-13 所示。

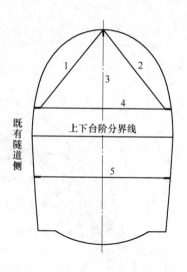

图 4-28　测点测线布置示意图

表 4-13　各测点净空量测汇总表

测点号	里程	岩性	围岩级别	初期支护	最大位移/mm	最大顶沉/mm
1	DIK48+585	强风化砂岩夹页岩，节理裂隙发育	Ⅳ		15	26
2	DIK48+630				14	22
3	DIK48+698	强风化砂岩夹页岩，薄层状构造，节理裂隙发育	Ⅳ	Ⅲ级围岩采用锚喷；Ⅳ级围岩采用超前小导管、锚喷、钢格栅	13	18
4	DIK48+750		Ⅳ		12	19
5	DIK48+800		Ⅳ		16	22
6	DIK49+500	砂岩夹页岩	Ⅲ		9	13
7	DIK49+430	砂岩夹页岩	Ⅲ		9	12
8	DIK49+380	砂岩夹页岩	Ⅲ		10	14
9	DIK49+350	砂岩夹页岩	Ⅲ		10	13
10	DIK49+320	砂岩夹页岩	Ⅲ		8	12

通过既有隧道及新建隧道的监控量测结果可以看出，新隧道采用台阶法施工和所采用的支护措施能够满足浅埋偏压小净距隧道稳定性要求。

4.4.2　新扩建隧道工程

4.4.2.1　工程概况

某隧道为高速公路扩建隧道，扩建方案为在原两洞之间新建一座四车道隧道，并将右洞扩建为四车道，形成大断面小间距隧道群，从左至右为：原左洞两车道隧道、新建四车道隧道和扩建四车道隧道。两车道左线隧道与新建四车道隧道的行车道中线间距为 23.53m，新建与扩建四车道隧道的行车道中线间距为 29.61m，其关系如图 4-29 所示。

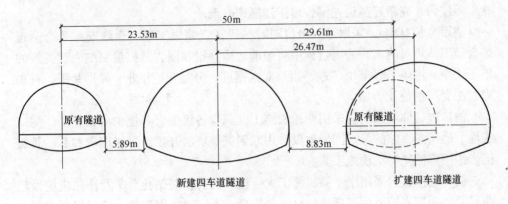

图 4-29　隧道洞室位置关系图

隧道左右线均位于线路直线段上，左洞纵坡为 -1.991%，进口桩号为 ZK459+583.43，设计标高为 46.71m，出口桩号为 ZK460+183.43，设计标高为 34.76m，左线长度为 600m；右洞纵坡为 -1.99%，进口桩号为 YK459+580，设计标高为 46.58m，出口桩号为 YK460+180，设计标高为 34.64m，右线长度为 600m。

隧道区属构造剥蚀微丘地貌，地处两山体鞍部，山包呈浑圆状，最大高程 147m，山坡坡度一般为 15°~25°，地表植被较发育，现有洞口边坡稳定。隧道穿越的地层岩性为强~弱风化的花岗岩，隧道长度及围岩类别情况见表 4-14。

表 4-14　隧道长度及围岩类别统计表

名　　称	线　　路	长度/m	Ⅱ级/m	Ⅲ级/m	Ⅳ级/m	Ⅴ级/m
某隧道	左线（新建）	600	102	162	217	119
	右线（扩建）	600	138	198	154	110

4.4.2.2　工程特点分析

该隧道为复合式衬砌设计，隧道工期紧，施工难度大，洞口四周陷穴、危石、滑坡对洞口工程的危害大；洞口段由于埋深较浅，且围岩破碎，开挖后，围岩不能形成自然拱，围岩自稳性差，或者自稳时间较短，易导致坍塌；新建、扩建隧道各级围岩施工方法相对于地质条件多变的情况下，开挖断面小且变化大，工序繁杂，给现场连续性、标准化、机械化、现场组织、快速施工带来较大困难；并且新建隧道与原隧道距离较近，新隧道开挖后造成洞壁围岩松动，这些都是在施工过程中需要面临的困难。

4.4.2.3 隧道施工方案

该隧道为复合式衬砌设计，按新奥法原理，采用喷锚构筑法施工。隧道总体施工顺序为：先新建隧道左洞，再扩建隧道右洞。

隧道全长 600m，采取进、出口同时掘进，以缩短工期。全隧安排 2 个隧道综合施工队负责施工，施工过程中将超前地质预报和围岩监控量测纳入到关键的施工工序。主体工程采用"进、出口双向掘进，分部开挖作业，仰拱紧跟，衬砌完善配套"的施工方案。

洞口边、仰坡及明洞采用明挖法施工，洞身各级围岩开挖采用钻爆法，洞口浅埋、地质条件差的Ⅴ级围岩地段采用双侧壁导坑法开挖，Ⅳ级围岩和Ⅱ、Ⅲ级围岩采用单侧壁导坑法施工。

洞口超前支护采用水平钻机施工大管棚，洞身自制钻孔台车及注浆机施做超前导管，初期支护采用锚杆钻机打注浆锚杆，人工架立钢支撑，喷射混凝土采用湿喷工艺。

由于隧道工期紧，施工难度大，为了加快施工进度，保证既有高速公路行车安全，在进行左侧新建隧道开挖先行进洞后，同时进行右侧隧道扩挖施工。

A 洞口工程

洞口工程开始施工前，对洞口四周进行清理，排除陷穴、危石、滑坡对洞口工程的危害后，先做好洞口及洞顶的截、排水系统，再进行施工。

边、仰坡开挖自上而下采用挖掘机进行开挖，开挖后，及时采用锚、喷、网的坡面临时支护。开挖时要确保边坡的平顺和稳定，尽量避免超、欠挖和对围岩的扰动。开挖边、仰坡时，随挖随支护，随时监测、检查山坡稳定情况，加强防护。

洞口段由于埋深较浅，且围岩破碎，开挖后，围岩不能形成自然拱，围岩自稳性差，或者自稳时间较短，易导致坍塌。为安全进洞，拟采用混凝土套拱＋超前管棚支护。套拱施做前，清理边、仰坡，并对边、仰坡进行锚杆挂网和喷混凝土封闭隧道进洞。隧道进洞方案如图 4-30 所示。

施工要点：

（1）形成成洞面后采用简易台架立模浇注套拱混凝土，套拱混凝土在衬砌轮廓线外施做并与岩面密贴。

（2）套拱（长度一般 2m）内埋设 4 榀 U25 型钢和管棚孔口套管（ϕ127mm ×4mm），U 型钢与套管焊接固定。

（3）搭设钻机平台，以套拱作为管棚施工的导向墙，成孔后先打入有孔钢花管，再打入无孔钢花管。

（4）无孔管钻孔在有孔管注浆凝固后进行，钻孔时同时检查压浆质量，确

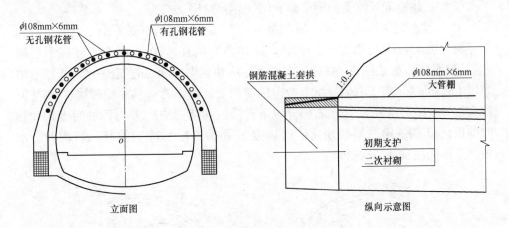

图 4-30 隧道进洞方案示意图

认压浆质量达到要求后对无孔钢花管灌浆。

（5）钢管采用 $\phi108\text{mm} \times 6\text{mm}$ 无缝钢管，钢管前端加工成锥形，5m 一节，接头采用丝扣连接，管壁四周钻 $\phi12\text{mm}$ 压浆孔，梅花形布置。

（6）注浆采用水泥液注浆，扩散半径不小于 0.5m。

（7）完成管棚注浆施工后，按照洞口段双侧壁法开挖顺序进行掘进施工。

　　B　洞身开挖工程

　　a　开挖施工方案

新建隧道 V 级围岩采用双侧壁导坑法开挖，双层初期支护，Ⅳ级围岩以下采用单侧壁导坑法开挖，单层初期支护。扩建的隧道各级围岩均采用单侧壁导坑法开挖，单层初期支护。

V 级围岩采用 $\phi108\text{mm}$ 注浆大管棚超前支护，一般 V 级围岩采用 $\phi50\text{mm}$ 注浆小导管支护，Ⅳ级围岩以下采用超前锚杆支护。V 级围岩以机械开挖为主，局部实施低振动的松动爆破，Ⅳ级围岩以下采用光面控制爆破。

　　b　V 级围岩施工方法。

（1）新建隧道开挖支护顺序如下（见图 4-31(a)）：

① 开挖右侧导坑上台阶；② 施工右侧导坑上台阶的初期支护、临时支护、临时仰拱和锁脚锚杆；③ 开挖右侧导坑下台阶；④ 施工右侧导坑下台阶的初期支护和临时支护；⑤ 施工左侧上台阶；⑥ 施工左侧导坑上台阶的初期支护、临时支护、临时仰拱和锁脚锚杆；⑦ 开挖左侧导坑下台阶；⑧ 施工左侧导坑下台阶的初期支护和临时支护；⑨ 开挖中部上台阶；⑩ 施工拱部初期支护和临时仰拱；⑪ 开挖中部下台阶；⑫ 施工仰拱初期支护；⑬ 拆除临时支护及临时仰拱（一次拆除纵向长度小于2m）；⑭ 施工第二层初期支护；⑮ 浇注仰拱二次衬砌混凝土；⑯ 铺设环向盲沟及防水板，整体浇注拱部二次衬砌。

（2）扩建隧道开挖支护顺序如下（见图4-31(b)）：

① 开挖左侧导坑上台阶（原洞路面以上部分，包括拆除原洞二衬）；② 施工左侧导坑上台阶初期支护、临时支护和锁脚锚杆；③ 开挖左侧导坑下台阶（包括原洞路面及二衬）；④ 施工左侧下导坑初期支护和临时支护；⑤ 开挖右侧导坑上台阶；⑥ 施工右侧导坑上台阶的初期支护、临时仰供和锁脚锚杆；⑦ 开挖右侧导坑下台阶；⑧ 施工右侧导坑下台阶的初期支护；⑨ 拆除临时支护和临时仰拱；⑩ 施工第二层初期支护；⑪ 浇注仰拱二衬；⑫ 铺设环向盲沟及防水板，整体浇注拱部二次衬砌。

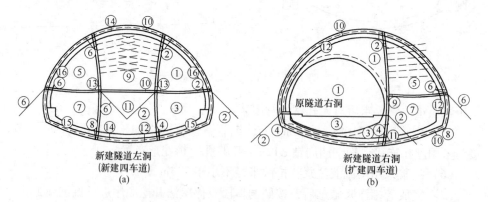

图 4-31　隧道施工工序图 （Ⅴ级围岩）
（a）新建隧道开挖支护顺序；（b）扩建隧道开挖支护顺序

c　Ⅳ级以下围岩施工方法

（1）新建隧道开挖支护顺序如下 （见图4-32(a)）：

① 开挖左侧导坑上台阶；② 施工左侧导坑上台阶初期支护、临时支护和锁脚锚杆，必要时设置临时仰拱；③ 开挖左侧导坑下台阶；④ 施工左侧导坑下台阶的初期支护和临时支护；⑤ 开挖右侧导坑上台阶；⑥ 施工右侧导坑上台阶的初期支护和锁脚锚杆，必要时设置临时仰拱；⑦ 开挖右侧导坑下台阶；⑧ 施工右侧导坑下台阶的初期支护；⑨ 拆除中隔壁临时支护及临时仰拱；⑩ 浇注仰拱二次衬砌；⑪ 铺设环向盲沟及防水板，整体浇注拱部二次衬砌。

（2）扩建隧道开挖支护顺序如下 （见图4-32(b)）：

① 开挖左侧导坑上台阶（原洞路面以上部分，包括拆除原洞二衬）；② 施工左侧导坑上台阶的初期支护、临时支护和锁脚锚杆；③ 开挖左侧导坑下台阶（包括拆除原洞路面及二衬）；④ 施工左侧导坑下台阶初期支护和临时支护；⑤ 开挖右侧导坑上台阶；⑥ 施工右侧导坑上台阶的初期支护、临时仰拱（若有）和锁脚锚杆；⑦ 开挖右侧导坑下台阶；⑧ 施工右侧导坑下台阶的初期支护；⑨ 拆除临时支护及临时仰拱（若有）；⑩ 浇注仰拱二次衬砌（无仰不需此步）；⑪ 铺设环向盲沟及防水板，整体浇注拱部二次衬砌。

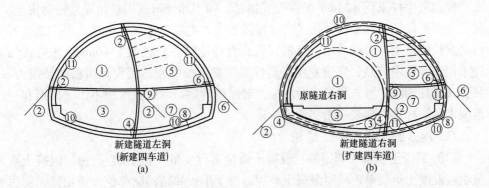

图 4-32 隧道施工工序图（Ⅳ级以下围岩）

（a）新建隧道开挖支护顺序；（b）扩建隧道开挖支护顺序

d 推荐施工方法

鉴于前述新建、扩建隧道各级围岩施工方法相对于地质条件多变的情况下，开挖断面小且变化大，工序繁杂，给现场连续性、标准化、机械化、现场组织、快速施工带来较大困难。根据隧道施工经验及已有高速公路隧道扩建相关资料，建议Ⅱ、Ⅲ级围岩采用分台阶法施工：在做好超前辅助施工措施（管棚或注浆小导管）的情况下，开挖分上、中、下三个台阶，每台阶又分左、右部，由上而下施工。根据围岩情况，上半断面采用预留大核心土或光面爆破法开挖，下部采用预裂爆破施工，初期支护采用湿喷混凝土，系统锚杆采用中空注浆锚杆，二次衬砌采用先墙后拱整体式浇筑，模板采用 10m 整体液压衬砌台车。施工中严格遵守"重地质、管超前、短进尺、弱爆破、强支护、早封闭、勤观测"的工作原则，分层分部地多部开挖，一次最大开挖宽度仅 11.0m，每次循环掘进长度仅 0.5 ~ 1.0m，Ⅱ级、Ⅲ级围岩也不超过 2.0m。若围岩结构松散，自稳能力极差，为确保安全，必要时增设中隔壁临时钢架支撑，这种施工方法具有工序简单、易操作、施工快速、安全等特点，同时亦可节约大量的临时支护。

C 小间距隧道中夹岩加固

由于新建隧道与原隧道距离较近，新隧道开挖后造成洞壁围岩松动，为了保证隧道的稳定和施工安全，洞身开挖后对隧道中夹岩进行加固。

a 加固方案

新建左幅隧道位于两原隧道之间，采用双侧加固，新建右幅隧道位于原右线隧道的右侧，采用单侧加固，Ⅴ级围岩地段采用注浆小导管加固，Ⅳ级围岩段采用预应力锚杆加固。

b 施工方法

注浆小导管钢管采用 $\phi50mm$ 的钢花管，采用水平钻机钻孔，高压风清孔，人工插入花管，注浆采用水泥单液，水灰比 0.5 : 1，注浆压力 0.5 ~ 1.0MPa。

预应力锚杆采用 φ25mm 的胀壳式锚杆，锚固端锥形塞用丝扣连接在锚头上，胀壳在锥形塞外，转动杆体使锥形塞挤压胀壳，把胀壳张开与锚杆孔眼末端岩石挤紧起锚固作用。安装时不得锤击，钻孔直径比锚头外径大 1～6mm。胀壳式锚杆采用成套技术产品，采用专用工具拧紧锚具上的螺帽达到设计所需的预应力。胀壳式锚杆螺帽拧紧施加预应力后应及时灌注砂浆，灌浆强度应不小于图纸和规范要求，锚杆孔内灌浆应密实饱满。

D　隧道施工质量保证措施

（1）混凝土质量控制措施：混凝土质量实行质量"传票制"，由用混凝土单位填报混凝土申请单，填写混凝土级别、用于里程和结构物部位、需用量、使用时间等送试验室；试验室填报混凝土配合比单送拌和站；拌和站填报加工单，按水泥型号、附加剂名称、生产厂家、生产日期、水泥、碎石、砂子、水用量、开盘时间、出口温度、数量填报；试验员跟踪做试件，填报试验报告；运输司机将混凝土加工单连同混凝土送用混凝土单位，由施工单位填写接收单，接收单由施工队长填写签名，填写灌筑时间、地点、结构物部位、混凝土级别、灌筑时温度等。

（2）控制超欠挖措施：现场开挖 QC 小组针对不同围岩选择合适的钻爆参数，一炮一分析，不断修正钻爆参数。用极坐标 APS 技术，对炮眼精确定位；按检测的开挖轮廓线偏差，修正炮眼间距及装药量；应用等差雷管，合理分段，降低爆破对围岩的振动；调整装药结构，提高装药和堵塞质量。

（3）做好超前支护和注浆堵水：对断层、软岩和富水段，进行帷幕注浆、小导管注浆或自进式锚杆注浆，按超前支护和注浆堵水工艺施工，防止围岩变形引起支护结构失稳，做好防裂和防漏第一道防线。

（4）保证喷射混凝质量措施：采用湿喷工艺，选择长期从事喷射施工人员担任喷射工作；喷射前先清理喷射面杂物与污物，打入喷射厚度标志，按喷射操作要求施工；确保喷射混凝土厚度、密实度，确保喷射混凝土与岩面密贴；对淋水和小股水流地段进行引流和封闭处理，确保裂隙水封在岩层内不外流，把好不渗不漏第二道防线。

（5）保证防水板铺设质量措施：防水板质量按要求方法进行检验，合格后用于本工程；防水板焊接用热焊枪，检查用气密检查法；铺设前清理铺挂面，防止防水板被尖锐物划破、划坏；在防水板铺设前，按设计做好环向和纵向排水管铺设，并保证连接牢固，位置准确；防水板铺设时用无钉施工工艺，确保围岩内水流被封在防水板密封环以外，做好不渗不漏第三道防线。

（6）保证衬砌质量措施：采用衬砌台车衬砌，采用附着式振捣器和插入式振捣器联合振捣，确保混凝土密实，确保二衬与支护密贴，做好防渗防漏第四道防线。

（7）加强围岩量测监控工作，根据围岩变形情况，优化调整支护参数，限制围岩过大变形，保证二衬结构安全。

4.4.2.4 工程效果分析

A 位移及变形量测

根据图纸要求洞口段应在施工过程中可能产生地表塌陷之处设置观测点，如图4-33所示。另外，CRD法洞内监控点布置如图4-34所示，双侧壁导坑法洞内控制点布置如图4-35所示。

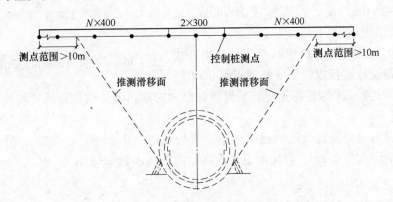

图4-33 洞口浅埋地段地表沉降观测设计图

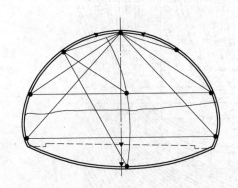

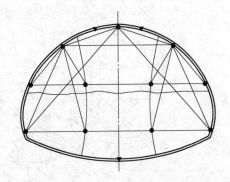

图4-34 CRD法洞内监控点布置图　　图4-35 双侧壁导坑法洞内控制点布置图

B 地质雷达探测

为满足地质探测深度和精度，需要选择100MHz或50MHz雷达天线进行地质探测。现场探测时，在掌子面布设"井"字形测网，当区域构造走向与隧道轴线大致平行时，应在隧道侧壁布置一些测线。

扩建隧道施工前进行雷达探测，以了解既有隧道开挖时形成的松动圈和围岩地质状况，确定重点加固段。共布置5条测线，具体布置如图4-36所示。

4.4.3 某山区隧道工程

4.4.3.1 工程概况

某隧道全长4657m，隧道进口里程DK13
+005，进口轨面设计标高407.318m；隧道
出口里程 DK17 + 662，出口轨面设计标高
456.307m。本隧道为双线隧道，隧道线间距
为 4.4～5.0m，设计行车速度为 200km/h，
该地区地形图如图 4-37 所示。

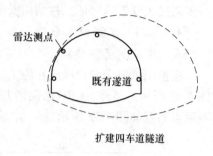

图 4-36　扩建隧道地质雷达测线布置

本次设计根据《新建时速 200 公里客货
共线铁路设计暂行规定》（铁建设函[2005]
285 号）中要求来拟定隧道建筑限界和衬砌内轮廓，隧道满足普通货物列车的通
行条件。

隧道内两侧设置贯通的救援通道，救援通道宽 1.25m，高 2.2m，外侧距线
路中线的距离为 2.2m，救援通道底面高出内轨顶面 30cm。

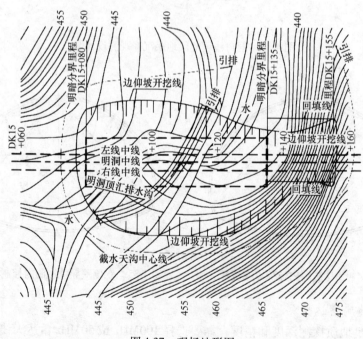

图 4-37　现场地形图

4.4.3.2 工程条件分析

A　地层岩性及物理力学特征

根据勘察揭示，场区的岩土层按其成因分类主要有：第四系坡残积层

（Q_4^{el+dl}）粉质黏土夹碎石、奥陶系（O）粉砂岩、奥陶系下统魏坊群（O_{1wf}）、燕山早期黑云母花岗岩（$\gamma_5^{2(3)c}$）。自上而下叙述如下：

a　第四系坡残积层（Q_4^{el+dl}）

粉质黏土（黏土）夹碎石：褐红色、灰黄色、褐黄色，硬塑，以黏粒为主，粉粒为次，局部含少量碎石，黏结性较好，岩土工程施工分级为Ⅲ级，本层层厚2.8～6.1m。

b　奥陶系（O）粉砂岩

根据岩石的风化程度可将该层分为3个亚层，依次为：

粉砂岩：褐灰色，全风化，呈砂土状，泥质含量较高，岩土工程施工分级为Ⅲ，本层层厚约6.3m。

粉砂岩：褐灰色，强风化，呈碎块状，薄层状，岩土工程施工分级为Ⅳ，本层层厚约13m。

粉砂岩：褐灰色、褐白色，弱风化，块状构造，岩土工程施工分级为Ⅴ。

c　奥陶系下统魏坊群（O_{1wf}）

根据岩石的风化程度可将该层分为3个亚层，依次为：

粉砂岩：褐灰色，全风化，呈砂土状，泥质含量较高，岩土工程施工分级为Ⅲ，本层厚约6m。

粉砂岩：褐灰色，强风化，呈碎块状，薄层状，岩土工程施工分级为Ⅳ，本层层厚约3m。

粉砂岩：褐灰色、褐白色，弱风化，块状构造，岩土工程施工分级为Ⅴ。

d　燕山早期黑云母花岗岩（$\gamma_5^{2(3)c}$）

根据岩石的风化程度可将该层分为3个亚层，依次为：

黑云母花岗岩：全风化，灰白色、灰黄色、褐灰色，全风化，呈砂土状，局部夹少量碎块，岩芯手捏易碎，遇水易软化，含少量云母，岩土工程施工分级为Ⅲ，本层层厚9.5m。

黑云母花岗岩：强风化，灰白色、紫红色，呈碎块状，岩土施工分级为Ⅳ，本层出露较少，厚0～3m。

黑云母花岗岩：灰白色、紫红色，弱风化，呈短柱状～长柱状，岩土工程施工分级为Ⅴ，本层层厚8.05m。

B　隧道工程地质评价及围岩分级

（1）DK13+005～DK13+060段：为粉砂岩，全—强风化层厚度较大，围岩较破碎，隧道埋深较浅，地下水以第四系空隙水和基岩裂隙水为主，不发育，围岩属于Ⅴ级围岩，洞顶稳定性差，易坍塌，需设一定长度的明洞，建议仰坡坡度35°～40°。

（2）DK13+060～DK13+170段：为粉砂岩，全—强—弱风化，其中全—强风化层厚度较大，隧道埋深较浅，围岩较破碎，地下水为基岩裂隙水，不发育，围岩为Ⅳ级围岩。

（3）DK13+170～DK13+240 段：为粉砂岩，全—强风化层厚度较大，围岩较破碎，隧道埋深较浅，地下水以第四系空隙水和基岩裂隙水为主，不发育，围岩为Ⅴ级围岩。

（4）DK13+240～DK13+330 段：为粉砂岩，全—强—弱风化，其中全—强风化层厚度较大，围岩较破碎；地下水为基岩裂隙水，不发育，围岩为Ⅳ级围岩。

（5）DK13+330～DK14+265 段：为粉砂岩，全—强—弱风化，基岩较完整，地下水为基岩裂隙水，不发育，围岩为Ⅲ级围岩。

（6）DK14+265～DK14+295 段：黑云母花岗岩岩性分界，接触带附近岩石较破碎，围岩破碎，地下水稍发育，主要为基岩裂隙水，围岩为Ⅴ级围岩，节理裂隙发育。

（7）DK14+295～DK15+014 段：为黑云母花岗岩，全—强—弱风化，基岩较完整，地下水为基岩裂隙水，不发育，围岩为Ⅱ级围岩。

（8）DK15+014～DK15+250 段：为黑云母花岗岩，全—强—弱风化，围岩较破碎，隧道埋深较浅，地下水为基岩裂隙水，不发育，围岩为Ⅴ级围岩，节理裂隙较发育。

（9）DK15+250～DK15+270 段：为黑云母花岗岩，围岩较破碎，隧道埋深较浅，地下水为基岩裂隙水，不发育，围岩为Ⅳ级围岩。

（10）DK15+270～DK17+425 段：为黑云母花岗岩，弱风化，基岩较完整，地下水为基岩裂隙水，不发育，围岩为Ⅱ级围岩，节理裂隙较发育。

（11）DK17+425～DK17+475 段：为黑云母花岗岩，全—强—弱风化，围岩较破碎，埋深较浅，地下水为基岩裂隙水，不发育，围岩为Ⅳ级围岩。

（12）DK17+475～DK17+662 段：黑云母花岗岩，全—强—弱风化，岩石较硬，裂隙较发育，较完整，地下水为基岩裂隙水，不发育，埋深较浅，围岩为Ⅴ级围岩，节理裂隙较发育，应及时支护，防止掉块。

隧道进出口开挖时应及时支护、衬砌，以避免隧道塌顶及破坏山体自然平衡，进出口边坡仰坡35°，边坡控制高度8～10m。隧道围岩分级如表4-15所示。

由上述分析可知，该隧道所处的地质条件复杂，施工难度大。

表4-15 隧道围岩分级

起 始 点 里 程	围 岩 级 别	长度/m
DK13+005～DK13+060	Ⅴ	55
DK13+060～DK13+170	Ⅳ	110
DK13+170～DK13+240	Ⅴ	70

起 始 点 里 程	围岩级别	长度/m
DK13 +240 ~ DK13 +330	IV	90
DK13 +330 ~ DK14 +265	III	935
DK14 +265 ~ DK14 +295	V	30
DK14 +295 ~ DK15 +014	II	719
DK15 +014 ~ DK15 +250	V	236
DK15 +250 ~ DK15 +270	IV	20
DK15 +270 ~ DK17 +425	II	2155
DK17 +425 ~ DK17 +475	IV	50
DK17 +475 ~ DK17 +662	V	187

4.4.3.3　工程设计施工方案

A　隧道洞门设计

根据隧道进出口地形和工程地质条件，结合开挖边仰坡的稳定性及洞口排水的需要，本着"早进晚出"的原则确定隧道进出口位置，并采用合理的隧道洞门。

隧道进口采用路堑式单压明洞洞门，洞口里程为 DK13 +005，明暗分界里程为 DK13 +011；出口采用偏压挡翼墙式明洞门，洞口里程为 DK17 +662，明暗分界里程为 DK17 +656。隧道进出口详图如图 4-38 所示。

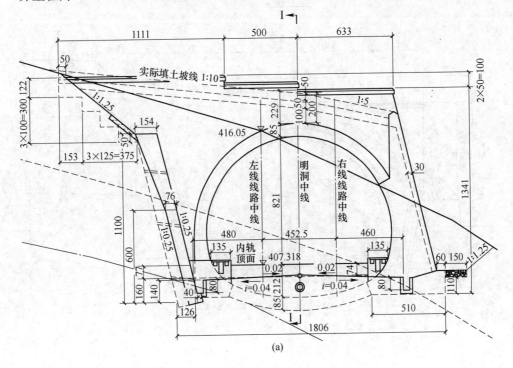

(a)

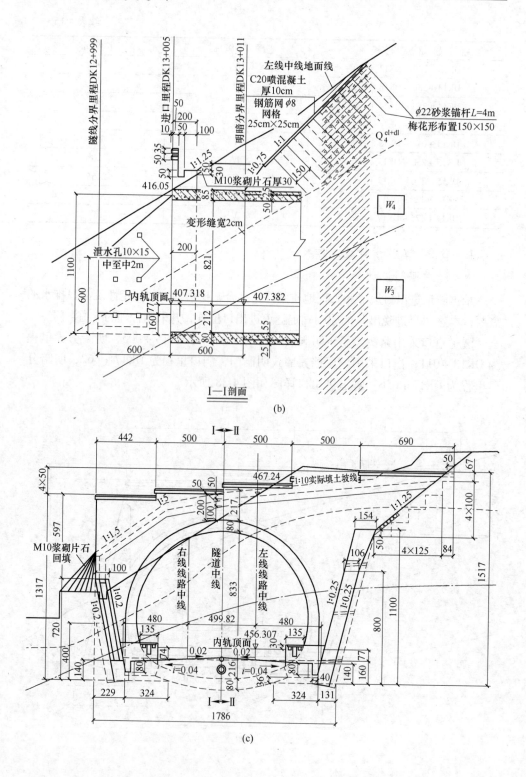

I—I剖面

(b)

(c)

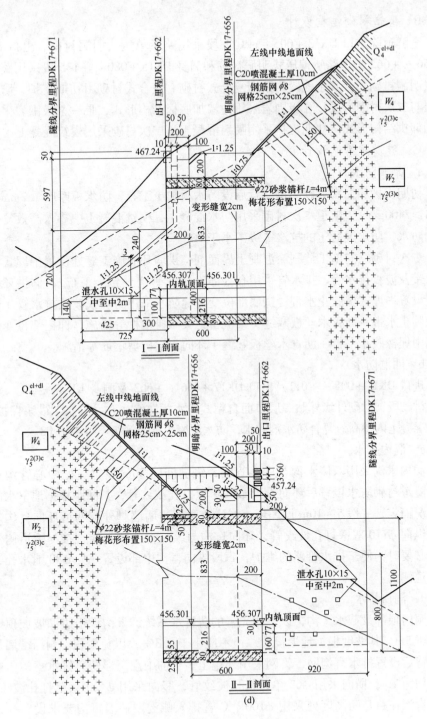

图 4-38　隧道进出口设计详图

（a）隧道进口正面图；（b）隧道进口剖面图；（c）隧道出口正面图；（d）隧道出口剖面图

B　隧道衬砌结构设计

全隧道除进口 DK13 + 005 ～ + 011 段采用路堑单压式明洞衬砌、出口 DK17 + 656 ～ + 662 采用路堑偏压式明洞衬砌和洞身 DK15 + 080 ～ + 135 段采用路堑偏压式明洞衬砌外，其余地段均采用复合式衬砌。复合式衬砌由初期支护、防水隔离层与二次衬砌组成。Ⅱ级围岩采用曲墙加底板结构形式，Ⅲ ～ Ⅴ级围岩采用曲墙加仰拱结构形式。初期支护采用喷射混凝土，二次衬砌采用模筑混凝土。

C　隧道防排水设计

a　暗洞防水

初期支护和二次衬砌间拱墙背后设防水板加土工布，防水板厚度 1.2mm，土工布 ≥ 2400g/m²。隧道二次衬砌采用防水混凝土，模筑混凝土中掺入高效复合防水剂防水，防水混凝土的抗渗等级不小于 P8。

二次衬砌纵向施工缝刷涂混凝土界面剂；拱墙环向施工缝处设置中埋式橡胶止水带及波纹排水管，排水管采用孔径 $\phi 50$ 波纹管（外包土工布）；仰拱环向施工缝设置中埋式橡胶止水带；拱墙部位变形缝防水采用中埋式波纹排水管 + 中埋式橡胶止水带 + 沥青木丝板塞缝 + 聚硫密封胶 + 排水槽等措施；仰拱部位变形缝采用中埋橡胶止水带 + 沥青木丝板塞缝 + 环向双层抗剪钢筋等措施。

b　明洞防水

进口 DK13 + 005 ～ + 011、出口 DK17 + 656 ～ + 662 及洞身 DK15 + 080 ～ + 135 明洞衬砌段，衬砌外缘外贴一层单面自粘式防水板防水，并设置水泥砂浆保护层，衬砌混凝土内掺高效复合防水剂防水，防水混凝土抗渗等级不得小于 P8。

c　洞内排水

洞内水沟采用双侧水沟与中心管沟，纵向间隔 30m 设置一处中心管沟检查井；隧道衬砌防水板背后环向设置 $\phi 63$ 单壁打孔波纹管，其间距根据地下水的发育状况而定，一般 5 ～ 10m 设一环；在隧道两侧边墙墙脚外侧两道环向盲沟之间设置纵向 $\phi 110$ 双壁打孔波纹管，环向盲沟与纵向盲沟两端均直接与隧道侧沟连通，必要时为便于排水管路的维护，每段纵向盲沟中部设置一处 $\phi 80$ 泄水孔连接到隧道侧沟。

d　洞口排水

洞门顶部设截水天沟，以形成完善的防排水系统。天沟设于边仰坡坡顶以外不小于 5m，其坡度根据地形设置，但不应小于 0.3%，以免淤积。洞门端墙及挡翼墙背后设置排水盲沟网，管网采用外包土工布的中空矩形塑料排水盲沟，横竖间距均为 2m，横向采用 $\phi 63$ 单壁打孔波纹管，竖向采用 $\phi 120$ 双壁打孔波纹管。排水盲沟在路基面高度处采用 $\phi 100$PVC 管排入侧沟。端墙盲沟要求设中孔，在土体中挖槽埋设，横纵排水盲沟采用接头连接，外铺土工布（每平方米质量不小于 400g），然后浇筑端墙或挡墙结构混凝土。

4.4.3.4 工程监测分析

在 DK13 + 290 ~ + 340 和 DK14 + 250 ~ + 300 段推测岩性分界及其影响带，施工中应开展超前地质预测预报工作，以指导施工，避免发生地质灾害，规避施工风险，确保施工安全。上述地段隧道在施工中应重视全断面地质素描、成果分析，适时采取超前水平钻探（ϕ50 孔，每断面 3 孔）的措施。并根据结论，及时向参建各方反馈信息，以便调整隧道的设计、施工方案，以保证施工及运营安全。

量测项目包括洞内外观察、隧道相对净空变化值量测、拱顶下沉量测和隧道浅埋段地表下沉量测，为必测项目，必要时在隧底增设隧底上鼓量测及地表下沉量测等项目，各级围岩量测断面间距：V 级围岩 10m、Ⅳ 级围岩 20m、Ⅲ 级围岩 30m、Ⅱ 级围岩 50m。

5 矿山地下工程

所谓矿山工程，就是以矿产资源为基础，在矿山进行资源开采作业的工程技术学，包括地面工程和地下工程。地面工程主要包括矿用机械设备及设施，如选厂、井塔、卷扬机、压风机等；地下工程包括井巷工程、硐室工程及部分安装工程。本章主要介绍矿山地下工程的相关内容。

5.1 矿山地下工程特点及分类

5.1.1 矿山地下工程特点

地下工程与地上工程相比，在很多方面具有完全不同的特点，主要表现在以下几个方面：

(1) 受力特点不同。地面工程是先有结构，后有荷载，地面工程结构是经过工程施工形成结构后，承受自重、其他静力或动力荷载，因此这类工程是先有结构，后承担荷载。而地下工程是在先有荷载存在的情况下进行开挖，之后才有结构，因此地下工程结构是先有荷载，后在受力情况下形成结构。

(2) 工程材料特性不确定。地面工程材料多为人工材料，如钢材、砖等，这些材料虽然力学与变形性质等方面也存在变异性，但是与岩石材料相比，不仅变异性要小得多，而且人们可以加以控制和改变。地下工程所涉及的材料，除了支护材料性质可控制外，其工程围岩均属于难以预测和控制的岩体。由于工程岩体是经历了漫长的地质构造运动的产物，因此，工程岩体不仅包含大量的断层、节理、夹层等不连续介质，而且其特征还存在不确定性，这种不确定性主要体现在随空间和时间变化上。

对于地下工程围岩，不同位置围岩的地质条件如岩性、节理、断层、地下水、地应力等都存在着差异，人们通过有限的地质勘察、取样室内试验，很难全面掌握整个工程岩体的地质条件和力学特征，仅仅是对整个工程岩体的特性进行抽样分析、研究。而且在地下工程中，即使对于同一个地点，在不同的历史时期，其力学特征和地应力等也都在发生变化，尤其是开挖之后的工程岩体，其特性除随时间变化外，更重要的是还与其开挖方式、施工时间与工艺和支护形式等密切相关，这个变化过程十分复杂。

(3) 工程荷载的不确定性。地面工程结构，受到的荷载比较明显，尽管这些荷载也存在随机性，如风荷载、地震荷载、雪荷载等，但是，其荷载的量值和变异性与地下工程相比要小得多。对于地下工程，工程围岩的地质体不仅会对支护结构产生荷载，而且自身也是一种承载体，因此，不仅作用到支护结构上的荷载难以估计，而且，此荷载又是随着支护类型、施工工艺与支护时间的变化而变化。所以，对于地下工程的计算与设计，一般难以准确地确定作用到结构上的荷载类型及其值的大小。

（4）破坏模式的不确定性。工程的数值分析与计算的主要目的在于为工程设计提供评价结构破坏或失稳的安全指标，这种指标的计算是建立在结构破坏模式基础上的。对于地面工程，其破坏模式较容易确定，在结构力学和土力学等中已经了解到的诸如强度破坏、变形破坏、失稳等破坏模式。而对于地下工程，其破坏模式一般难以确定，它不仅取决于岩土体结构、地应力环境、地下水条件，而且还与支护结构类型、施工工艺和支护时间等密切相关。

（5）地下工程信息的不完备性。地质力学与变形特征的描述和评价取决于所获信息的数量与质量。然而，对于地下工程只能从局部的有限工作面或露头获取，因此，所获取的信息是不充分的，且可能存在错误，这就是地下工程信息的不完备性。

矿山地下工程与一般的其他地下工程相比，又有其特性，主要是建设项目分散、地质环境条件相对复杂、各功能区对地质环境的要求及破坏程度差异较大等特点。

矿山地下工程由于其埋藏深度较大，所处的地质环境与一般地下工程相比要复杂得多，随着开采深度的不断增加，地质环境不断恶化，地应力不断增大；岩体所处的应力环境变化以及由此引起的岩体力学性质、岩体结构、强度、变形、破断等特性的变异，造成破碎岩体增多、涌水量加大、地温升高、作业环境恶化、巷道维护困难、成本提高、安全难以保证等一系列问题，由此导致深部煤炭开采中重大灾害事故增多，如巷道及采场大面积冒顶与垮塌、顶板来压、冲击地压、煤与瓦斯突出、底板突水及环境破坏等。特别是深部开拓巷道掘进与支护过程中所遇到的巷道岩层破碎、成型困难以及顶板下沉、两帮收缩、底鼓等围岩大变形破坏现象，使得深部巷道控制问题成为影响矿井进入深部后的开采接续、危及安全生产的重大技术难题。

5.1.2　矿山地下工程分类

矿产泛指一切埋藏于地壳（或分布于地表的），可供人类经济利用的，有开采价值的工业矿物、岩石、油、气、水等资源。矿产一般分为金属矿产、非金属矿产、能源矿产，按照矿产的分类，矿山地下工程可以分为能源矿山工程、金属矿山工程和非金属矿山工程。

　　本书主要介绍能源矿山工程中与煤矿地下工程相关的内容，从煤矿地下工程的角度可以将矿山地下工程分为煤矿工程和非煤矿工程。

　　非煤矿工程按照开采对象可以分为金属矿山工程和非金属矿山工程，而金属矿山工程又分为金矿工程、铁矿工程、锌矿工程等，非金属矿山工程又分为盐矿工程、石膏矿等。

　　煤矿地下工程（见图5-1）是以煤为开采对象的资源开采工程，煤矿地下工程又可以分为井筒、硐室群、巷道和工作面。

　　（1）井筒是指采矿时开凿的联系地面和地下巷道的通道，功能主要有通风、运料、运煤、人员上下井等。根据井田开拓方式的不同，井筒分为立井、斜井和平硐。

　　（2）硐室群按照其功能可以分为井筒马头门硐室群、井底车场硐室群、井底变电所硐室群和泵房吸水井硐室群等。

　　（3）巷道是指地下采矿时，为采矿提升、运输、通风、排水、动力供应等而掘进的通道。井下巷道按照围岩类型可以分为岩巷、煤巷和半岩半煤巷道；按照服务年限可以分为永久巷道和临时巷道；按照用途可以分为开拓巷道、准备巷道和回采巷道。

(a) 　　　　　　　　　　　　　　　　　(b)

图5-1　煤矿工程
(a) 煤矿斜井工程；(b) 煤矿井下巷道工程

　　与煤矿工程不同，金属矿山工程和非金属矿山工程等由于其成矿原因不同，围岩完整性较好并且强度高，巷道支护难度较小，有时甚至不需要支护就能完成矿产的开采，如图5-2和图5-3所示。煤矿工程地质构造复杂，围岩强度低，软岩大变形、瓦斯爆炸、突水、岩爆和冲击地压等灾害时有发生，工程难度非常大，巷道支护困难。

(a)   (b)

图 5-2　金属矿山工程

（a）有色金属矿巷道；（b）金矿巷道

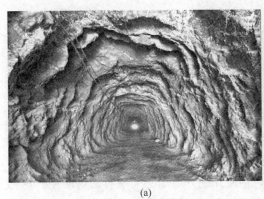 

(a)   (b)

图 5-3　非金属矿山工程

（a）盐矿巷道；（b）盐矿采面

5.2　矿山地下工程稳定性影响因素

在矿山地下工程中，由于受开挖的影响，巷道围岩的初始应力状态发生改变，从而影响巷道的稳定性。巷道围岩的稳定性分析是矿山地下工程设计、施工及维护的一个非常重要的环节。正确分析各种影响地下工程稳定性的因素是进行合理的巷道设计与施工、支护方式和参数选择的基础和前提，也是全面分析巷道围岩破坏的依据。

矿山地下工程所处的工程地质条件差别较大，包括地质构造围岩性质、地下水以及地应力状态等，这些工程地质条件的差别给巷道工程的设计和施工带来很大的不确定性，增加了矿山地下工程的难度。

影响巷道围岩稳定性的因素主要可分为两类：一类是客观存在的地质环境因素，包括巷道围岩的性质、巷道围岩的地应力场和地下水等；另一类是主观因素，包括矿山地下工程巷道的位置和布置方式、巷道的断面形状和尺寸、支护形式和施工工艺等。

5.2.1 围岩性质

围岩的岩性和结构，主要是通过围岩的强度来影响巷道围岩的稳定性。从岩性角度，可以将围岩分为塑性围岩和脆性围岩两大类。塑性围岩主要包括各类黏土质岩石、破碎松散岩石以及某些易于吸水膨胀的岩石如泥岩等，通常具有风化速度快、力学强度低以及遇水易软化、膨胀或崩解等不良性质，对巷道围岩的稳定性不利。脆性围岩主要包括各类坚硬及半坚硬岩体，由于岩石本身的强度远高于结构面的强度，故这类围岩的强度主要取决于岩体结构，岩石性质本身的影响不显著。

围岩的结构状态通常用其破碎程度或完整状态来表示。处于原始状态的岩体，在长期的地质构造运动的作用下，产生各种结构面、形变、错动和断裂，在不同程度上丧失了其原有的完整状态。因此，结构状态的完整程度或破碎状态，在一定程度上是可以表征岩体受构造运动作用的严重程度。围岩的破碎程度对巷道围岩的稳定性是起主导作用的，在相同岩性的条件下，岩体愈破碎，围岩就愈易于失稳。对于厚层状及块状结构的脆性围岩来说，其强度主要受软弱结构面的发育和分布特点所控制。结构面对于这类围岩稳定性的影响，不仅决定于结构面本身的特征，还与结构面的组合及其与巷道开挖方位间的关系有密切联系。一般情况下，只有当结构面的组合使围岩内可能出现有利于塌落或滑动的分离体，且其尺寸小于巷道跨度时，这类围岩才有局部失稳的可能。

5.2.2 地下水

大量实践证明，水是影响巷道围岩稳定性的一个重要因素。地下水既能影响应力状态，又能对围岩的强度造成很大的影响。结构面中空隙水压力的增大能减小结构面上的有效正应力；存在软弱夹层结构面的围岩中，水会冲走充填物或使夹层液化，从而降低岩体沿结构面的抗滑稳定性；而地下水的物理化学作用则常能降低岩体的强度，对工程软岩尤为明显；在某些围岩中，含有大量的蒙脱石等黏土性矿物，蒙脱石遇水后产生膨胀，在未胶结或弱胶结的砂岩中可产生流砂和潜蚀。

由于井下水源分布广，来源多，有大气降水、地表水、含水层水、老窿水和断层水作为其补给来源，并且地下水埋藏在地下，始终处于运动和变化之中，若在巷道内存在水流，为了减小地下水对巷道稳定性的影响，必须充分考虑并采取治理和防止措施，防止围岩软化和突水事故等。

5.2.3 地应力

地应力是存在于地层中的未受工程扰动的天然应力，也称岩体初始应力、绝对应力或原岩应力。它是引起矿山、水利水电、土木建筑、铁路、公路、军事和其他各种地下或露天岩土开挖工程变形和破坏的根本作用力，是确定工程岩体力学属性，进行围岩稳定性分析，实现岩石工程开挖设计和决策科学化的必要前提条件。

产生地应力的原因是十分复杂的，也是至今尚不十分清楚的问题。多年来的实测和理论分析表明，地应力的形成主要与地球的各种动力运动过程有关，其中包括板块边界受压、地幔热对流、地球内应力、地心引力、地球旋转、岩浆侵入和地壳非均匀扩容等。另外，温度不均、水压梯度、地表剥蚀或其他物理化学变化等也可引起相应的应力场，其中，构造应力场和重力应力场为现今地应力场的主要组成部分。

在进入深部以后，仅重力引起的垂直原岩应力通常就已超过工程岩体的抗压强度，而由于工程开挖所引起的应力集中水平则更是远大于工程岩体的强度。同时，据已有的地应力资料显示，深部岩体形成历史久远，留有远古构造运动的痕迹，其中存有构造应力场或残余构造应力场，二者的叠合累积为高应力，在深部岩体中形成了异常的地应力场。由于地应力高而引起巷道工程开挖后所承受的工程荷载大大加强，使得工程围岩产生顶沉、帮缩、底鼓等非线性大变形力学现象。高地应力更是深部巷道变形破坏的主要原因。

5.2.4 巷道的位置和布置

巷道围岩所处的工程地质条件相当复杂，软岩的强度可以在5MPa以下，而硬岩可达300MPa以上。即使在同一个岩层中，其强度也可以相差十余倍。因此，应在充分比较施工和维护稳定两方面经济合理性的基础上，尽量将工程位置设计在岩性好的岩层中。

巷道位置应选择在避免受构造应力影响的地方，如果无法避免，则应尽量弄清楚构造应力的大小、方向等情况。国外特别强调使巷道轴线方向和最大主应力方向一致，尤其要避免与之正交。实践还表明，顺层巷道的围岩稳定性往往比穿层巷道差。

5.2.5 巷道的断面形状和尺寸

岩石抗压不抗拉，岩石的应力状态也影响岩石的强度。因此，确定巷道的断面形状应尽量使围岩均匀受压。如果不易实现，也应尽量不使围岩出现拉应力，使巷道的高径比和地应力场（侧压力大小）匹配，也应注意避免围岩出现过高的应力集中而造成超过强度的破坏。原则上，在满足使用面积要求的情况下，力争减小断面面积。在最不利的条件下，可以考虑将双轨巷道或其他大断面巷道一分为二，但相距不应小于 10 倍的巷道半径。

5.2.6　巷道支护形式和施工工艺

不同类型的巷道采用的支护原理和支护方式不同，对软岩巷道和硬岩巷道的支护尤为如此。由于本构关系的不同，软岩巷道的支护原理和硬岩巷道的支护原理是截然不同的。对于硬岩巷道的支护不允许其围岩进入塑性，因进入塑性状态的硬岩将丧失承载能力。而软岩巷道开挖后，其较大的塑性能（如膨胀变形能等）以某种形式释放出来，同时，处于塑性状态的巷道围岩本身仍具有一定的承载能力。

工程经验表明，在同一岩层中，机械掘进的巷道寿命往往要比爆破施工的长，这是因为爆破施工损坏了岩石的原有强度。在岩石中控制爆破的技术已为大家所熟知，采用光面爆破和控制爆破的工程经验总体上表明支护量可以大幅度下降，并且开挖和支护的总体费用比普通爆破开挖的工程要低。

5.3　矿山地下工程稳定性控制理论及方法

5.3.1　地下工程稳定性控制理论

为了保证深部地下工程的稳定性及开采，各国学者都对深部开采的巷道地压及其控制措施进行了大量研究，产生了一批有影响力的理论成果，下面介绍几种主要的理论。

5.3.1.1　新奥法理论

20 世纪 60 年代，奥地利工程师 L. V. Rabcewicz 在总结前人经验的基础上，提出了"新奥法"（NATM）的隧道设计施工方法（New Austrian Tunneling Method）。1980 年，奥地利土木工程学会地下空间分会把新奥法定义为："在岩体或土体中设置的以使地下空间的周围岩体形成一个中空筒状支承环结构为目的的设计施工方法。"新奥法的核心是利用围岩的自承作用来支撑隧道，促使围岩本身变为支护结构的重要组成部分，使围岩与构筑的支护结构共同形成坚固的支承环。新奥法目前已成为地下工程的主要设计施工方法之一。

新奥法是在利用围岩本身所具有的承载效能的前提下，采用毫秒爆破和光面爆破技术，进行全断面开挖施工，并以形成复合式内外两层衬砌来修建隧道的洞身，即以喷混凝土、锚杆、钢筋网、钢支撑等为外层支护形式，称为初次柔性支护，在此基础上，再进行合理的耦合支护工作。因为蕴藏在山体中的地应力由于开挖成洞而产生再分配，隧道空间靠空洞效应而得以保持稳定，也就是说，承载地应力的主要是围岩体本身，而采用初次喷锚柔性支护的作用，是使围岩体自身的承载能力得到最大限度的发挥，第二次衬砌主要是起安全储备和装饰美化作用。

新奥法充分利用围岩的自承能力和开挖面的空间约束作用，以锚杆和喷射混凝土为主要支护手段，及时对围岩进行加固，约束围岩的松弛和变形，并通过对围岩和支护结构的监控、测量来指导地下工程的设计与施工。

新奥法的主要原则有：（1）充分保护围岩，减少对围岩的扰动；（2）充分发挥围岩的自承能力；（3）尽快使支护结构闭合；（4）加强监测，根据监测数据指导施工。可扼要地概括为"短进尺、弱爆破、紧封闭、早喷锚、勤测量"。隧洞的主要承载部分是围岩，支护结构起到发挥和保护围岩承载能力的作用。在静力学理论中，隧道的结构可视为岩体承载环和支护衬砌组成的圆筒结构，承载环的闭合起到了关键作用，因此围岩和衬砌的整体化应在初期衬砌中就及早完成，以保证衬砌环的稳定与完整。从应力的重分布来考虑，全断面掘进是比较理想的开挖方式。因此，施工方式归根结底要把握一个出发点，那就是保护、调动和发挥围岩的自承能力，在此基础上再根据工程实际条件灵活地选择施工及辅助手段。

5.3.1.2 轴变论理论

于学馥教授等（1981）提出"轴变论"理论，认为：巷道坍落可以自行稳定，可以用弹性理论进行分析，围岩破坏是由于应力超过岩体强度极限引起的，坍落会改变巷道轴比，导致应力重分布。应力重分布的特点是高应力下降，低应力上升，并向无拉力和均匀分布发展，直到稳定而停止。应力均匀分布的轴比是巷道最稳定的轴比，其形状为椭圆形。近年来，于学馥教授等运用系统论、热力学等理论提出开挖系统控制理论，该理论认为：开挖扰动破坏了岩体的平衡，这个不平衡系统具有自组织功能。

5.3.1.3 联合支护理论

冯豫、陆家梁、郑雨天、朱效嘉等提出的联合支护技术是在新奥法的基础上发展起来的，其观点可以概括为：对于巷道支护，一味强调支护刚度是不行的，特别是对于松软岩土围岩要先柔后刚，先让后抗，柔让适度，稳定支护。由此发展起来的支护形式有锚喷网技术、锚喷网架技术、锚带网架技术、锚带喷架技术等联合支护技术。

5.3.1.4 松动圈理论

松动圈理论是由中国矿业大学董方庭教授提出的，其主要内容是：凡是坚硬围岩的裸露巷道，其围岩松动圈都接近零，此时巷道围岩的弹塑性变形虽然存在，但并不需要支护。松动圈越大，收敛变形越大，支护难度就越大。因此，支护的目的在于防止围岩松动圈发展过程中的有害变形。

5.3.1.5 砌体梁理论

中国矿业大学钱鸣高院士在前苏联学者库兹涅佐夫教授的铰接岩块假说的基础上根据相似模型实验和现场实测，运用结构力学的方法得到采场上覆岩层的平衡和失稳条件，从而提出了"砌体梁理论"。"砌体梁理论"认为，在老顶岩梁达到断裂步距之后，随着工作面的继续推进，岩梁将会折断，但断裂后的岩块由于排列整齐，在相互回转时能形成挤压，由于岩块间的水平力以及相互间形成的摩擦力的作用，在一定条件下能够形成外表似梁实则为半拱的结构。这种平衡结构形如砌体，故称之为砌体梁。

该理论在前人研究成果及现场实测的基础上，通过对开采层采场上覆岩层进行分析认为：

（1）在划分的岩层组中，每组中的软岩层或断裂的岩层可视为坚硬岩层上的载荷，或者传递垂直力的媒介。

（2）由于开采的影响，坚硬岩层已经断裂成为排列较整齐的岩块。由于离层，在离层区域内，上下岩层组之间没有垂直力的传递。在水平方向由于有水平推力，形成了铰接关系。铰接点的位置取决于岩层移动曲线的形状，若曲线下凹，则铰接点位于断裂面的下部，反之则在上部，离层区视为无支撑区。

（3）由于层间不能阻挡水平错动，因而视软岩层或碎裂岩层为支承链杆，即只能传递垂直力，不能阻止水平力。

（4）当岩块恢复到水平位置时，破碎岩块间的剪切力为零，故以后的岩块可以用一水平直杆代之。

（5）最上岩层组的坚硬岩层，由于其上只是软岩层及冲积层，因此可视为均布载荷作用于最上组的坚硬岩层上，而下面的岩层组则不然。

（6）最上的坚硬岩层，随着回采工作面的推进，由于载荷条件一致，因而该岩层断裂后各岩块可视为等长。但下面各组岩层由于相互作用，破碎后的长度未必相等。

5.3.1.6 耦合支护理论

耦合支护是针对深部软岩巷道复杂围岩由于塑性大变形而产生的变形不协调部位，通过不同支护之间的耦合以及支护体与围岩之间的耦合而使其变形协调，从而限制围岩产生有害的变形损伤，同时最大限度地发挥围岩的自承能力，实现支护一体化、荷载均匀化，达到巷道稳定的目的。支护体之间的耦合主要是指各种支护材料之间在刚度、强度、预应力上的耦合，包括锚杆、托盘、网、锚索、钢架等支护材料。支护体与围岩的耦合作用主要包括锚杆支护与围岩之间的耦合、锚网支护与围岩之间的耦合以及锚索与深部围岩之间的耦合支护。

根据深部巷道围岩的变形破坏机理，深部巷道实现耦合支护的基本特征在于巷道围岩与支护体在强度、刚度及结构上的耦合（见图5-4）。

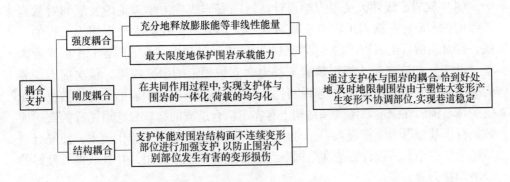

图 5-4　耦合支护的基本特征

5.3.2　地下工程稳定性设计方法

对于地下工程稳定性支护设计方法可追溯到 20 世纪 60 ~ 70 年代，当时因软岩工程中没有成熟的支护理论，其设计基本沿用工程类比法。进入 80 年代以后，随着支护理论及相关学科的发展，出现了位移反馈设计、松动圈支护荷载设计、弹塑性力学理论计算以及以有限单元法、边界元法、离散元法等为理论基础发展起来的数值计算程序（如 ADINA、FINAL、UDEC、FLAC、ANSYS 等程序）的设计方法。进入 90 年代以后，又发展了以非线性力学理论为基础的软岩支护设计方法。归纳起来主要有以下几种：

（1）工程类比法。依据可靠的基础资料、工程环境资料和类似地质条件，主要包括围岩的地质、水文、工程地质资料，岩石的物理、化学、力学性质以及工程环境资料，以及相邻矿井的支护及围岩变形的有关资料，在对这些资料、工程条件分析的基础上进行类比方案设计。

（2）理论计算法。根据软岩工程岩体和工程环境的相关资料确定软岩类别、岩体结构、地压显现类型，建立相应力学模型和计算方法。通过验算巷道位移、支架的最大反力及支护结构力学参数等，从总体上验算工程类比法所选取的支架类型及设计参数是否符合巷道围岩变形规律。

（3）现场施工监测反馈法。依据岩体动态施工过程力学，复杂岩体工程的设计与施工是一个非线性力学过程，其稳定性与应力路径紧密相关，取决于分步开挖与支护的方案，必须运用动态规划原理对施工过程进行优化设计与分析。同样，软岩巷道，尤其是深部巷道工程，其支护设计通常要遵循巷道的工程地质条件进行初步设计，并依据现场施工监测进行信息反馈设计。施工监测内容包括岩石的物理力学性质确定、巷道收敛、支护荷载以及典型地段围岩深部位移监测等。依据实测数据资料整理分析，反馈信息，及时调整工程设计参数，完善初步设计方案。

（4）软岩非线性大变形力学设计法。随着非线性力学理论的发展和对软岩工程的深入研究，软岩工程正面临着从小变形岩土工程向大变形岩土工程的飞跃。针对当前岩土工程围岩变形特点及以往支护设计中存在的问题，中国矿业大学（北京）何满潮院士根据软岩工程力学支护理论的研究成果，首次提出了软岩非线性大变形力学设计法。该设计方法认为，地下工程围岩的破坏多数是由于支护体与围岩在强度、刚度和结构上存在不耦合造成的，软岩巷道工程的支护应该从分析其变形力学机制入手，对症下药，采取适当的支护转化技术，使复合型转化为单一型。该设计方法在全国数百个矿井得以推广应用，并且取得了良好的经济和社会效益。

（5）计算机数值模拟设计法。随着计算机技术的飞跃发展，工程数值计算方法日臻成熟，如有限单元法、边界元法、离散元法等，以此为理论基础的、适用于不同工程对象特点的岩土工程数值计算软件大量涌现，如 ADINA、FINAL、UDEC、FLAC 以及 ANSYS 等程序。针对具体深部工程特性，选用能最大限度地体现其工程特点的数值软件，根据工程及岩体物理力学参数，设计不同的支护方案及参数设计，据此构建相应力学模型，通过模拟运算来优化设计方案及参数。该方法目前在深部巷道及其他地下工程支护设计中得到了广泛的应用。近年来，利用数值模拟手段对深部巷道支护的机理进行研究也取得了一定的成果，对大断面硐室及交叉点支护、动压巷道支护等方面都作了大量的卓有成效的研究。

5.3.3 地下工程稳定性支护技术

经过多年的发展，地下工程稳定性支护技术发展很快，如普通锚喷支护、柔性钢支架支护、锚喷网＋柔性钢支架联合支护等形式。下面介绍几种当下比较典型的支护技术。

5.3.3.1 锚网索＋钢架联合支护技术

陆家梁教授等提出联合支护技术，认为巷道支护必须采用先柔后刚、先抗后让、柔让适度、稳定支护的原则，并由此发展了锚网索＋钢架等联合支护技术。该技术的特点是钢架支护直接与围岩间紧密接触，没有预留变形空间。这种联合支护技术在煤巷、综采切眼、大断面硐室和交叉点支护中得到应用，并取得了一定的效果。

5.3.3.2 刚柔耦合支护技术

中国矿业大学（北京）曹伍富博士在研究深部软岩（煤层）巷道支护时，提出深部软岩巷道的刚柔耦合支护技术。该技术是根据深部开采中围岩的受力过程及其力学特性，以及深部软岩所具有的非线性力学特点，在初次锚网支护后，对关键部位采用锚索二次耦合支护，实现支护体与围岩间耦合作用的一种新技术。

　　该技术认为，深部软岩巷道支护不可能一次到位，而是一个过程，必须进行两次或多次支护；巷道开挖时，允许围岩产生部分松动变形，在围岩中产生松动圈，并释放部分积聚在围岩内部的变形能；在初次锚网支护的基础上，根据深部软岩巷道破坏关键部位的特征，通过现场观测等手段，确定二次锚索支护的最佳时间；锚索二次耦合支护可以最大限度调动深部围岩的强度，使围岩对支护体的作用力降到最小，减少支护系统破坏的可能性。

5.3.3.3　锚网索耦合支护技术

　　在软岩非线性大变形设计理论的基础上，中国矿业大学（北京）何满潮院士和孙晓明博士提出了锚网索耦合支护技术。该技术认为，围岩破坏的根本原因是由于支护体力学特性与围岩力学特性不耦合，并且首先从某一关键部位开始破坏，进而导致整个支护系统的失稳；通过锚网-围岩耦合效应、锚杆-网-托盘耦合效应以及锚索预应力耦合效应，从而实现耦合支护下的高应力转化效应，达到对围岩的稳定性控制目标。耦合支护也就是通过限制围岩产生有害的变形损伤，实现支护一体化、荷载均匀化。

　　巷道开挖后，围岩的受力状态发生改变。如图 5-5 所示，巷道顶部的 A 点，处于受拉状态，而岩石的抗拉强度相对较低，因此极易发生破坏；巷道帮部的 B 点，处于受压状态，因此其强度表现要比 A 点高；而围岩内部的 C 点，仍处于三向受力状态，因此其强度表现相对最高。根据上述分析，当打入锚杆后，由于锚杆与围岩的相互作用，形成了 σ_3 作用面，改变了边界岩体的受力状态，使其由一维应力状态转化为三维受力状态，从而提高了岩体的强度及其承载能力。

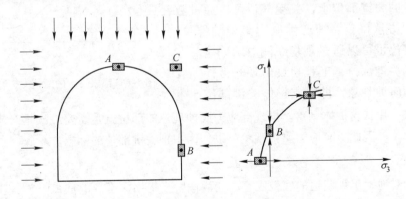

图 5-5　深部巷道围岩受力状态分析

　　传统的组合拱设计观点认为，巷道围岩打入锚杆后所形成的组合拱厚度与锚杆的间排距、锚杆对岩体的控制角 α 有关，一般 α 取 45°。然而，研究表明，锚网与围岩初次支护若在刚度上实现耦合，则锚网支护调动围岩强度超出锚杆端头范围，远远超过传统界限，从而能够最大限度地发挥刚性锚杆的支护能力。

锚杆-网-托盘的耦合作用十分重要，过强或过弱的锚网支护，都会引起局部应力集中而造成巷道破坏。同时，由于深部巷道围岩积聚了大量的变形能，必须在锚网与围岩之间提供一定的变形空间，使其在释放一定的变形能后，再发挥锚网的支护能力。研究表明，采用刚度较大的钢筋网以及复合托盘，可以实现锚杆-网-托盘和围岩强度、刚度达到耦合，使变形相互协调，从而能够充分转化围岩中膨胀性塑性能并能最大限度地利用围岩的自承能力。在耦合作用状态下，围岩应力分布由集中应力区向低应力区转化，锚杆受力趋于均匀化，围岩应力场和应变场趋于均匀化。

研究表明，锚索支护后剪应力明显向巷道深部围岩延伸、扩张，应力集中程度相对减小，在巷道围岩深部锚索顶端出现拉应力集中区，使巷道深部岩体也承担了浅部围岩的支护荷载，从而减小了巷道的变形量。同时，巷道开挖后，围岩的强度由空区向深部逐渐增大到原岩强度，通过锚索的作用，调动了巷道深部围岩的强度，从而达到了对巷道浅部围岩的支护效果。

锚索和锚杆支护达不到耦合作用状态，将会出现恶性事故。因此，重视各种时空条件下的预应力施加值的变化至关重要。一般地说，锚索应该在最佳支护时间施加（如图5-6 中 T_s 所示时间）。

理论研究表明，锚索设计在顶板的力学关键部位效果最好，因此，锚索要尽量设计在顶板的关键部位上。关键部位可以通过数值模拟方法确定，即产生应力集中的部位。关键部位也可以通过现场观测方法确定。在巷道的关键部位，工程裂纹出现时常伴随着高应力腐蚀现象，即在支护体关键部位产生

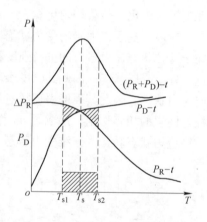

图 5-6   锚索支护的最佳支护时间

鳞片状、片状支护体剥落。出现高应力腐蚀现象的部位就是需要二次耦合支护的关键部位。因此，高应力腐蚀现象可以作为识别关键部位的标志。

5.3.3.4   深部煤巷底鼓三控技术

针对地下工程巷道的底鼓灾害，何满潮院士提出深部煤巷底鼓三控技术。巷道围岩稳定性是一个系统，底板稳定性是系统的一个有机组成部分，可以通过整个系统来对底鼓加以控制，因此，何满潮院士提出以不控底为中心的深部煤巷底鼓三控技术。深部巷道底鼓三控技术，就是利用耦合支护技术，通过对巷道顶板、两帮和底角控制达到控制底鼓的目的。深部巷道底鼓三控技术的具体内容为：

一控顶板：通过锚索对关键部位支护，调动深部围岩强度；利用顶板锚网耦

合支护加厚顶板，提高强度，从而增加顶板应力集中，减小底板应力集中，减少底鼓。

二控帮部：通过锚网耦合加固帮部，提高帮部岩层强度，从而减小帮部塑性区向底板扩散；通过增加网的刚度来限制帮部的变形，从而减小帮部底板垂直位移结构宽度。

三控底角：通过增打刚性底角锚杆，切断来自巷道两侧的塑性滑移线，削弱来自巷道两侧的挤压应力，从而有效地控制底板鼓起变形。对底角施加预应力锚杆，一方面可以将底角应力集中向深部转移，减小浅部应力集中，另一方面又可以加固底角区域，使该区域强度提高，同时通过自身的强度抵抗来自两帮向巷道内的滑移，在滑移线上形成阻力，从而起到控制底鼓的作用。

5.3.3.5 硐室群集约化设计及支护技术

A 硐室群集约化设计技术

传统设计的硐室群，空间效应明显，应力集中程度高，硐室稳定性差，工程量大（见图5-7）。

(a)　　　　　　　　　　(b)

图 5-7　深部泵房硐室群破坏现象

(a) 泵房底鼓严重；(b) 硐室群应力集中破坏

硐室群集约化设计技术是在改善硐室受力条件的同时，通过采用合理的支护方式，确保硐室安全稳定。同传统设计相比，这种设计系统简单可靠，工程量节省，同时施工简单方便，经济效益显著。

以煤矿井下泵房吸水井硐室群为例，为消除立体巷道硐室群的空间效应，将几个吸水小井进行组合，使之成为一个圆形组合吸水井，可大大提高组合吸水井的整体稳定性，避免对水泵房硐室产生不利影响。组合吸水井的尺寸规格通过吸水阻力校核、清扫空间计算、等效设计计算、吸水扰动半径校核和组合井稳定性计算进行确定，每个组合吸水井的尺寸在6~8m（直径）之间。在改善硐室受力条件的同时，通过采用合理的支护方式，确保硐室安全稳定（见图5-8）。深部泵房硐室群集约化设计的优点：（1）稳定性大大提高；（2）配水井减少50%以上；（3）吸水井个数减少60%以上；（4）施工简单方便。

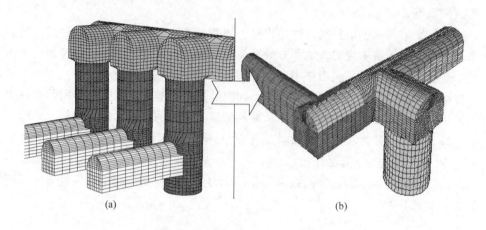

图5-8   深部泵房硐室群集约化设计原理
(a) 传统设计；(b) 集约化设计

B   配套支护技术——锚网索-桁架耦合支护技术

锚网索-桁架双耦合支护利用预留变形空间的柔性锚网耦合支护，释放围岩中的膨胀能；利用立体双桁架的优势特性及锚索调动深部围岩强度的特性，增强支护体整体性，并通过在围岩和立体双桁架间预留变形空间转化变形能，阻止由于高应力作用而产生的有害变形；利用刚度较高的金属网配合锚杆及桁架支护，提高支护强度，阻止节理化围岩的有害变形。通过锚网索-桁架双耦合支护，可以形成比较均匀的外部塑性工作状态区和内部弹性工作状态区（见图5-9）。

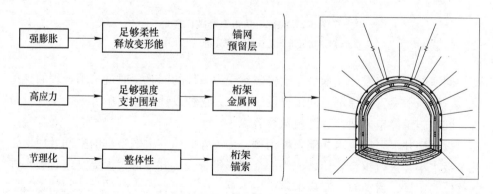

图5-9   锚网索-桁架耦合支护原理

a 耦合作用过程

锚网索-围岩-桁架耦合作用过程可根据围岩变形量和变形速率分为四个阶段（见图5-10）。

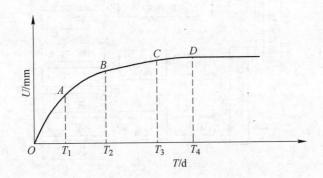

图 5-10 锚网索-围岩-桁架耦合作用过程围岩变形曲线示意图

第一阶段为变形加速段（OA 段）：巷道开挖～初次锚网喷支护，T_1 为锚网喷支护时间；

第二阶段为变形趋缓段（AB 段）：初次锚网喷支护～挖底架设桁架、布设锚索，T_2 为锚索支护和架设桁架时间；

第三阶段为减速变形段（BC 段）：挖底架设桁架、布设锚索～围岩与桁架接触，T_3 为围岩与桁架接触时间；

第四阶段为变形稳定段：围岩与桁架接触～永久支护，T_4 为围岩与桁架相互作用结束，围岩稳定时间。

上述四个阶段实质是围岩中蕴藏的各种能量释放、转移和转化过程的表现。巷道开挖后，围岩中蕴藏的主要能量包括：开挖产生的应力集中能、深部高应力能、膨胀变形能、构造应力能、工程偏应力能、重力能等。不同的支护过程和支护方式转移和转化不同的能量。

锚网索-桁架双耦合作用过程包含了三个能量转化过程：锚网喷支护转化开挖产生的应力集中能、膨胀变形能和构造应力能；预留变形空间转化深部高应力能和膨胀变形能；围岩与桁架相互作用转化重力能和工程偏应力能等。这些过程以支护体或围岩变形的形式释放、转移和转化。

b 立体桁架设计原理

一般钢架支护在大型硐室或交叉点支护时所产生的破坏，主要是弯曲变形和扭曲变形等刚度破坏，以及剪坏和拉坏等强度破坏。这主要是由于钢架本身结构刚度低，所具有的抗弯、抗扭能力差等劣势造成的。而钢架所具有的优势是材料强度高，抗拉、抗压以及抗剪能力强（见图5-11）。

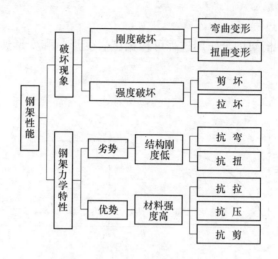

图 5-11   立体桁架设计力学原理

这种设计利用连接件将单层的工字钢支架连接成双层的支架，再在横向上利用连接杆将单个的支架连接成立体桁架，使之成为一个整体，从而把钢架的抗弯、抗扭部位通过结构设计转化为抗拉、抗压或抗剪（见图5-12）。同时，在柔性喷层和钢架之间预留一定量的空隙，在刚隙柔层的控制下，围岩有限制地充分变形，释放变形能量，从而形成比较均匀的外部塑性工作状态区和内部弹性工作状态区，达到把高应力能量转化为变形、高应力转移到围岩内部的目的，待柔性喷层与钢架接触时，再喷混凝土永久支护。

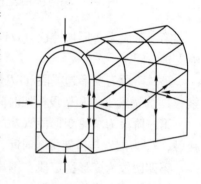

图 5-12   立体桁架杆件受力示意图

实施的混凝土永久支护通过与钢架在强度上匹配，实现永久支护与围岩在强度上的耦合（见图5-13）。

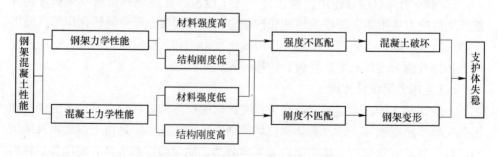

图 5-13   钢架混凝土相互作用机理

c 桁架后预留变形量

锚网索-桁架耦合支护成功与否，关键在于能否准确确定桁架后预留变形空间量。桁架与围岩间预留的变形空间的合适与否，直接影响到桁架的支护作用好坏，以及围岩的稳定与否。过小的预留变形空间使变形能未能充分释放，作用在桁架上的围岩压力将超过桁架的设计承载力，使桁架破坏，进而使围岩失稳；如果预留的变形空间过大，则会使围岩的变形超过其稳定的变形允许量，致使围岩失稳，桁架支护作用失效。

预留变形空间量的原则是保证充分释放高应力强膨胀变形能的同时又不损害围岩自身的支撑能力。预留变形量的多少直接决定了围岩释放变形能的程度，以及是否产生差异性变形。因此，预留变形量应该谨慎确定，通常通过理论计算结合现场工程实际情况综合确定。

5.4 典型工程应用

5.4.1 软岩巷道工程

5.4.1.1 工程概况

柳海矿位于黄县煤田中段之北缘，濒临渤海，东至烟台 113km，西至潍坊184km。烟潍公路从井田的南部通过，井田以西约 10km 有龙口港，客、货船只可通往天津、烟台、大连等海港，交通便利。

本井田属滨海平原，地势平坦，地面标高由 +1.27m 至 +25.74m，唯曲潭村东 L32 线附近到东羔村，形成一独立山丘，最高海拔高度 +25.74m。井田地形基本特征是西北低东南高。区内水系不发育，主要河流有中村河及黄水河，分别自南而北流入渤海，均属季节性河流。柳海矿为新建矿井，矿井一水平标高−480m，采用立井单翼开拓方式，年设计生产能力为 90 万吨，设计由两个综合机械化采煤工作面担负矿井的原煤生产任务。根据经济发展形势和北部海域初步勘察情况，规划在矿井投产初期将年生产能力扩建到 180 万吨。井巷围岩多为泥质胶结，具有较强的膨胀性，节理比较发育，加之围岩赋存深度较大，属于高应力、强膨胀、节理化复合型软岩。其井底车场各巷道开挖不久即出现了明显的变形和破坏，同时，井底车场的运输大巷、空车线、重车线、单轨巷、变电所、等候室等工程相距很近，空间上形成了一个立体交叉的硐室群，施工时又相互影响，更加剧了各单位工程的变形和破坏。

5.4.1.2 变形破坏特征及破坏原因分析

柳海矿是目前我国最深的第三系软岩矿井，岩石成岩作用差，时期短，岩石强度低，并且原支护形式对工程特点缺乏足够的了解，使得井底车场已施工巷道基本全部破坏，面临关闭停建状态。柳海矿地面标高在 +10.3 ~ +25.74m，井底车场巷道设计标高为 −480m，埋藏深度达 500m，是目前国内已建第三系软岩矿井中埋藏深度最大的矿井。柳海矿开建之前我国第三系软岩矿井埋藏深度多数在 300m 以内，国内埋藏最深为 350m。根据现场工程实际，埋藏深度在 300m 以上的巷道及硐室，采用普通的支护方法（围岩条件较差的采用一些补强措施）就基本可以满足现场工程应用，但柳海矿埋深达 500m，原有的支护手段完全失效，必须寻找新的支护方式。根据微观试验和物化分析的结果，柳海矿井底车场巷道围岩黏土矿物中膨胀性蒙脱石相对含量最高达 96%，巷道围岩的胶结程度极差，膨胀性显著，强度低，风化耐久力差，使得巷道变形量大，维护困难。柳海矿井底车场前期施工（截至 2004 年 7 月）巷道总长度为 542.4m，所有巷道（包括井筒和马头门）都产生不同程度的破坏，部分巷道已经过多次返修，并且采用多种支护方式，包括 U 型钢支护、锚网喷支护、钢筋混凝土支护和高强度梁式混凝土预制件支护等，但最终都以失败告终。

柳海矿井底车场已施工巷道采用了国内外几乎所有的支护方法（见图 5-14），都以失败告终。巷道破坏情况为全国第三系软岩矿井破坏范围最大、破坏程度最严重、破坏方式最多的矿井。图 5-15 为柳海矿高应力作用下钢架大变形的情况；图 5-16 为南水仓 U29 型钢＋锚喷支护巷道变形破坏情况，U 型钢严重扭曲，混凝土喷层脱落；图 5-17 为重车线严重底鼓，底鼓量最大达 1000mm。

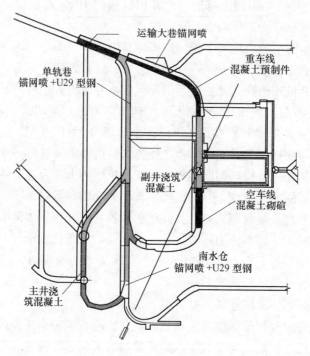

图 5-14　柳海矿井底车场初期支护形式分布图

图 5-15 深部软岩高应力作用下钢架大变形

图 5-16 南水仓巷道变形破坏图

图 5-17 重车线严重底鼓

A   巷道变形破坏特征分析

柳海矿深部第三系软岩工程巷道围岩变形主要分为两个阶段：巷道形成初期（一般为7～10天）的大变形，压力主要来源是含油泥岩及泥岩等自身可塑性与上覆岩层自重，巷道揭露含油泥岩后，泥岩的成岩作用力失去平衡，作用力集中释放，时间短，变形量大；第二阶段（7～10天后）长期流变，主要受巷道上覆岩层压力、构造地应力及岩石膨胀力三种作用力的综合作用。巷道围岩经过前阶段释放成岩作用力后，含油泥岩层面光滑，纵向节理发育，顶板下沉出现活动空间，在重力的作用下，逐渐波及上覆深部岩层，使其作用于巷道。泥岩膨胀力主要表现为巷道底鼓，即锚喷、空气湿度等水渗入底板含油泥岩以及底板承压含水层，补给含油泥岩，致使其吸水膨胀。

不同的支护形式表现出的破坏现象也不同，通过现场实际调查，柳海矿第三系深部软岩工程破坏现象及特征可总结为以下几个方面：

（1）巷道严重冒顶、底鼓和收帮。柳海矿深部第三系软岩工程井底车场单轨巷原支护形式为：初次支护为锚网喷，然后采用间距400mm的U29型钢进行二次支护，最后喷射150mm混凝土。如图5-18和图5-19所示，单轨巷顶板出现严重冒顶，混凝土喷层脱落，钢架出现扭曲变形、弯曲下沉等现象；图5-20为单轨巷严重底鼓，挖底处理后揭露的岩层；图5-21为单轨巷底板渗水后发生收帮、底鼓、不对称变形等现象。

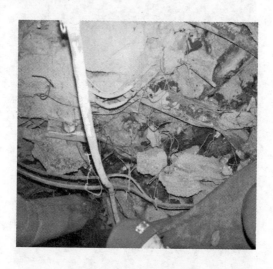

图5-18   单轨巷严重冒顶

（2）钢架大变形。在单轨巷、运输大巷及南北马头门等工程中，使用U型钢架作为二次支护，由于巷道四面来压等影响，造成顶板U型钢大变形，扭成"麻花"状（见图5-22和图5-23）。图5-24和图5-25为单轨巷帮部钢架扭（弯）

图 5-19 单轨巷顶板冒落、钢架变形

图 5-20 单轨巷严重底鼓

曲破坏；图 5-26 为 U 型钢支架大变形破坏，造成顶部下沉；图 5-27 为交叉点部位 U 型钢扭曲大变形破坏情况。

（3）变形不协调破坏。由于支护体与支护体间刚度或强度不耦合，以及支护体与围岩间刚度不耦合，造成支护体破坏，以及支护体间、支护体与围岩间变形不协调破坏。图 5-28 为浇筑混凝土支护与钢架支护变形不协调破坏，图 5-29 为喷射混凝土与钢架联合支护变形不协调破坏。

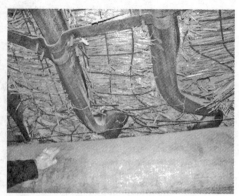

图 5-21 单轨巷底鼓、收帮   图 5-22 顶板 U 型钢扭曲大变形

（4）复合支护不耦合。为了控制巷道变形，在柳海矿第三系深部软岩工程前期支护中采取了复合支护的形式。由于未能准确判断两种支护形式在时间和空间上的耦合作用，使得复合支护未能取得预想的效果。图 5-30 为锚索支护与围岩变形空间不耦合造成巷道破坏，根据现场观测及理论计算，该区松动圈厚度约为 2.5m，变形区厚度为 5m，但施加的锚索长度仅为 4m，造成锚索支护与围岩变形空间不耦合，使锚索支护未能起到调动深部围岩强度的目的，锚索支护失效，进而造成围岩破坏。

图 5-23 U 型钢顶部扭断

B 巷道变形破坏原因分析

通过上述对柳海矿第三系软岩工程破坏现象及特征的总结和分析，并且根据有关工程地质条件和矿物分析可以得出，柳海矿第三系软岩变形和破坏的原因有如下几个方面：

（1）工程地质条件复杂。柳海矿深部第三系软岩工程埋深为 500m，应力水平达到 12MPa，使得围岩长期处于高地应力环境中。从宏观结构和微观结构可以发现其岩体较破碎、节理和裂隙较发育，并且存在较多的微裂隙和孔洞。从物化分析结果可知，其膨胀性黏土矿物相对含量较高，最高可达 96%（一般正常含

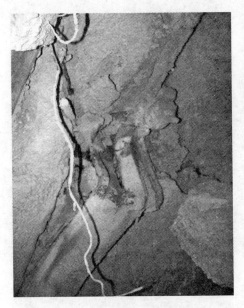

图 5-24　钢架弯曲破坏

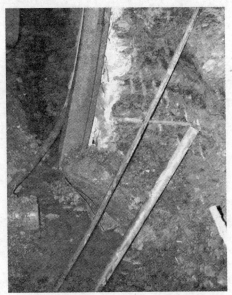

图 5-25　钢架扭曲破坏

图 5-26　U 型钢支架大变形

图 5-27　交叉点处 U 型钢大变形破坏

量为 30% ~40%)。在高地应力和高膨胀应力的共同作用下，较低的岩体强度使围岩产生大变形和破坏，并且由于膨胀力的作用，围岩长期蠕变。因此，高应力节理化强膨胀性软岩（HJS）是柳海矿深部第三系软岩工程变形和破坏的根本原因。

（2）支护理论依据不当。柳海矿深部第三系软岩工程埋深已达到 500m，难度系数达 1.65，采用原来的浅部支护的线性理论已不能奏效，应该采用非线性大

图 5-28　浇筑混凝土与钢架变形不协调破坏　　图 5-29　喷射混凝土与钢架变形不协调破坏

图 5-30　锚索支护与围岩变形空间不耦合

变形力学设计方法。非线性大变形力学设计方法区别于线性小变形力学，其研究的大变形岩土体介质已进入到塑性、黏塑性和流变性阶段，在整个力学过程中，已经不服从叠加原理，而且力学平衡关系与各种荷载特性、加载过程密切相关。因此，其设计不能简单地套用浅部支护的参数设计，而是应首先分析和确认作用在岩土体的各种荷载特性，开展力学对策设计；接着进行各种力学对策的施加方式、施加过程研究。

　　传统支护方式没有意识到支护材料间、支护材料与围岩间的耦合作用，只是被动地、机械地通过多种支护材料的联合使用，以期增加支护强度，但由于不同支护材料间刚度、强度等的不耦合，使得其中一种或几种支护材料没有发挥出应有的作用，最后造成支护的失败。在深部软岩工程中，必须考虑支护材料的不同特性，使不同支护材料间达到耦合作用。

（3）支护技术落后。在深部软岩巷道工程支护中，应采用非线性软岩大变形设计方法。非线性力学的设计比较复杂，应充分考虑各种因素，主要包括三个设计过程：力学对策设计、过程优化设计、参数设计。而在原支护形式中只进行参数设计，从而造成巷道破坏。

在深部软岩工程中，由于其非线性大变形的特点，其支护设计应考虑过程，并进行相关的过程设计，进行各种力学对策的施加方式、施加过程研究。而在原支护设计和现场施工过程中，没有考虑过程相关性，几种支护方式不分先后同时施加，造成不耦合支护，或者由于没有考虑不同巷道施工的先后顺序，造成巷道间相互扰动，使巷道破坏。

5.4.1.3 巷道稳定性控制技术

通过对柳海矿第三系深部软岩工程的分析，应采用锚网索-桁架耦合支护技术作为其主要控制对策。

通过锚网-围岩以及锚索-关键部位支护的耦合而使其变形协调。锚杆通过与围岩相互作用，起着主导承载作用，同时能够防止围岩松动破坏，并有一定的伸缩性，可随巷道围岩同时变形，而不失去支护能力；网的主要作用是防止锚杆间的松软岩石垮落，提高支护的整体性。锚索将下部不稳定岩层锚固在上部稳定岩层中，施加预应力，主动支护围岩，能够充分调动巷道深部围岩的强度。从而限制围岩产生有害的变形损伤，实现支护一体化、荷载均匀化。

采用立体桁架支护，由于其强度较高，可以保证围岩在释放一定变形能后支护体有足够的强度对围岩进行支护，并且通过桁架间拉杆的连接和消力接口的作用，使桁架成为一整体，能够互相传递作用力，使桁架均匀受力。

综上所述，柳海矿第三系深部软岩工程的控制对策可概括为：主动支护、保护浅部岩体、利用深部岩体强度、桁架初期不受力。

5.4.1.4 应用效果分析

使用锚网索-桁架耦合支护技术对柳海矿新开巷道和返修巷道共 1000 余米进行了成功支护，本节将以柳海矿深部第三系软岩工程中最具代表性的工程——单轨巷返修工程为工程实例，具体研究单轨巷的变形力学机制和复合型向单一型转化的对策，进行支护参数和施工过程设计，并通过现场监测结果判断支护方案的合理性。

单轨巷位于井底车场中部（详见柳海矿前期支护布置图），共含有 I 、III 、IV 和 V 四个交叉点，长度 160m，位于 −480m 水平（埋深 500m），单轨巷布置于煤 1 底板含油泥岩中。其中煤 1 厚 1.32m，顶板为厚 6.5m 的含油泥岩；底板含油泥岩厚 7.50m，向下为 3.50m 厚泥岩，煤 2 厚 2.40m，煤 2 底板为 8.30m 砂砾岩，向下为 1.7m 的泥岩，岩层近水平，水平层理发育，承压性差，受挤压易破碎。工程穿过两条较大断层，落差 2.00~6.00m，均为正断层。

根据物化分析试验结果，巷道围岩膨胀性黏土矿物相对含量为 88%，从微观结构分析结果可以看出，顶底板围岩微裂隙较发育，而且大部分连通性较好。

单轨巷共经过 3 次返修。第 3 次返修采用的支护方式为锚网喷和 U29 型钢可缩性全封闭联合支护，U 型钢架 3 架/m，并喷灌 150mm 混凝土（见图 5-31）。

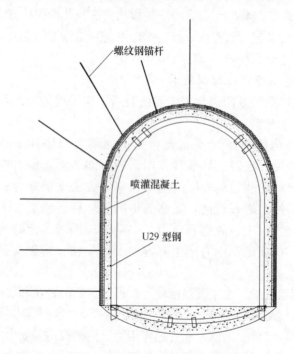

螺纹钢锚杆

喷灌混凝土

U29 型钢

图 5-31   单轨巷原支护形式示意图

图 5-32 为双桁架支护后顶部拉杆连接情况图；图 5-33 为双桁架支护底角部消力接口及底拱部拉杆连接情况图；图 5-34 为架设双桁架并喷射混凝土作为柔性缓冲层的情况；图 5-35 为喷射混凝土覆盖双桁架作为永久支护情况图。

从支护效果分析，柳海矿第三系深部软岩工程采用锚网索-桁架耦合技术是成功的，锚网、锚索、桁架和围岩在刚度、强度和结构上耦合作用，使巷道围岩稳定，一次支护成功。柳海矿深部第三系软岩巷道采用锚网索-桁架耦合支护技术施工 1000 余米，目前巷道稳定，无返修。

图 5-32　双桁架支护顶部情况图

图 5-33　双桁架支护底角部情况图

图 5-34　双桁架支护喷射混凝土情况图

图 5-35 永久支护情况图

5.4.2 深部巷道工程

5.4.2.1 工程概况

旗山矿是徐州矿务集团的主要生产矿井之一。旗山竖井于 1957 年 12 月 20 日开工破土，1959 年 12 月简易投产，经过几次改扩建，1997 年核定生产能力达 120 万吨/年。近几年矿井生产能力一直保持在 150 万吨/年以上，2004 年产量达 180 万吨以上。

矿井开拓方式为立井多水平分区式上下山开采，分为五个水平，第一水平标高为 -220m，第二水平标高为 -420m，第三水平标高为 -700m，第四水平标高为 -850m，第五水平标高为 -1000m。目前矿井主采区域在 -850m 水平，并已向 -1000m 水平延伸。-1000 水平北翼轨道联络大巷为 -1000m 水平的主要开拓巷道，该巷道北与 -850 ~ -1000m 水平北翼轨道下山连通，南与 -850 轨道联络下山相接，巷道设计全长约 650m。具体巷道布置平面位置如图 5-36 所示。

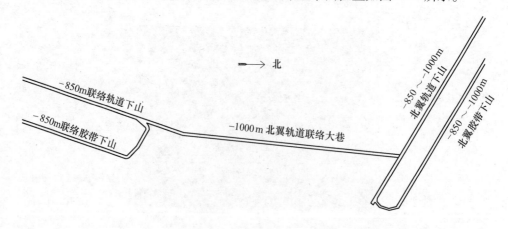

图 5-36 旗山 -1000m 北翼轨道联络大巷平面位置示意图

5.4.2.2　变形破坏特征

旗山矿–1000m北翼轨道联络大巷为一穿层巷道，在掘进过程中多次穿越煤层和破碎泥岩岩组，并揭露多条断层，原有支护已难以满足需要。原巷道支护设计为：巷道断面为直墙半圆拱形，半圆拱净半径为2000mm，直墙高1400mm；净断面尺寸为4000mm×3400mm，面积为11.88m²；毛断面为4200mm×3500mm，面积为12.80m²。巷道支护形式先后采用了三种支护形式：（1）锚喷网+锚索支护形式；（2）锚喷网+锚索+U29型钢可缩性支架支护形式；（3）U29型钢可缩性支架+喷浆支护形式，如图5-37所示为支护断面图。

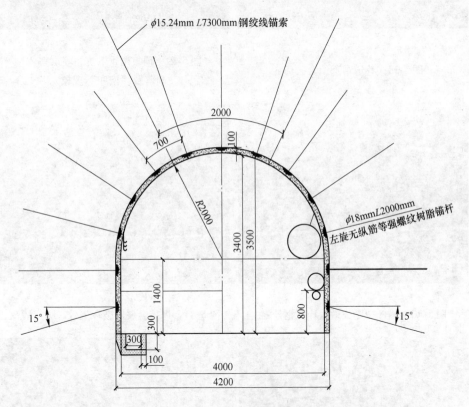

图5-37　–1000m北翼轨道联络大巷锚喷网+锚索支护形式及参数

通过现场考察和调研可知，巷道在初期掘进过程中，围岩及支护体变形、破坏严重，具体情况详见图5-38~图5-51。巷道变形、破坏主要表现在以下几个方面：

（1）顶板受力不均，均有不同程度的下沉，下沉严重地段巷道断面形状由直墙半圆拱形变为直墙小圆弧形或其他不规则形状。据2006年9月20日上午现场测量（2005年5月掘出），巷道高度最小处由原来的净高3400mm下沉到仅剩1968mm，顶底板移近量高达1432mm。巷道顶板喷层剥落、掉块，U29型钢外露，多处地段出现"网兜"现象，个别锚杆拉断失效。

图 5-38　巷道帮部组合破坏

图 5-39　顶板严重下沉、喷层整体
剥落及"网兜"现象

图 5-40　锚杆拉断失效、U 型钢外露

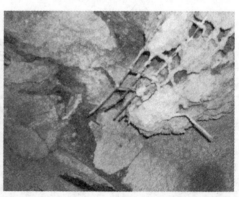

图 5-41　焊接金属网破坏失效、喷层脱落

图 5-42　上帮喷层混凝土鼓出

图 5-43　下帮喷层大部脱落、
围岩（煤层）外露

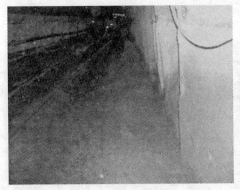

图 5-44 底鼓情况

图 5-45 顶部棚架支护不耦合破坏

图 5-46 喷层剥落、围岩出露

图 5-47 躲避硐室 U 型钢卡缆螺母拉脱

图 5-48 顶板喷层不实出露空洞

图 5-49 喷层大面积垮落

图 5-50 巷道两帮不对称收敛变形及底鼓   图 5-51 巷道冒顶（约 300m³）

（2）两帮收缩变形量大且变形不均匀。据 2006 年 9 月 20 日上午现场测量（2005 年 5 月掘出），巷道最窄地段宽度由原来的 4000mm，收敛变形至 2835mm，收缩量达 1165mm。下帮部多处出现喷层剥落、掉块、围岩外露，U29 型钢出现弯曲变形，躲避硐室处有一架 U 型钢扭曲变形较严重，一道卡缆开裂，另一道卡缆连接螺母拉脱。

（3）巷道掘进过程中，底鼓现象严重，严重影响巷道的正常使用，清底工作量大。

5.4.2.3 巷道稳定性控制技术

A 变形力学机制

根据对旗山矿 -1000m 水平北翼轨道联络大巷新开段预想工程地质剖面图，该巷道掘进中将可能会遇到两种不同结构类型的围岩：节理化砂泥岩组和断层破碎带。

根据前述分析，可以确定新开段也将会遇到两种不同类型的变形力学机制：

复合Ⅲ型：$Ⅰ_{AB}Ⅱ_{AB}Ⅲ_{BC}$ 型；

复合Ⅳ型：$Ⅰ_{AB}Ⅱ_{A}Ⅲ_{AE}$ 型。

B 控制力学对策

在确定了变形力学机制之后，就要有针对性地选取相应的力学对策来将复合型变形力学机制转化为单一型变形力学机制，以此实现巷道成功支护的目的。其中针对 -1000m 水平北翼轨道联络大巷新开段所具有的每一类型变形力学机制可供选取的力学对策有：

$Ⅰ_{AB}$ 型：巷道围岩变形能的层次释放。对于新开巷道则采用复合托盘预留变形空间释放变形能。

$Ⅲ_{E}$ 型：围岩注浆以及锚杆三维优化技术。对于新开巷道则可先采用超前锚杆注浆改善围岩结构，然后再采用锚杆三维优化技术。

Ⅲ$_{AE}$、Ⅲ$_{BC}$型：围岩注浆、锚杆三维优化以及锚索关键部位耦合支护技术。对于新开巷道则可先采用超前锚杆注浆改善围岩结构，然后再采用锚杆三维优化技术及锚索关键部位耦合支护技术。

Ⅱ$_{AB}$型：锚网索耦合支护及底角锚杆控制技术。通过锚网索耦合支护提高支护强度，结合底角锚杆控制技术切断底板塑性滑移线，形成一体化支护结构，从而将不稳定的Ⅱ$_{AB}$型变形力学机制转化为稳定的$\overline{\overline{Ⅱ}}$$_B$型。

C 复合型变形力学机制转化过程

通过对工程地质条件分析、现场破坏状况调查及破坏原因分析、地质力学评估和耦合支护设计理论分析，并结合现场施工的可行性和经济的合理性，确定 −1000m北翼轨道联络大巷新开段复合型变形力学机制的转化过程如图5-52和图5-53所示。

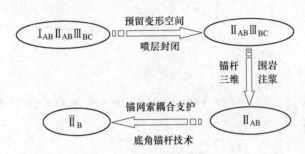

图5-52 新开段复合Ⅲ型变形力学机制转化过程

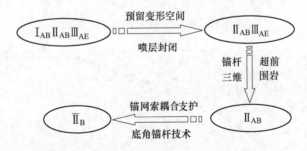

图5-53 新开段复合Ⅳ型变形力学机制转化过程

5.4.2.4 应用效果分析

新开段于2005年7月1日起开始掘进施工，并于9月7日贯通，比原计划提前13天完成贯通目标，共完成新开段巷道长度约为159m。为监测巷道围岩的变形情况，研究巷道开挖后的矿压显现规律并检验新设计方案实施效果，先后设立了多个测站，对巷道表面位移进行了观测。图5-54为巷道实测工程地质剖面图及测站布置示意图。图5-55和图5-56为巷道变形量随时间变化曲线。表5-1为各测站施工及矿压观测情况。

图5-54 新开段巷道实测工程地质剖面图及测站布置示意图

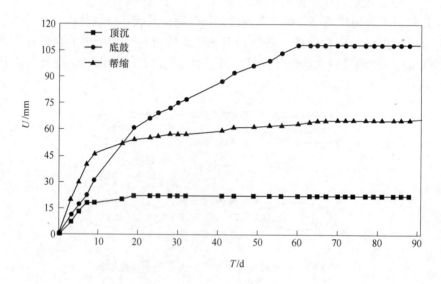

图5-55 新开段14号测点 U-T 曲线

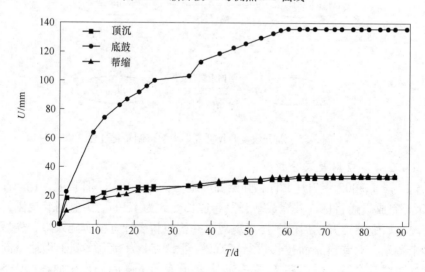

图5-56 新开段15号测点 U-T 曲线

表 5-1 新开段巷道变形观测情况汇总表

测点编号	施工日期	实测时间/d	顶沉总量/mm	帮缩总量/mm	底鼓总量/mm
8	2005.07.03	300	55	68	190
9	2005.07.23	300	51	35	25
10	2005.07.29	300	22	14	35
11	2005.08.06	300	15	18	33
12	2005.08.09	300	53	13	112
13	2005.08.15	300	16	19	142
14	2005.08.25	300	22	65	108
15	2005.08.29	300	33	34	136
16	2005.09.02	300	11	47	114

从表 5-1 中可以看出，8 号测点附近巷道无论是顶板下沉总量、两帮收缩总量还是底鼓量，均为试验段最大值。其原因除此段巷道所处岩性主要为较软弱破碎的杂色泥岩，岩性较差外，最主要的原因还是该段巷道处于新旧支护交接部位，受原支护破坏影响较大，即前后关系未处理好，因而加剧了该段巷道的变形。9～13 号测点之间约 52.8m 巷道底鼓量轻微，其中 9、10、11 号测点在观测期间内的底鼓量分别仅为 25mm、35mm 和 33mm。12 号测点前方 5m 至 13 号测点前方 10m 共约 17.8m 和巷道透窝点后方至 15 号测点之间约 33.3m 为巷道底鼓量较大段，此段最大底鼓量为 13 号测点处的 142mm，其次为 15 号测点处的 136mm。12～15 号测点前方巷道整体情况如图 5-57～图 5-60 所示。

图 5-57　12 号测点前方巷道整体情况　　　图 5-58　13 号测点前方巷道整体情况

综上所述，在整个试验段巷道内，除了 8 号测点附近巷道之外，其余段巷道的顶板下沉量和两帮移近量均不大，底鼓量也在允许变形范围之内，且变形均在 60 天左右趋于稳定。由此可见，新支护设计方案对顶板和两帮及底鼓的控制效

图 5-59　14 号测点前方巷道整体情况　　　图 5-60　15 号测点前方巷道整体情况

果还是比较明显的。

5.4.3　深部软岩硐室群工程

5.4.3.1　工程概况

旗山矿 -1000m 水平泵房吸水井系统为机电硐室群，服务年限较长。该系统由变电所进风通道、变电所、变电所回风通道、泵房、泵房管子道、壁龛及吸水井、外水仓、内水仓等组成。各巷道的断面及工程量如表 5-2 所示。

表 5-2　 -1000m 水平变电所泵房吸水井系统巷道概况

巷道名称	净断面/m×m, m	面积/m²	毛断面/m×m, m	面积/m²	工程量/m
变电所进风通道	3×3	8.03	3.2×3.1	8.82	31.3
变电所	4.3×3.75	14.14	4.5×3.85	15.15	39.6
泵房	4×4	14.28	4.2×4.1	15.32	30
变电所回风通道	3×3	8.03	3.2×3.1	8.82	24
泵房管子道	3×3	8.03	3.2×3.1	8.82	70
壁龛	7×4.1	23.44	6.8×4	22.24	7
外水仓	3×2.7	7.13	3.2×2.8	7.86	160
内水仓	3×2.7	7.13	3.2×2.8	7.86	120
吸水井	φ6	28.27	φ6.8	36.32	7

硐室群所处位置相对地表为徐台村、造纸厂等，其余为农田。该区整体处于不牢河向斜轴附近，煤岩层起伏较大，向斜轴斜穿采区中部，中间低两翼高，跨度 100m。平行于不牢河轴发育有潘 1 号、新 13 号及新 11 号落差 10m 以上的 3 条断层，其中以潘 1 号正断层最大，走向 NNE，倾向 NW，倾角 80°~85°，落差 12~100m，延展长度 4000m，该断层切割下石盒子组、山西组地层，最终被 F30

号断层切割。新13号正断层走向 N～NWW，倾向 NW，倾角70°～80°，落差0～25m，延伸长度1100m，切割下石盒子组地层。新11号正断层走向 NE，倾向 NW，倾角70°～75°，落差0～15m。各断层皆以高角度同向正断层为主。据施工过程中实际揭露岩性情况看，变电所进风通道和变电所整体处于泥岩之中，变电所回风通道整体处于砂泥岩之中，泵房及泵房管子道整体处于岩性较好的砂岩之中。岩层倾角80°～150°，平均120°。在掘进过程中未揭露断层。

5.4.3.2 硐室群变形破坏特征及原因分析

徐州矿区已施工的泵房硐室群尝试采用了锚网喷＋锚索、混凝土砌碹、混凝土浇筑和锚索梁＋双排 U 型钢等多种支护方式，但都产生了不同程度的变形破坏。对这些硐室群设计失败教训的研究有利于进一步揭示影响立体交叉硐室群稳定性的因素，同时也为提出泵房吸水井硐室群合理的支护设计方案奠定了基础。

A 硐室群变形破坏特征分析

由于水泵房的规格尺寸是根据水泵房内排水设备的类型和数量确定的，排水量越大，水泵房规格尺寸越大。而吸水小井及配水巷的布置使水泵房成为立体巷道最密集的区域，容易造成巷道围岩应力集中，使水泵房硐室群易于产生破坏。如图 5-61～图 5-63 所示为夹河矿和权台矿水泵房的变形破坏情况。

图 5-61 夹河矿 –800m
水平水泵房不对称变形

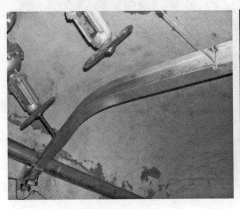

图 5-62 夹河矿 –800m 水平
水泵房连接拉杆弯曲变形

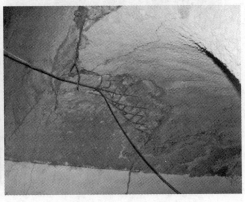

图 5-63 权台矿 –1000m
水平水泵房应力集中破坏

　　受水泵房硐室空间限制，吸水小井之间岩柱尺寸不能过大，使得各吸水小井之间围岩产生应力集中，容易造成吸水小井破坏，进而影响水泵房硐室稳定性。如图 5-64 所示为权台矿－1000m 水平吸水小井变形破坏情况。

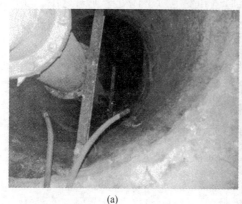
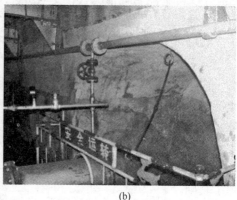

(a)　　　　　　　　　　　　　　　(b)

图 5-64　权台矿－1000m 水平吸水小井变形破坏
(a) 吸水小井混凝土脱落；(b) 吸水小井壁龛喷层脱落

　　水泵房及吸水小井破坏会影响水泵房硐室底板的稳定性，产生底鼓或片帮，破坏设备基础，造成设备不能正常运转，进而影响整个排水系统的正常运转。如图 5-65 ~ 图 5-67 所示为夹河矿和权台矿水泵房的底鼓和片帮情况。

(a)　　　　　　　　　　　　　　　(b)

图 5-65　夹河矿－800m 水平水泵房系统底鼓
(a) 水泵房底板开裂；(b) 水泵房通道底鼓

(a)   (b)

图 5-66 权台矿 – 1000m 水平水泵房系统底鼓

（a）水泵房水沟盖板鼓起；（b）水泵房底鼓

图 5-67 权台矿 – 1000m 水平水泵房硐室群交叉处片帮

通过上述分析，结合现场工程变形破坏过程，可将徐州矿区深部水泵房硐室群破坏特征总结如下：

（1）硐室群的破坏具有典型的深部工程破坏特征。

（2）巷道围岩在一些特殊位置发生应力集中，造成支护体与围岩在强度、刚度和结构上变形不协调，从而造成支护体被各个击破，造成整体巷道严重破坏。

（3）硐室群的变形破坏具有方向性和规律性。

（4）硐室群来压周期长，规律性差，很难预测，一旦压力显现就表现出极强的破坏力。

（5）硐室群巷道围岩岩体强度低，变形具有长期流变特性，受工程扰动的影响很大。

B　硐室群变形破坏原因分析

（1）深部高地应力。进入深部以后，仅重力引起的垂直原岩应力通常就已超过工程岩体的抗压强度，而由于工程开挖所引起的应力集中水平则更是远大于工程岩体的强度。同时，据已有的地应力资料显示，深部岩体形成历史久远，留有远古构造运动的痕迹，其中存有构造应力场或残余构造应力场，二者的叠合累积为高应力，在深部岩体中形成了异常的地应力场。旗山矿 – 1000m 水平泵房硐室群埋深 1032m，自重应力达 27MPa，开挖后集中应力高达 54MPa。由于地应力高而引起硐室群开挖后所承受的工程荷载大大加强，使得工程围岩产生顶沉、帮缩、底鼓等非线性大变形力学现象。高地应力是深部硐室群变形破坏的主要原因。

（2）膨胀型黏土矿物含量高。旗山矿 – 1000m 水平泵房硐室群顶底板围岩中膨胀性黏土矿物含量高，其中，伊/蒙混层含量达 30% ~ 40%，混层比 35%。地层中膨胀性黏土矿物的含量对硐室群的变形破坏有很大的影响，以上物质遇水发生膨胀并使得围岩产生显著塑性变形。

（3）传统硐室群设计不合理。由于传统设计的硐室群由泵房、多个吸水小井和配水井、配水巷组成，局部区域内多条巷道密集分布、立体交叉，硐室群空间效应明显，应力集中程度高，局部变形破坏会影响整体系统的稳定。巷道开挖后，围岩应力发生很大的变化，切向应力在岩壁出现局部集中现象，巷道深部岩体则接近原岩应力状态，这样如果两个相邻巷道间距较小就会出现两个巷道产生的工程应力相互干扰，加剧应力集中现象，造成硐室群破坏。

（4）硐室群开挖顺序不合理。由于深部工程岩体表现出很强的非线性的物理和力学特性，岩体变形具有塑性特点，深部岩体的变形破坏与其受力历史过程紧密相关，目前已施工的深部泵房硐室群仍然采用浅部的施工顺序和施工过程，没有考虑施工过程对硐室群受力和变形的影响。所以，在深部硐室群开挖时一定要按最优顺序来开挖，尽力避免对邻近硐室的影响，可以通过理论分析和数值模拟等手段确定最优应力路径。

（5）支护方式不合理。由于对深部复杂工程地质条件了解不够，采用的支护方式或方法不符合深部工程的变形特点，对深部硐室群支护的关键技术缺乏了解，硐室群、交叉点等应力集中区仍沿用普通巷道的支护技术，无法在最佳支护时间对关键部位采用最佳的支护手段及时进行有效支护，使围岩产生大变形，造成硐室群失稳破坏。

5.4.3.3 巷道稳定性控制技术

A 变形力学机制确定

通过微观结构分析，巷道围岩微空隙较为发育，由于大量孔隙和裂隙的存在及水的表面张力作用，产生了毛细压力，使水通过软岩中的微小空隙通道吸入。根据试验数据，卵石的毛细高度为零至几厘米，砂土则在数十厘米之间，而对黏土（相当于泥质软岩）则可达数百厘米，这就为巷道围岩的进一步化学膨胀和胶体膨胀准备了条件。因此，巷道围岩也存在着微裂隙膨胀机制，即 I_C。

根据巷道破坏表现出的明显的与深度有关而与方向无关的特点，在开挖浅部巷道时，按常规支护形式，巷道变形破坏不很明显；随深度增加，巷道变形破坏变得严重起来，而破坏的方向性不甚明显。这些特征往往表现为重力机制起作用的扩容膨胀，即 II_B。

由于临近运输大巷等工程的施工，造成较强的工程偏应力，引起巷道围岩的变形破坏，单轨巷也存在着由工程偏应力引起的变形力学机制，即 II_D。

根据地质条件，整个矿区都不同程度受到构造应力影响，在其作用下，单轨巷产生不同程度破坏，因此，也存在着构造应力机制，即 II_A。

根据现场工程地质调查，单轨巷位于两个正断层附近，断层与该巷走向成 $60° \sim 90°$ 夹角，存在断层型力学机制，即 III_{AC}。

巷道围岩裂隙节理比较发育，围岩较为破碎，存在随机节理型变形力学机制，即 III_E。

综上所述，单轨巷的变形力学机制为：$I_C II_{ABD} III_{AC} III_E$ 复合型变形力学机制。

B 复合型变形力学机制的转化技术

由于各软岩内在变形力学机制不同，其转化的对策有所不同，对应的转化技术也不同。成功支护的技术关键是如何通过各种转化支护技术有效地把复合型变形力学机制转化为单一重力型力学机制。根据相关理论，采取的转化技术分别为：

I_C 型：巷道扩刷、预留变形层，释放膨胀变性能，通过底角锚杆控制底鼓。

II_{AD} 型：通过锚杆和锚索的三维优化技术转化构造应力型和断层型力学机制。

$III_{AC} III_E$ 型：通过锚网索的耦合技术和锚杆（索）的三维优化技术转化断层型和随机节理型力学机制。

II_B 型：通过立体桁架技术和锚索关键部位耦合技术对重力型机制进行控制，最终使巷道稳定。

根据上述分析，整个转化过程可概括为三步：第一步转化，通过巷道扩刷和预留变形空间，释放变形能，利用底角锚杆和全封闭桁架支护技术控制底鼓；第二步转化，通过锚杆和锚索的三维优化技术转化构造应力型和断层型力学机制，并利用锚网索耦合支护技术使围岩达到变形和应力均匀化；第三步转化，通过锚网索-桁架耦合支护技术使围岩与支护体耦合作用，变性协调，使巷道及围岩稳定。具体转化技术详见图5-68。

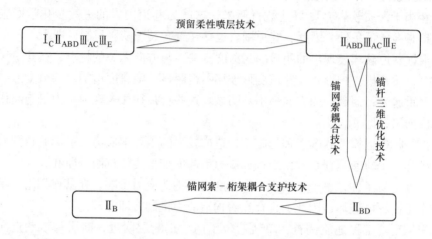

图5-68 复合型变形力学机制转化流程图

5.4.3.4 应用效果分析

根据泵房硐室群巷道布置情况，共设5组表面位移测站，其中4组布置在泵房中，1组布置在壁龛内；3组顶板离层测站，其中2组布置在泵房中，1组布置在壁龛内；1组深部位移测站，布置在泵房内。测站具体布置位置如图5-69所示。

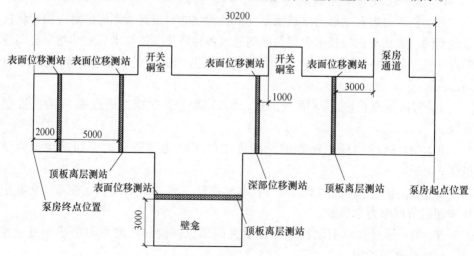

图5-69 泵房硐室群测站布置图

　　现场矿压观测曲线如图 5-70 和图 5-71 所示，图中虚线部分为推测值，因为现场施工过程中，由于各种原因，巷道打开后并不能及时得到监测，为了研究需要，对缺失值进行了反演。

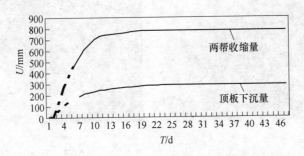

图 5-70　吸水井壁龛围岩位移曲线

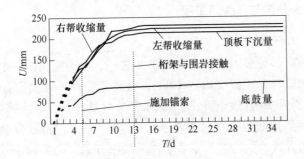

图 5-71　泵房围岩位移曲线

　　从图 5-70 可以看出，吸水井壁龛硐室围岩的累计顶板下沉量为 291mm，累计两帮收缩量为 781mm，从而可以得出顶板围岩的平均下沉速率为 6.33mm/d，两帮收缩的平均速率为 16.98mm/d。

　　从吸水井硐室的矿压观测曲线可以看出，巷道打开后，初期变形速率比较快，顶板最大变形速率为 65mm/d，两帮最大收缩速率为 140mm/d。

　　从图 5-71 泵房围岩位移曲线可以看出，泵房硐室围岩的累计顶板下沉量为 214mm，累计两帮收缩量为 455mm，其中左帮 231mm，右帮 224mm，累计底鼓量 93mm，从而可以得出顶板围岩的平均下沉速率为 5.78mm/d，两帮收缩的平均速率为 12.30mm/d，底鼓平均速率为 2.51mm/d。从图中可以看出左帮（即靠近泵房通道交叉点一侧，文中以巷道掘进方向为参照区分左右帮）的变形比右帮（远离泵房通道交叉点一侧）的变形要大，且受工程采动的影响比较大。现场监测结果说明了支护方案的合理性和可靠性。

　　现场施工后的实际支护效果（见图 5-72 和图 5-73）也验证了支护方案的合理性和可靠性。

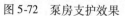

图 5-72　泵房支护效果　　　　　　　　　图 5-73　吸水井支护效果

5.4.4　深部软岩井筒与马头门工程

5.4.4.1　工程概况

兴安矿是鹤岗矿务集团的主要生产矿井之一，位于鹤岗矿区的西南部，与俊德矿、富力矿相毗邻，距鹤岗市约 10km，铁路、公路、水路交通便利。兴安矿竖井于 1952 年 8 月 20 日破土开工，1956 年 7 月投产，设计生产能力 360 万吨/年。近几年矿井生产能力一直保持在 300 万吨/年以上，2005 年产量达 380 万吨以上。矿井开拓方式为立井多水平分层走向长壁开采，分为四个水平，其地面标高为 +247m。第一水平标高为 +50m，第二水平标高为 -100m，第三水平标高为 -300m，第四水平标高为 -502m。目前矿井主采区域在 -300m 水平，已向 -502m 水平延伸。兴安矿新副井井筒破坏段在 -476 ~ -507m 之间，其中四水平马头门位置为 -502m，中央水仓、泵房、吸水井、等候室与井筒在空间上形成立体交叉巷道。具体巷道布置平面位置如图 5-74 所示。

井筒井壁围岩主要分为三个工程岩组：砂岩岩组（包括中砂岩和细砂岩）、泥岩岩组（包括泥岩和砂质泥岩）和煤体岩组。巷道围岩以泥岩岩组为主，局部为煤和砂岩。在现场钻取岩样，制成标准试件进行全面的岩石室内物理力学性质试验，主要包括岩石密度及吸水率试验、岩石比重及孔隙率试验、岩石的单轴压缩及变形试验、岩石浸水单轴压缩试验及浸水软化试验、岩石劈裂拉伸试验和岩石浸水劈裂拉伸试验等。经过试验得出不同岩组的物理力学特性平均值指标，见表 5-3。经分析可以明显看出，巷道围岩强度普遍较低，尤其是巷道主要揭露的泥岩强度非常低，其中泥岩的抗压强度仅为 35.56MPa，抗拉强度仅有 3.31MPa。吸水性较强，吸水后一方面强度大幅降低（软化吸水率仅为 0.16），另一方面岩体膨胀产生较大应力，对巷道支护极为不利。这些数据都说明该处围岩属于软岩。

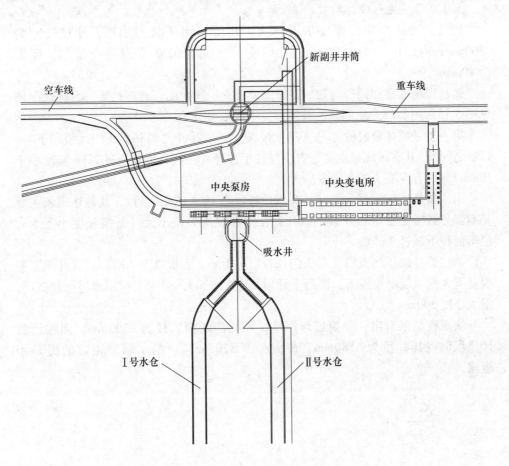

图 5-74 兴安矿四水平巷道平面位置示意图

表 5-3 不同岩组的物理力学特性

项 目 岩 性	重度 /kN·m⁻³	孔隙率 /%	吸水率 /%	抗压强度 /MPa	软化系数	抗拉强度 /MPa	弹性模量 /GPa	泊松比
煤	14.0		2.02					
泥岩	25.3	5.88	2.74	35.56	0.16	3.31	9.11	0.149
砂岩	25.6	2.63	1.22	50.36	0.91	4.78	18.25	0.135

  兴安矿井田地质结构复杂,断裂构造及褶曲构造分布特征展示出其是受不同方向、不同期次的应力作用叠加复合的产物,构造应力大。兴安煤矿井筒破坏段埋深在 724~755m 之间,地应力异常的现象突显,自重应力为 15MPa,造成巷道支护困难,原有的支护体系已经不适应现有的开采条件。

5.4.4.2 变形破坏特征

兴安矿新副井井筒原支护设计为：井筒断面形状为圆形，外径尺寸为7300mm，内径尺寸为6500mm；井筒支护形式为C20素混凝土浇筑，厚度为400mm。

通过现场考察和调研可知，井筒围岩及支护体变形、破坏严重，具体情况详见图5-75～图5-78。从井筒的破坏程度上大致可分为三类：

第一类是破坏较轻段（马头门顶板以上15～20m之间和马头门底板以下7～12m之间），其破坏现象主要是有少量较小裂缝（一般长度不超过2m，宽度小于10mm），没有混凝土脱落现象。

第二类是破坏较严重段（马头门顶板以上10～15m之间），其破坏现象主要是有部分混凝土脱落和开裂，但开裂长度和脱落面积不大（开裂长度小于5m，脱落面积不超过4m²）。

第三类是破坏严重段（马头门顶板以上10m，底板以下7m），其破坏现象主要是有大面积混凝土脱落，混凝土开裂长度大于5m，80号工字钢罐道梁被挤弯，最大挠度300mm。

从观察结果看出，井筒破坏严重，原始净断面直径为6500mm，而在径缩严重段测得其直径为6180mm，最大径缩320mm，影响了罐笼正常的提升和运输。

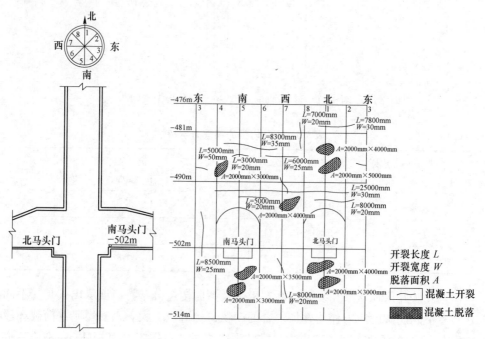

图5-75 井筒马头门破坏情况素描图

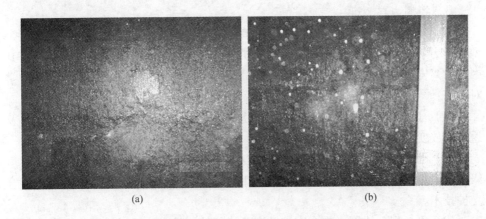

(a)   (b)

图 5-76 井壁混凝土开裂脱落
(a) 情形一；(b) 情形二

图 5-77 井筒罐道梁挤压弯曲   图 5-78 马头门工字钢梁挤压弯曲

5.4.4.3 巷道稳定性控制技术

A 变形力学机制

根据对该区段井筒围岩所作 X 射线衍射分析和扫描电镜试验结果，该大巷围岩黏土矿物中伊/蒙混层和高岭石含量均较高，因此该区段井筒围岩变形力学机制包含 I_{AB} 型，即分子吸水膨胀型和胶体膨胀型。

通过现场工程地质调查研究，结合软岩工程力学理论分析，兴安矿新副井井筒破坏段所受作用力主要为近水平方向的构造应力，且上覆岩层自重应力较大，因此该巷道变形力学机制包含 II_{AB} 型，即构造应力型和重力变形型。此外，根据地质条件分析可知，兴安矿新副井井筒共揭露 7 条断层，井筒围岩层理发育，对围岩支护有较大的影响，故该巷道还存在 III_{ABC} 型变形力学机制，即断层型、软弱夹层型和层理型变形力学机制。综上所述，该井筒破坏段围岩的变形力学机制可定为 $I_{AB}II_{AB}III_{ABC}$ 型。

B   控制力学对策

在确定了变形力学机制之后，就要有针对性地选取相应的力学对策来将复合型变形力学机制转化为单一型变形力学机制，以此实现巷道成功支护的目的。其中针对兴安矿四水平井筒马头门所具有的每一类型变形力学机制可供选取的力学对策有：

（1）I_{AB}型：巷道围岩变形能的层次释放。对于巷道返修段通过前期变形及返修释放变形能。

（2）III_{ABC}型：围岩注浆以及锚杆三维优化技术。对于返修巷道首先通过返修前围岩注浆改善围岩结构，然后再采用锚杆三维优化技术及锚索关键部位耦合支护技术。

（3）II_{AB}型：锚网索耦合支护及底角锚杆控制技术。通过锚网索耦合支护提高支护强度，结合底角锚杆控制技术切断底板塑性滑移线，然后再使用柔层桁架支护技术形成一体化支护结构，从而将不稳定的II_{AB}型变形力学机制转化为稳定的$\overline{II}_B$型。

C   复合变形力学机制转化

通过对工程地质条件分析、现场破坏状况调查及破坏原因分析、地质力学评估和耦合支护设计理论分析，并结合现场施工的可行性和经济的合理性，确定兴安矿新副井井筒马头门复合型变形力学机制的转化过程如图5-79所示。

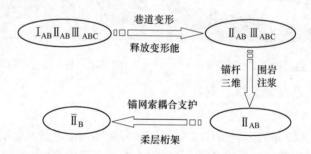

图5-79   井筒马头门复合型变形力学机制转化过程

5.4.4.4   应用效果分析

兴安矿四水平井筒与马头门交叉点埋深750m，南北马头门破坏严重，出现不同程度的混凝土开裂、收帮、底鼓等大变形现象。为了考察马头门与井筒交叉点处的表面位移情况，在南北马头门各布设一组测站，对巷道表面位移进行观测。图5-80为巷道实测工程地质剖面图及测站布置示意图。图5-81和图5-82为巷道变形量随时间变化曲线。表5-4和表5-5为各测站施工及矿压观测汇总情况。

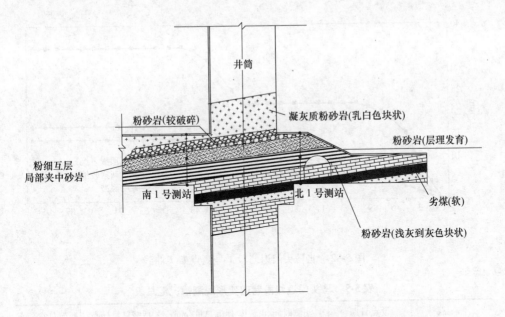

图 5-80 井筒马头门返修段实测工程地质剖面图及测站布置示意图

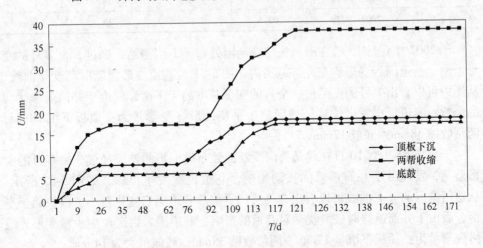

图 5-81 南马头门返修段 1 号测点 *U-T* 曲线

表 5-4 井筒返修段井壁收缩变形观测情况汇总表

测 点	设点日期	实测时间/d	南北径缩量/mm	东西径缩量/mm
1	2007.05.10	206	7	8
2	2007.09.17	80	6	5
3	2007.10.08	58	9	10
4	2007.10.28	38	12	15
5	2007.11.05	31	9	8

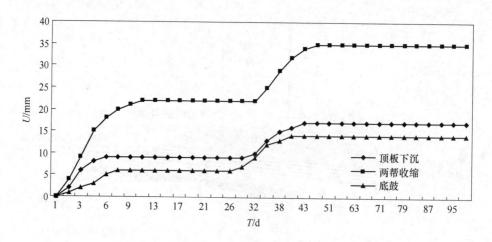

图 5-82　北马头门返修段 1 号测点 $U\text{-}T$ 曲线

表 5-5　马头门返修段巷道变形观测情况汇总表

测　点	设点日期	实测时间/d	顶沉总量/mm	帮缩总量/mm	底鼓总量/mm
1	2007.06.15	171	18	38	17
2	2007.09.10	95	17	35	14

于 2007 年 6 月 15 日在南马头门变断面处布设 1 组测站，经过 5 个多月的变形监测，巷道围岩变形均在允许范围内。图 5-81 为巷道变形量随时间变化曲线，从图中可以看出 1 号测点经过一个月的变形基本趋于平衡，后由于井筒返修扰动的影响，巷道再次发生位移，最后趋于平衡，最终变形量为：顶板下沉 18mm，两帮收缩 38mm，底鼓 17mm。

于 2007 年 9 月 10 日在北马头门变断面处布设 1 组测站，经过 3 个多月的变形监测，发现由于井筒返修的扰动影响，巷道再次发生位移，如图 5-82 所示。从这组测点的 $U\text{-}T$ 曲线可以看出，马头门返修后巷道围岩变化较小，很快趋于平衡，后由于井筒返修时破壁扰动对巷道的影响，巷道围岩再次产生少量变形，最终变形量为：顶板下沉量 17mm，两帮收缩 35mm，底鼓最大为 14mm。

从图 5-81 和图 5-82 及表 5-4 和表 5-5 中可以看出，靠近井筒马头门交叉点附近的巷道围岩变形量较大。其原因除此段巷道所处岩性主要为较破碎的杂色砾岩和块状粉砂岩，岩性较差外，最主要的原因还是由于井筒返修破壁时的工程扰动对马头门的影响，因而加剧了该段巷道的变形。

综上所述，在整个试验段巷道内，井筒径缩量最大为 15mm，马头门处巷道的顶板下沉量和两帮移近量均不大，底鼓量也在允许变形范围之内，且变形均已趋于稳定。由此可见，新支护设计方案对立井井筒的控制效果还是比较明显的，有效控制了新副井井筒与马头门的稳定性。

6 非开挖工程

非开挖技术是利用微开挖或不开挖的相关技术对地下管线、管道和地下电缆进行铺设、修复或更换的一门科学。该定义无论是内涵和外延都非常准确，同时把非开挖技术定义为一门科学，也说明非开挖技术不仅仅是一种简单的施工技术，经过近百年的历史积淀，已经发展成为一门多学科交叉的新兴学科分支，我们可以给它定名为"非开挖工程学"。实际上，非开挖工程学还应包括在不开挖地表的条件下，对管道和地下管线进行探测和检查的基础理论、技术方法、仪器设备和工程实践等方面的内容。

6.1 非开挖工程概述

6.1.1 非开挖技术的背景

随着全球经济的持续发展、人口的迅速增长和城市化进程的加快，加之人们环境意识的增强和对生活质量提高的关注，在城市建设中，管线工程建设的发展和完善被提到重要的议事日程。目前城镇居民对各类地下管线的人均占有量，业已成为衡量城市居民生活水平和生活质量的重要标志之一；而城市地下管网的发展规模，管线铺设、维修和更换过程中对城市交通、环境的影响及对人们生活、工作的干扰，也成为衡量一个城市基础设施完善程度和城市管理水平的重要标志之一。

在此背景下，加快城市地下管线的建设、改造，扩大地下管网的类别，改革地下管线铺设、修复和改善的方法，就成为现代城市基础设施建设、管理中的一个重要领域（市场）。如 1992 年发达国家各类管线的铺设长度达 24.2×10^4 km，总投资达 300 亿美元；发达国家现有各类地下管线总长估计约 2000×10^4 km，为更新、修复现有地下管线，每年还需投资 300 亿 ~ 500 亿美元。

由于非开挖管线工程技术的日趋完善及其与开挖施工相比的优越性，目前用非开挖技术铺设管线的工程明显增加。据资料报道，在西方发达国家，近年来非开挖铺管工程量平均已占管线工程总量的 10% 左右，而个别城市和地区所占比例远大于此，如柏林市改造过程中，非开挖管线铺设量已占到总量的 40% 以上。

6.1.2 非开挖施工方法简介

非开挖施工方法很多，按其用途可分为管线铺设、管线更换和管线修复 3

大类：

（1）管线铺设。铺设方法又分为两种：

1）管径大于900mm的人可进入的管线铺设方法，包括顶管施工法、隧道施工法。

2）管径小于900mm的人不可进入的管线铺设方法，主要有水平钻进法、水平导向钻进法、冲击矛法、夯管法、水平螺旋钻进法、顶推钻进法、冲击钻进法、小口径顶管施工法（微型隧道法）等。

（2）管线更换。有吃管法、爆管法、胀管法3种。

（3）管线修复。有内衬法和局部修复2种：

1）内衬法，包括传统内衬法、改进内衬法、软衬法、缠绕法、铰接管法、管片法。

2）局部修复，主要有灌浆法、喷涂法、化学稳定法、机器人进管修补法等。

目前各种非开挖施工技术因适用的管径大小、施工长度、地层和地下水的条件以及周围环境的不同而有所不同，详见表6-1。

表6-1 各种非开挖工程技术方法的特点和应用

分类	施工方法	典型应用	适用管材	管径范围/mm	管线长度/m	备 注
管线铺设	大口径顶管法	各种大口管径、跨越孔	混凝土、钢铸、铁	>900	30～1500	软硬土层均可，可水下施工
	小口径顶管法	小口径管道、管棚、跨越孔	混凝土、钢铸、铁	150～900	30～300	软硬土层均可，可水下施工
	水平定向钻进法	长跨越孔、水平环境井	钢、塑料管	350～1500	100～1500	各种软硬土层均可，并可水下施工
	导向钻进法	压力管道、电缆线、短跨越孔	钢、塑料管	50～350	20～300	黏土、砂土层
	螺旋钻进法	钢套管、跨越孔	钢套管	100～1500	20～130	黏土、砂土层
	顶推钻进法	压力管道、钢套管	钢、混凝土管	40～200	30～50	黏土、砂土层
	水平钻进法	钢套管、跨越孔、水平降水井	钢套管	50～300	20～50	中、硬黏土层，中、致密砂卵砾石层
	冲击矛法	压力管道、电缆线、跨越孔	钢、塑料管	40～250	20～100	略软黏土、中密砂土层
	夯管法	钢套管、跨越孔、管棚打入桩	钢套管	50～2000	20～80	黏土层、小卵砾石层
	冲击钻法	跨越孔	钢管、混凝土管	100～1250	20～80	较硬土层、岩层

分类	施工方法	典型应用	适用管材	管径范围/mm	管线长度/m	备注
管线更换	爆管法	各种重力和压力管	PE、PP、PVC、GRP	100 ~ 600	230	
	胀管法	各种重力和压力管	PE、PP、PVC、GRP	150 ~ 900	200	
	吃管法	各种重力和压力管	PE、PP、PVC、GRP	100 ~ 900	180	
管线修复	内衬法	各种重力和压力管	PE、PP、PVC、GRP	100 ~ 2500	300	
	改进的内衬法	各种重力和压力管	HDPE、PVC、MDPE	50 ~ 60	450	
	软衬法	各种重力和压力管	树脂 + 纤维	50 ~ 2700	900	
	缠绕法	各种重力管	PE、PP、PVC、GRP	100 ~ 2500	300	
	喷涂法	各种重力和压力管	树脂、水泥浆	75 ~ 4500	150	
	灌浆法	各种重力和压力管	树脂、水泥浆	100 ~ 600	—	

注：PE—聚乙烯；PP—聚丙烯；PVC—聚氯乙烯；HD/MDPE—高/中密度聚乙烯；GRP—玻璃纤维加强树脂（玻璃钢）。

6.1.3 非开挖施工方法的优点

随着社会的进步、经济的发展，通信、电能传输、石油工业、天然气的开采及水利事业发展的突飞猛进，同时随着城市高层建筑及铁路、公路、核电基地和水利工程设施的不断兴建，地下工程的建设和应用日益广泛。而开挖施工法表现出很大的局限性，存在妨碍交通、破坏环境、影响市民生活和商店营业等缺点。

非开挖施工是指在不开挖地表的条件下探测、检查、修复、更换和铺设各种地下公用设施（管道和电缆）的一种技术和方法。与开挖施工法相比，非开挖施工技术具有不影响交通、不破坏环境、施工周期短、综合施工成本低、社会效益显著等优点，可广泛用于穿越公路、铁路、建筑物、河流，以及在闹市区、古迹保护区、农作物和植被保护区等条件下进行饮水、煤气、电力、电信、石油、天然气等管线的铺设、更换和修复。

6.1.4 非开挖技术在我国的发展历程

改革开放以来随着我国经济发展和城市建设的需要，在市政建设中，地下管线开挖施工所造成的对道路交通、城市绿化的干扰和破坏，已日益为人们所重视。正是由于这个原因，非开挖管线工程技术逐步在我国获得应用。其发展历程大致可分为三个阶段：

前期（20 世纪 70 年代末至 80 年代中）：在城市管线施工中，往往会遇到不允许开挖路面的特殊情况（如北京市东西长安街），这时工程的特殊性要求施工单位用不开挖方法铺管，从而促成了现代非开挖技术在我国的前期发展。但此时的工程只考虑眼前的需要，没有技术发展的规划性。

技术设备引进期（20 世纪 80 年代中至 90 年代中）：我国的经济建设进入了持续快速发展期，城市基础设施建设的投入力度明显加大。在道路建设迅速发展的同时，各类管线特别是通信光缆、有线电视线路铺设工程量大大增加，在这种情况下，各种无法采用开挖法铺管或要求采用非开挖技术铺管的工程量不断增多。为适应我国经济发展的这一形势，加速发展我国的非开挖技术产业的呼声也日趋高涨。但因前期的发展并未为此时的需求打下必要的物质技术基础，故在需求增加的矛盾压力下，自 20 世纪 80 年代中期后，逐渐出现了从国外引进非开挖技术装备的高潮。

自主研制创业期（20 世纪 90 年代初至今）：由于国外非开挖设备的引进和使用，现代非开挖技术逐渐为国人所知，并逐渐走上自主研制的道路。

6.1.5 我国非开挖技术的前景及建议

随着社会经济和城市建设的不断发展，我国政府越来越重视非开挖技术产业的发展，逐渐形成政府支持、社会关注、行业推进、企业参与的氛围，非开挖技术的发展前景一片光明。

目前管道施工条件越来越复杂，管道铺设长度越来越长，施工管道口径越来越大。对于一些大型工程，非开挖管道就需要大吨位的设备，虽然我国目前小吨位的设备生产较为成熟，但是大吨位的设备较少。就目前发展来看，从国外进口大吨位设备价格昂贵，发展大吨位设备利润较高，所以非开挖施工设备会朝着大吨位方向发展。非开挖技术的发展重点会逐渐转移到管道的修复与更换上，而且还要不断提高管道的探测技术。管道铺设完成后，就是关于管道维修和更换的问题了。随着管道总量的提升，人们开始更加关注管道修复、置换市场的发展。

现阶段非开挖队伍的素质有待提升，非开挖技术队伍应走向规模化和专业化的道路，以促进非开挖技术发展。为了抓住非开挖工程这一千载难逢的机遇，我国非开挖工程界应该在以下几个方面做好充分准备：加强非开挖工程领域基础理论研究和实验室建设工作；施工设备向大型化和微型化发展；加强非开挖工程领域行业标准、施工规范、施工定额、行业资质和质量保证体系等相关具有约束力的文件的制订，进一步规范我国的非开挖工程市场；进一步加强我国的非开挖领域的教育培训工作，增大科研投入，促进产学研的紧密结合。

6.2 非开挖施工技术

6.2.1 顶管法

顶管结构是采用顶管机械分段顶进施工的预制管道结构，即采用非开挖的顶管技术修筑的一种地下管道结构。采用顶管法施工可以显著减少对邻近建筑物、管道和道路交通的影响，具有广泛的应用前景。顶管技术的方法简称顶管法，是采用液压千斤顶或具有顶进、牵引功能的设备，以顶管工作井作为承压壁，将管节按照设计高程、方位、坡度逐根顶入土层直至到达目的的一种修建隧道和地下管道的施工方法，如图6-1所示。

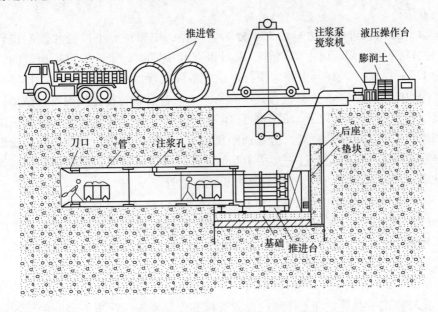

图6-1 顶管技术施工示意图

采用顶管技术不但能够克服开挖工程的不足，而且还具有如下优势：施工速度快；管道一般具有光滑的内表面，无需二次衬砌；管道密封性能好，可以避免流体向地层中渗漏；可以推进矩形截面的管道；施工安全性好；和盾构法相比，省去了管片在地下的运输和安装，减少了人力。顶管技术特别适合于穿越江河、湖泊、港湾水体下的供水、输气、输油管道工程（见图6-2）；穿越城市建筑群、繁华街道地下的上下水、煤气管道工程；穿越重要公路、铁路路基下的通信、电力电缆管道工程。

6.2.1.1 顶管的分类

顶管的分类有很多，每一种方法都具有其特点和局限性，下面是常见的几种

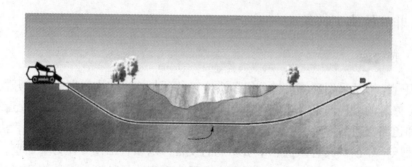

图6-2 管道穿越湖泊

分类方法:

（1）按所顶进的管道口径大小分为大口径、中口径、小口径和微型顶管四种。大口径多指 $\phi2m$ 以上的顶管，人可以在其中直立行走；中口径顶管的管径多为 $1.2 \sim 1.8m$，人在其中需弯腰行走，大多数顶管为中口径顶管；小口径顶管直径为 $500 \sim 1000mm$，人只能在其中爬行，有时甚至爬行都比较困难；微型顶管的直径通常在 $400mm$ 以下，最小的只有 $75mm$。按一次顶进的长度（指顶进工作坑和接收工作坑之间的距离）分普通距离顶管和长距离顶管，但顶进距离长短的划分目前尚无明确规定，过去多指 $100m$ 左右的顶管。目前，千米以上的顶管已屡见不鲜，可把 $500m$ 以上的顶管称为长距离顶管。

（2）按管材分为钢筋混凝土顶管、钢管顶管以及其他管材的顶管。

（3）按顶进管子轨迹的曲直分为直线顶管和曲线顶管。其中曲线顶管以曲率半径 $300m$ 为界，曲率半径大于 $300m$ 的可以称为常曲线顶管，曲率半径小于或者等于 $300m$ 的为急曲线顶管。

6.2.1.2 顶管施工的基本原理

顶管施工一般是先在工作坑内设置支座和安装液压千斤顶，借助主顶油缸及管道间中继环等的推力，把工具管或掘进机从工作坑内穿过土层一直推到接受坑内吊起，与此同时，紧随工具管或掘进机后面，将预制的管段顶入土层。可见，这是一种边顶进，边开挖地层，边将管段接长的管道埋设方法。

施工时，先制作顶管工作井及接收井，作为一段顶管的起点和终点，工作井中有一面或两面井壁设有预留孔，作为顶管出口，其对面井壁是承压壁，承压壁前侧安装有顶管的千斤顶和承压垫板，千斤顶将工具管顶出工作井预留孔，而后以工具管为先导，逐节将预制管节按设计轴线顶入土层中，直至工具管后第一节管节进入接收井预留孔，完成一段管道施工。为进行较长距离的顶管施工，可在管道中间设置一到几个中继环节作为接力顶进，并在管道外周下注润滑泥浆。顶管施工可用于直线管道，也可用于曲线管道。

整个顶管施工系统主要由工作基坑、掘进机（或工具管）、顶进装置、顶铁、后座墙、管节、中继环、出土系统、注浆系统以及通风、供电、测量等辅助系统组成。其中最主要的是顶管机和顶进系统，顶管机是顶管用的机器，安装在所顶管道的最前端，是决定顶管成败的关键设备。在手掘式顶管施工中不用顶管机而只用一种工具管。不管哪种形式，其功能都是取土和确保管道顶进方向的正确性。

顶进系统包括主顶进系统和中继环。主顶进系统由主顶油缸、主顶油泵、操纵台及油管四部分构成。主顶千斤顶沿管道中心按左右对称布置，主顶进装置除了主顶千斤顶以外还有支撑主顶千斤顶的顶架，供给主千斤顶压力油的主顶油泵，控制主千斤顶伸缩的换向阀等。油泵换向阀和千斤顶之间均用高压连杆链接。

6.2.1.3 常用顶管施工技术

A 泥水式平衡顶管施工工艺

泥水平衡顶管机是指采用机械切削泥土，利用压力来平衡地下水压力和土压力，采用水力输送弃土的泥水式顶管机，是当今生产的比较先进的一种顶管机。

泥水平衡顶管机按平衡对象分为两种：一种是泥水仅起平衡地下水的作用，土压力则由机械方式来平衡；另一种是同时具有平衡地下水压力和土压力的作用。其施工的主要特征是在施工过程中，利用进排泥浆管道在顶管机泥水舱内建立的泥水压力来平衡顶管机前的土压力和地下水压力。泥水式平衡顶管施工采用泥浆泵进行排土。与其他形式顶管方法相比，泥水式顶管具有如下优点：适用的地质范围较广，如遇到地下水位较高以及地质变化范围大的土质条件，它都能适用；可保持挖掘面的相对稳定，对周围土层的影响较小，施工后地面沉降极小；与其他类型的机种相比，泥水顶管的切削力矩小，最适宜于在砂砾及硬土里应用；工作坑内作业环境较好，作业比较安全；由于采用泥水输送弃土，所以没有搬运土方及吊土等较易发生危险的作业，并且该方法可以在各种环境下作业，且挖掘面稳定，不会造成地面沉降而影响交通及各种公用管线的安全；由于可以连续出土，因此大大提高了推进速度，最适宜于长距离顶管。经过实验段的成功运行，证明这套顶管机的工作效率非常高，每天能连续顶进30m，是人工顶管的5~6倍。

此类型顶管机可分为前后两段，如图6-3所示，段与段之间安装纠偏油缸，前段的端部是刀盘，刀盘为面板式，面板在刀架处有开口，刀架上的刀口可以双向切削，并可以前后收缩，前伸时切削量增加，开口度增大，进泥量增加，缩回时切削量减少开口度也因刀架厚度而减少，进泥量减少。刀架的前伸和后缩是通过进泥口的开闭装置实现的。刀盘的后面是隔板，将前后分为两部分，隔板的前面是泥水舱，承受泥水压力；后方是动力舱，呈常压状态。刀盘的主轴穿过隔板，轴座固定在隔板上。隔板的下方，进出泥口左右排列。顶进管道时，顶管机的后端与顶进管相连。

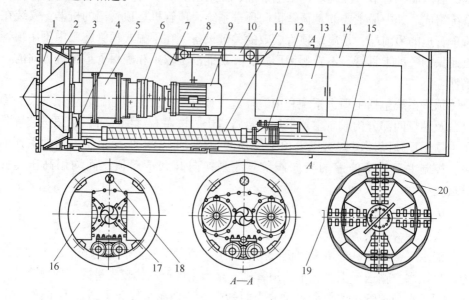

图 6-3 泥水平衡顶管机的结构

1—刀盘；2—泥土舱；3—泥水舱；4—隔栅板和刮泥板；5—主轴箱；6—行星减速器；

7—前壳体；8—前后壳体密封；9—电动机；10—纠偏油缸；11—进排泥管；

12—进排泥阀；13—机内电气柜；14—后壳体；15—高压水管；

16—机内液压站；17—测量光靶和转盘；18—压力表；

19—偏心距 e；20—高压水喷口

B 土压式平衡顶管施工工艺

土压平衡顶管机由土压平衡盾构机移植而来，其平衡原理与盾构相同。与泥水式顶管施工相比，其最大的特点是排出的土或泥浆一般不需再进行二次处理，具有刀盘切削土体、开挖面土压平衡、对土体扰动小、地面和建筑的沉降较小等特点。

此类型的顶管机按刀盘的多少分为单刀盘式和多刀盘式。单刀盘式土压平衡顶管机是日本在 20 世纪 70 年代初期开发的，它具有广泛的适应性、高度的可靠性和先进的技术性。它又称为泥土加压式顶管机，国内称为辐条式刀盘顶管机或者加泥式顶管机。图 6-4 所示的是这种机型的结构之一，它由刀盘及驱动装置、前壳体、纠偏油缸组、刀盘驱动电动机、螺旋输送机、操纵台、后壳体等组成，没有刀盘面板，刀盘后面设有许多根搅拌棒。这种结构的 DK 型顶管机在国内已自成系列，适用于 $\phi 1.2 \sim 3.0\mathrm{m}$ 口径的混凝土管施工，在软土、硬土中都可采用，并且可与盾构机通用，可在覆土厚度为 0.8 倍管道外径的浅埋土层中施工。

多刀盘式（DT 型）顶管机隔仓板把前壳体分为左右两舱，左舱为泥土舱，右舱为动力舱。螺旋输送机按一定的倾斜角度安装在隔舱板上，螺杆是悬臂式，

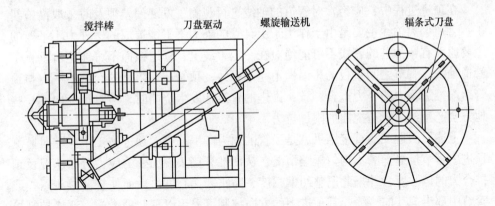

图 6-4 单刀盘式顶管机

前端伸入到泥土舱中。隔舱板的水平轴线左右和垂直轴线的上部各安装有一只隔膜式土压力表。在隔舱板的中心开有一人孔，通常用盖板把它盖住。在盖板的中心安装有一向右伸展的测量用光靶，由于该光靶是从中心引出的，所以即使掘进机产生一定偏转以后，只需把光靶作上下移动，使光靶的水平线和测量仪器的水平线平行就可以进行准确的测量，而且不会因掘进机偏转而产生测量误差。前后壳体之间有呈井字形布置的四组纠偏油缸连接，在后壳体插入前壳体的间隙里，有两道 V 字形密封圈，它可保证在纠偏过程中不会产生渗漏现象。这是一种非常适用于软土的顶管机，如图 6-5 所示的主体结构，四把切削搅拌刀盘对称分布。

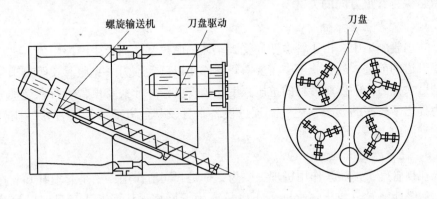

图 6-5 多刀盘式顶管机

6.2.1.4 顶管施工的主要技术问题

A 方向控制

在顶管施工的顶进过程中要严格控制方向，以便于一方面能校正在直线上、曲线上和坡道上的管道偏差，另一方面能保证按曲线、坡道上所要求的方向变更。

在顶进过程中，应经常对管道的轴线进行观测，发现偏差须及时采取措施纠正。管道偏离轴线主要是由于作用于工具管的外力不平衡造成的，外力不平衡的主要原因有：推进的管线不可能绝对在一定直线上；管道截面不可能绝对垂直于管道轴线；管节之间垫板的压缩性不完全一致；顶管迎面阻力的合力不一定与顶管后端推进顶力的合力重合一致；推进的管道在发生挠曲时，沿管道纵向的一些地方会产生约束管道挠曲的附加抗力。

上述原因造成的直接结果就是顶管的顶力产生偏心。顶进施工中应随时监测顶进中管节接缝上的不均匀压缩情况，从而推算接头端面上的应力分布状况及顶推合力的偏心度，并据此调整纠偏幅度，防止因偏心度过大而使管节接头压损或管节中部出现环向裂缝。其顶进中的方向控制可采用以下几种措施：严格控制挖土，两侧均匀挖土，左右侧切土钢刃角要保持吃土 10cm，正常情况下不允许超挖；发生偏差，可采用调整纠偏千斤顶的编组操作进行纠正，要逐渐纠正，不可急于求成，否则会造成忽左忽右；利用挖土纠偏，多挖土一侧阻力小，少挖土一侧阻力大，利用土本身的阻力纠偏。

B 顶力问题

顶管的顶力是随着顶管管道长度的增加而增加的，但因受到顶推力和管道强度的限制，顶推力不可能无限的增大，尤其在长距离顶管施工中，仅仅采用管尾推进方式，管道顶进距离必然会受到限制。一般采用中继间接力技术加以解决。另外顶心的偏心距离控制也相当关键，能否保证顶推合力的方向与管道轴线方向一致是保持管道方向的关键。

C 触变泥浆减阻

在顶管施工中，由于管道四周受到土体的摩擦，从而产生摩擦阻力，进而影响了管道的前进，故在施工中需要对管道作用以巨大顶力来克服。长距离顶管所需的巨大推力，不仅对管材的抗压强度、顶管工作井形式及顶管后背承受推力的能力提出了较高的要求，还受到顶进设备本身及其他方面因素（注浆减阻）的影响和制约。

a 注浆减阻机理

在顶管施工中注浆作用机理主要为：一是起润滑作用；二是起填补和支撑作用。泥浆能将管道与土体之间的干摩擦变为湿摩擦，从而减小顶进时的摩擦阻力。浆液在填补管道与土体之间空隙分布时，还可在注浆压力下减小土体变形，使土体稳定。泥浆与土体接触后，泥浆中的自由水，在注浆压力的作用下，向隧洞壁的裂隙或孔隙中渗透，使泥浆失水。泥浆向土体孔隙渗透过程中，在很短的时间内就会变成凝胶体而充满土体的孔隙，进而形成泥浆与土壤的混合土体。随着浆液渗透越来越多，泥浆与混合土体之间会形成致密的渗透块，泥浆中的固相颗粒便附着在致密的渗透块上形成渗透性较小的泥皮，阻止或减慢泥浆的继续失水。泥皮和致密的渗透块就被称为泥浆套。

b 触变泥浆的制作及注浆工艺

目前，常用的注浆材料主要有膨润土、聚合物、泡沫等。在顶管工程中应用最广泛的是膨润土泥浆。膨润土泥浆又称触变泥浆，是由膨润土、粉末化学浆糊（CMC）、纯碱和水按一定比例配方组成。泥浆配制时，在原料上应优选细颗粒膨润土。在制作过程中，为了使膨润土充分分散，搅拌应充分均匀，泥浆拌和后的停滞时间应在 12h 以上。常用的膨润土泥浆配比（质量比）如表6-2 所示。

表 6-2 触变泥浆配比表

膨润土胶质率/%	膨润土/kg	水/kg	碳酸钠/kg
60 ~ 70	100	524	2 ~ 3
70 ~ 80	100	524	1.5 ~ 2
80 ~ 90	100	614	2 ~ 3
90 ~ 100	100	614	1.5 ~ 2

注浆设备及管路选择：适宜的注浆设备是注浆减阻成功的根本保障。现在使用的顶管注浆设备有往复活塞式注浆泵、螺杆泵及胶管泵等，使用最多的则是螺杆泵，它无脉动，自吸能力强，压力均匀平稳，缺点是不能通过较大颗粒及尖锐杂质，且不能在无浆液的情况下干转。注浆孔一般按 90° 或 120° 设计成 4 个或 3 个，采取点式注浆。注浆管路分为总管和支管，总管采用 ϕ40 钢管，以减小浆液在管中的阻力，距离短时可用胶管；支管用 ϕ25 胶管，在每根支管与总管连接处应设置 1 个球阀。

在注浆时要对注浆量、注浆压力和注浆速度进行严格的控制，具体要求如下：

（1）注浆量是注浆减摩中重要的技术指标，它反映的是顶管长度和浆膜厚度的量化关系。它和顶管的管材、顶管长度、土体结构及含水率等因素有关。从顶管注浆开始，就要对注浆量、顶进长度、顶进推力、注浆压力及时间做综合的对比记录，并可根据注浆量及顶进长度、浆膜厚度对减阻效果进行动态分析。

（2）注浆压力应平稳均匀。一般通过观察储浆池内浆液减少量、顶进长度、顶进推力及估算的浆膜厚度，来综合分析注浆压力是否过大或过少。开始注浆时压力不宜过高，过高不仅不易形成浆套，还会产生冒浆现象，影响减摩效果，另外还要观察注浆泵上的压力表和注浆管前端的压力表。

（3）注浆速度受很多因素影响和制约，如注浆孔的设置、浆套形成快慢及效果、顶进速度等。可根据实际工程中注浆压力对注浆速度进行调节，以适应工程需要。

6.2.2 HDD 施工技术

6.2.2.1 HDD 技术概述

在非开挖施工技术中,水平定向钻进施工技术是我国非开挖铺设地下管线施工方法中发展最快速、技术最先进、设备最完善、应用最广泛的一种施工方法,在非开挖技术领域里占据着主导地位。HDD 施工技术是一项由多学科、多技术、不同设备集成运用于一体的系统工程,在施工过程中任何一个环节出问题,都可能导致整个工程的失败,造成巨大的损失。

HDD 施工技术是指在不开挖地表的情况下,钻头和钻杆在导航仪的引导下,穿越地层先形成一个导向孔,随后在钻杆柱端部换接大直径的扩孔钻头和直径小于扩孔钻头的待铺设管线,在回拉扩孔的同时,将待铺设的管线拉入钻孔,完成铺管作业。

HDD 的主要优点:可以按照工程需要设计钻孔轨迹,在非固结地层和岩层中准确施工水平孔或弧形孔和弯曲孔;可以先施工较小直径先导孔,然后经一次或两次以上扩孔施工较大直径的钻孔,铺设大直径管线;可以一次钻孔并铺设管线,超长管线亦可以分段接力施工;可以穿越江河、沼泽、公路、铁路、机场、城市建筑物和禁止破坏地面区带以及绕障施工各类管线;技术较易掌握,作业安全迅速,可比成本较低;有利于保护环境,不影响交通,噪声低。

6.2.2.2 HDD 施工技术原理

A 施工工艺

水平定向钻进铺管的施工顺序为:地质勘探、规划和设计钻孔轨迹、配制钻液、钻先导孔、回拉扩孔、回拉铺管。

a 地层勘探及地下管线探测

地层勘探主要是了解有关地层和地下水的情况,为选择钻进方法和配制钻液提供依据。其内容包括:土层的标准分类、孔隙度、含水性、透水性以及地下水位、基岩深度和含卵砾石情况等,可采用查资料、开挖和钻探方法获取。地下管线探测主要了解有关地下已有管线和其他埋设物的位置,为设计钻进轨迹提供依据。一般采用物探法,按其定位原理分为:电磁法、直流电法、磁法、地震波法和红外辐射法等。

b 钻进轨迹的规划与设计

导向孔轨迹设计是否合理对管线施工能否成功至关重要。钻孔轨迹的设计主要是根据工程要求、地层条件、地形特征、地下障碍物的具体位置、钻杆的入出土角度、钻杆允许的曲率半径、钻头的变向能力、导向监控能力和被铺设管线的性能等,给出最佳钻孔路线。

目前,国外著名的钻机制造商可提供商品化的轨迹规划设计软件,通过采集所需的全部信息，利用计算机进行最优化钻孔轨迹设计，大大提高了轨迹设计的科学性和设计效率。

c 配制钻液

钻液在施工中起着非常重要的作用。钻液常被误认为是泥浆，这是错误的概念。它是指在钻进施工中用来与钻孔过程中切削下来的土（或砂石）屑混合，悬浮并将这些混合物排出钻孔的一种液体，而泥浆则是钻液与钻孔中钻屑的混合物。钻液具有冷却钻头（冷却和保护其内部传感器）、润滑钻具的作用，更重要的是可以悬浮和携带钻屑，使混合后的钻屑成为流动的泥浆，从而顺利地排出孔外。这样既为回拖管线提供足够的环形空间，又可减少回拖管线的重量和阻力。残留在孔中的泥浆可以起到护壁的作用。为改善泥浆性能，有时要加入适量化学处理剂，烧碱（或纯碱）可增黏、增静切力、调节 pH 值，投入烧碱量一般为膨润土量的 2%。为使成孔良好，增加孔中润滑，可加入适量的 Drispac。为提高泥浆携带岩屑能力，将孔中的岩屑带出，可在钻孔过程中的某一段加入一定量的 Flowzen，能达到很好的使用效果。

d 钻导向孔

钻导向孔的关键技术是钻机、钻具的选择和钻进过程的监测和控制。要根据不同的地质条件以及工程的具体情况，选择合适的钻机、钻具和钻进方法来完成导向孔的钻进。

钻机与钻具的选择：钻孔主要靠钻机产生的推力、旋转扭矩以及所提供的钻液的流量、压力来完成施工。特别是长距离穿越，一方面，由于管线及钻杆自重较重，钻杆与地层之间产生的摩擦阻力较大，钻机的回拉力及扭矩必须足够大；另一方面，为了确保工程成功，应尽量避免工程中途停钻，因此钻机连续运转时间相对较长，这就必须要求钻机具有良好的性能。

在松散的土质地层中施工，可选用普通钻机和可造斜的钻头（一般为鸭嘴板式带射流喷嘴的组合钻头）。在硬岩或含卵砾石的地层中施工，应选用带破岩功能的钻机和钻头。

监测与控制：在钻进导向孔时能否按设计轨迹钻进，钻头的准确定位及变向控制非常重要。钻进过程中对钻头的监测主要通过随钻测量（MWD）技术获取孔底钻头的有关信息。孔底信号传送的方法主要有电缆法和电磁波法。电磁波法的测量范围较小，一般在 300m 以内水平发射距离，测量深度在 15m 左右。电磁波法测量的原理为：在导向钻头中安装发射器，通过地面接收器，测得钻头的深度、鸭嘴板的面向角、钻孔顶角、钻头温度和电池状况等参数，将测得参数与钻孔轨迹进行对比，以便及时纠正。地面接收器具有显示与发射功能，将接收到的孔底信息无线传送至钻机的接收器并显示，以便操作手能控制钻机按正确的轨迹钻进。目前，电磁波法在中小型钻机上应用较多，缺点是必须随钻跟踪监控。

e 回拉扩孔铺管

回拉扩孔铺管施工中的关键技术就是根据不同的土层、地下水位以及最终成孔直径正确地选择回扩钻具和每次的进刀量，正确地选配钻液和确定钻液的流量。扩孔器类型有桶式、飞旋式、刮刀式等。穿越淤泥黏土等松软地层时，选择桶式扩孔器较适宜，扩孔器通过旋转，将淤泥挤压到孔壁四周，起到很好的固孔作用。当地层较硬时，选择飞旋式或刮刀式扩孔器成孔较好。回拉扩孔铺管特别是在长距离回拉扩孔铺管中，泥浆作用尤其重要，孔中缺少泥浆往往是工程失败的主要原因。一般地层泥浆较易漏失，泥浆漏失后孔中缺少泥浆，钻杆及管线与孔壁间的摩擦力增大，导致拉力增大；因此要保持在整个钻进过程中有返浆，这对回拉扩孔施工的顺利进行尤其重要。在同一工程中如遇到地层条件是硬岩、泥灰岩和砾石交替变化，应及时调整钻液以产生不同的泥浆。

B 主要辅助设备

水平定向钻机的主要功能是为钻杆提供足够大的扭矩和推拉力，以实现导向钻进和回拉扩孔铺管。与之相配匹的辅助功能为：钻机的钻进架与水平面之间的夹角可调，以满足不同入射角的要求。钻机入射角的大小，也是衡量钻机性能的主要指标，它与钻机的总体布置及结构设计有关，将直接影响到钻孔轨迹设计。钻机的分类与应用如表6-3所示。

表6-3 钻机的分类与应用

类 型	推拉力/kN	扭矩/kN·m	钻杆长度/m	铺管长度/m	铺管深度/m
小 型	<100	<3	1.5~3.0	<300	<6
中 型	100~450	3~30	3~9	300~600	6~15
大 型	>450	>30	9~12	600~1500	>15

钻杆在所有钻探工程施工中都是最重要的常规、高成本配备和消耗器材。由于 HDD 技术应用日益广泛，工况不一，施工条件（如铺管直径、长度、曲率半径、钻遇地层及障碍物、地面交通环境气候等）复杂多变，差异甚大，因此，施工对钻机能力以及与之相匹配的钻杆规格、结构、性能及其使用寿命要求甚严。在 HDD 施工中，钻杆直接影响工程的施工顺利与否。如果在孔内发生钻杆折落事故，常会造成工程失败，产生时间与经济乃至信誉的损失。例如，国外优质金刚石绳索取心钻进用钻杆使用寿命按钻进工作量计达到 15000~21000m，但有关 HDD 钻杆具体消耗数据的报道甚少。分析其损坏报废原因主要有：

（1）钻杆疲劳折断。HDD 钻孔除水平孔工况较简单外，其他都在三维空间承受复杂交变的压、拉、扭、弯曲、振动等载荷，加上磨损、腐蚀等作用，在经过一定时效后即在应力集中或薄弱环节部位（很多发生在靠近公、母螺纹根部二、三扣）折断。主要表现为疲劳折断，而且弯曲与扭转应力起重要作用。图

6-6为钻杆弯曲疲劳试验。

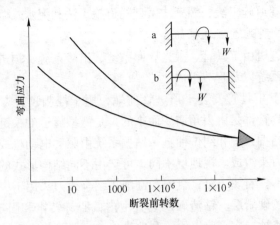

图 6-6 钻杆弯曲疲劳试验

a—单支点；b—双支点

（2）钻杆过度磨损。包括钻杆和接头径向磨损和螺纹磨损。径向磨损多发生在有弯曲变形部位，并多呈偏磨损现象。有资料表明，当 ϕ88.9mm 钻杆外径磨损 0.8mm 时，其强度即开始下降，当磨损 3.175mm 时，钻杆就面临报废。螺纹和台肩部位过度磨损会造成泄漏和冲蚀乃至连接不牢现象。

（3）非正常操作维护。包括超负荷作业，夹持与拧卸工具不合适，没有采用优质螺纹润滑脂和经常合理润滑螺纹，搬运储存不当而变形锈蚀等。

（4）发生孔内折落事故。如泥浆护孔失效，钻具卡埋、折断、落扣后无法处理。对如何提高 HDD 钻杆使用效果，若干年来经过多家制造商和工程承包商共同努力，其主要经验不外乎规格尺寸系列优化设计，选用高强度钢材，优化端部连接结构、螺纹类型与加工和现场合理使用维护等。

6.2.3 微型隧道施工

6.2.3.1 微型隧道施工技术简介

微型隧道施工技术是指用遥控的办法来操纵地下钻掘机械成孔，同时顶入要铺设的管道。它可准确地控制铺管方位，有效地平衡地层压力，控制地面沉降，实现非开挖铺设地下管道。该技术可广泛用于市政、煤气、自来水等管道工程。该技术与"挖槽埋管"工法相比具有不影响交通、不破坏环境、无需大量运输堆放杂土、无噪声干扰、不破坏地层结构、不产生地面沉降、施工周期短、社会和经济效益显著等优点。

它的工作原理是依靠安装在管道头部的钻掘系统不断切削土屑，由出渣系统将切削的土屑排出，边顶进、边切削、边输送，将管道逐段向前铺设，在顶进过程中通过激光导向系统和操作系统纠偏来调节铺管方向。根据钻掘系统不同，可分为先导式微型隧道施工法、螺旋式微型隧道施工法和泥水式微型隧道施工法。

6.2.3.2　微型隧道掘进机简介

微型隧道掘进机由工具管、激光导向系统、出渣系统、顶进系统、管道润滑系统、操作控制系统以及管节组成。

(1) 工具管。工具管安装于顶进管前端，用于控制顶管方向、出泥和防止塌陷。现有的工具管都是由刃角演变而来的，是微型隧道的关键设备。工具管的主要组成部分是钻掘系统和纠偏油缸。钻掘系统由驱动电动机或液压马达、钻渣碾压装置、钻掘刀头组成。视地层不同，可选用不同结构形式的钻掘刀头。如刮刀式切削头用于不含石块土层；盘刀和刮削相结合式刀头用于中软岩石地层；滚刀式切削头用于较硬岩层。钻渣碾压装置由内偏心旋转锥和固定的外锥套组成，较大的岩块或钻渣被二次碾碎以便顺利地排出，一般可将 1/3 钻掘头大小的石块碾碎到粒径 19～25mm，大大减少排渣堵塞现象。为了保证工具管轴线和行进路线之间的角度，就要对偏斜进行修正，使钻进方向始终控制在允许的范围内。纠偏是由工具管内的纠偏油缸来实现的，纠偏油缸一般为四个，均布于工具管体的周围。

(2) 激光导向系统。激光导向系统由激光发射器和激光靶及信号传输显示系统组成。激光发射器固定在顶进井中，发出的激光束照射在位于钻掘系统内的光靶上。测量信息传输、显示有两种方式：一种是主动式，光靶由光电管组成，铺管掘进的偏斜信息直接在光靶处转换成数字电信号后传往控制台；另一种是被动式，激光射在刻度盘上的偏斜信息，由光靶附近的闭路电视摄像系统拍摄后，传输到控制台的显示屏。根据测得的偏斜数据，可操纵液动纠偏系统，使微型隧道掘进系统前部铰接的机头产生偏摆，从而实现铺管方向的调节。激光导向系统的准确性直接关系到顶进工程的质量。

(3) 出渣系统。出渣系统有两种形式：一种是泥浆出渣系统，它由地表的泵站和泥浆除渣设备以及孔底管路组成，泥浆用来携带钻渣、冷却钻头、辅助碎岩以及平衡地层压力，这种系统具有一次性铺管距离较长、适应地层范围广、可在富水地层中应用等优点；另一种是螺旋排渣系统，它由螺旋钻杆、渣土提升装置、套管和驱动装置等组成，一般用于无水土层，一次性铺管距离较短。

(4) 顶进系统。顶进系统安装在顶进立井内，主要包括后座墙、千斤顶、顶铁和导轨等。后座墙是顶进管节时千斤顶的支撑，在顶进过程中自始至终地承担千斤顶顶管前进的后坐力，后座墙要有足够的强度和刚度，后座墙强度取决于千斤顶在顶进过程中施加给后座墙的最大推力，此值与最大顶力相等。千斤顶是顶进系统中的主要设备，主要由缸体、活塞杆和密封件等几个主要部件组成，能源来自液压泵输出的高压工作液。

（5）管道润滑系统。该系统用来润滑管道外壁，减少顶进时的摩擦力。它由泵送装置、润滑液和管路组成。润滑液由膨润土泥浆或聚合物组成。

（6）操作控制系统。此系统设置在地表，包括方向控制部分、钻掘参数显示、控制手柄等，它是整个微型隧道铺管系统的遥控指挥部。

（7）管节。管节是地下工程管道的主体，需要有一定的强度和刚度，特别是要有高的轴向承载能力，同时内外表面要有耐腐蚀性。微型隧道施工技术主要用于重力管和压力管的安装，管材种类很多，有混凝土管、GRP 管、石棉混凝土管、黏土管、PVC 塑料管、钢管和铸铁管等，通常使用的是钢管和钢筋混凝土管。

6.2.3.3 微型隧道施工技术分类

A 先导式微型隧道施工法

先导式微型隧道施工法是最基本的微型隧道施工技术，日本是它的主要生产基地。采用这种方法施工时，一般分两步进行：首先，沿预定的轨迹形成一小口径的先导孔，先导孔施工可用两种方法来完成，即切削钻进成孔和压入挤土成孔，这两种方法均可以实现测斜纠偏。其次，将先导孔扩大到所要求的口径，同时将待铺设的管道顶入孔内。根据地层的不同，可以选用不同的扩孔头。

a 施工工艺

先导孔施工，从开始工作坑向目标工作坑顶进先导管，边施工边测斜纠偏。根据土层的不同，可以选用挤压式先导头或切削式先导头。挤压式先导头适用于软土层，如标准贯入度 $N_{63.5}$ 值小于 20 的黏土层和粉土层。切削式先导头适用于硬土层和粉粒状土层。排土时主要是螺旋钻杆排土，少数用泥浆排土。先导孔完成后，可用挤压式或切削式扩孔头将先导孔扩大到预定的口径，同时将永久管道顶入扩大了的钻孔内。挤压式扩孔头仅适用于极松散的土层。在稳定的黏土层中，一般使用切削式扩孔头，切削下来的土由螺旋钻杆排出，在不稳定的土层中，如含水的土层，则选用泥浆式排土方式。此时，加压力的水可起到平衡工作面地下水压力的作用，同时又是土的输送介质。

b 施工机具

使用先导式微型隧道施工所需的机具主要包括：钻掘系统、导向系统、排土系统、顶管系统以及操作系统等。

在钻掘系统中，最主要的是先导头和扩孔头。图 6-7 为两种常用的先导头；图 6-8 为螺旋排土的扩孔头结构；图 6-9 为用于处理合卵砾石土层的扩孔头结构，这种扩孔头可处理的砾石块最大可达 80mm，并可将它破碎到 15mm。

导向系统是微型隧道施工设备的重要组成部分。按所选用的先导头的不同，导向系统也可分为两种：斜口管斜和摆动千斤顶。斜口管斜导向系统主要包过先导头、先导管、目标靶和经纬仪，当先导头偏移时，目标靶的中心点和瞄准光束

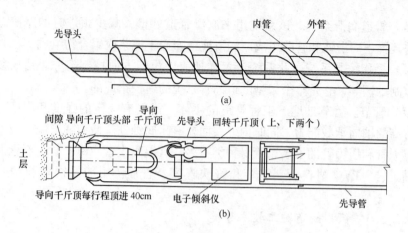

图 6-7　先导头的结构

（a）斜口管斜先导头；（b）平台式先导头

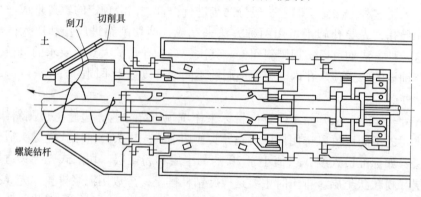

图 6-8　螺旋排土式扩孔头

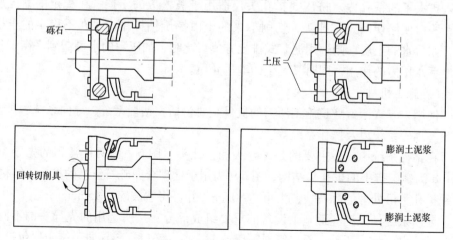

图 6-9　用于破碎砾石的泥浆排土式扩孔头

的十字丝中心点不重合,这时可旋转先导管,使先导头的斜面向着偏斜的方向,随后继续顶进先导管,即可达到纠偏的目的。

c 应用范围

先导式微型隧道施工法适用于管径为 100~700mm 的各种管线铺设,最长的顶进长度可达 100m 左右。施工精度可控制在 ±20mm(垂直方向)和 ±50mm(水平方向)的范围内,适用于在 $N_{63.5}$ 值小于 50、地下水位小于 10m 的土层中施工。

B 螺旋式微型隧道施工法

螺旋式微型隧道施工法是在水平顶推钻进法的基础上发展而来的,其新颖之处在于它的控制和导向装置以及对管道材质适用性广。在直接铺设非钢质的管道时,可以采用一个专门的螺旋输送通道,这样螺旋钻杆和通过其输送的泥土对于所要施工的管道根本不会有荷载的作用。

a 施工工艺

管道的铺设分单步施工法和双步施工法两种。单步法施工时,钻头在工作面进行切削钻进,切削下的土由螺旋钻杆排到起始工作坑,同时将永久性管道随顶进头一起顶入(见图6-10)。

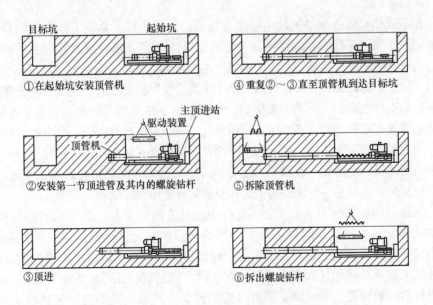

图 6-10 螺旋式微型隧道施工——单步法施工

双步法施工时,先顶进预制的保护套管,套管为施工机具的一部分,套管的环行空间可用作液压管线和控制电缆的通道,以减少每节管的连接时间(见图6-11)。

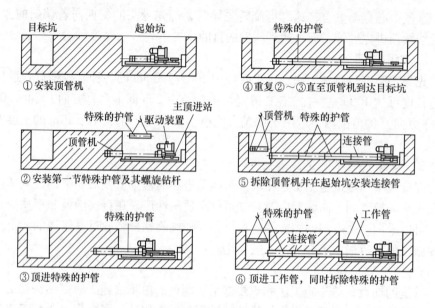

图 6-11　螺旋式微型隧道施工——双步法施工

b　施工设备

螺旋式微型隧道掘进机的主要设备包括：钻进和排土系统、导向（测斜和纠偏）系统、顶进系统和控制系统等（见图 6-12）。钻进和排土系统由钻头、螺旋钻杆、套管和驱动装置组成。根据土层条件不同，可以选用不同类型的切削钻头，必要时，可抽出螺旋钻杆更换已磨损的钻头，或改变钻头的形式。钻头可通过螺旋钻杆由起始工作坑内的主驱动装置驱动，也可由位于钻头后面的独立驱动装置驱动。主驱动装置直接驱动由于受到扭矩的限制，一般仅限于小口径、短距离的管道施工。为克服这一限制条件，可采用两种途径：一种是在钻头和螺旋钻杆之间使用一个齿轮变速箱，变速比一般取 4∶1，使钻头的转速降为螺旋钻杆转速的四分之一，但扭矩相应增大；另一种途径是钻头和螺旋钻杆使用独立的驱动装置。

测斜和纠偏系统用来监测施工过程中钻孔方向的变化，并对偏斜进行修正，使钻孔的走向（垂直方向和水平方向）始终控制在允许的范围内。测斜系统主要由经纬仪、目标靶、显示仪等组成。纠偏由螺旋式微型隧道掘进机内的方向修正油缸来实现。经纬仪固定在起始工作坑内，通过观察孔可监视安装在微型隧道掘进机后的目标靶。方向修正油缸一般为四个，均布在微型隧道掘进机的周围。图 6-13 为常用的测斜纠偏系统的示意图。纠偏时，通过方向修正操作箱操纵方向修正油缸，使油缸的活塞杆推动微型顶管机朝钻孔偏斜的相反方向偏转一个角度，微型顶管机与钻头之间的环形间隙随之发生变化，因而微型顶管机的顶进阻力失去平衡，减少一个分力迫使微型顶管机朝偏转的方向顶进。在微型顶管机的带动下，钻头也逐渐朝正确的方向钻进，钻孔的方向就被修正过来。此时，在经

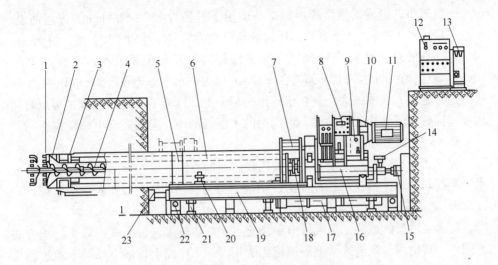

图 6-12 螺旋式微型隧道施工的配置设备

1—钻头；2—先导管；3—螺旋钻杆；4—套管；5—连接管；6—埋设管；7—顶进头；8—操作箱；
9—方向控制盘；10—传动装置；11—电动机；12—液压动力机组；13—电器柜；14—经纬仪；
15—后水平千斤顶；16—推进油缸；17—油缸后背；18—出土口；19—机座；20—托管器；
21—垂直千斤顶；22—横向水平千斤顶；23—前水平千斤顶

纬仪图像上目标靶的位置也恢复到原来的中间位置。

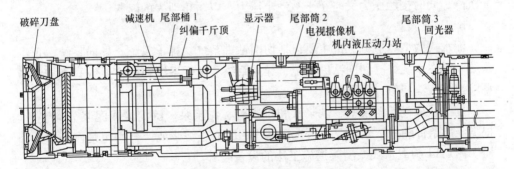

图 6-13 测斜纠偏系统示意图

顶进系统安装在起始工作坑内，主要由顶进千斤顶、顶座、滑架、后背座、顶进环等组成。顶进千斤顶的顶进力为 1000～10000kN，根据地层条件、管径大小以及施工长度而定。

操作控制系统由方向控制盘、施工参数显示仪和控制手柄等组成。为了减小起始工作尺寸，往往将操作控制系统和动力机组集装箱置于起始工作坑的上部，可以实现全天候的施工。

c 应用范围

一般来讲，螺旋式微型隧道施工法适用于直径为 150~900mm 的管道铺设，顶进长度可达 150m，甚至更长，适用的地层主要为非黏性的土层，$N_{63.5}$ 值为 5~50，可处理的最大颗粒直径取决于螺旋钻杆的直径和螺距大小，一般为 20~50mm。施工精度可达到上下偏差在 ±30mm 以内，水平偏差在 ±50mm 以内。

这种施工方法的最大优点在于排出的是干土，排渣不需要预处理，可以直接运走。同时设备结构相对简单，可适用的土层范围广，尤其适合小管径施工。

C 泥水式微型隧道施工法

泥水式微型隧道施工法是目前使用较广泛的方法，输送介质（膨润土泥浆或水）同时可用来平衡工作面的压力，切削钻头的驱动装置一般布置钻头后部。

a 施工工艺

泥水式微型隧道施工法同样有单步施工和双步施工两种方式，除了排土方式不同外，其他均与螺旋式微型隧道施工法相同。工作面上切削下来的土通过钻头的入口进入泥浆室，再排到地表。

使用泥水式微型隧道施工法施工时，为保持工作面的稳定，应将切削速度、排土速度和浆液压力作为一个整体来考虑，以平衡工作面的土压力和地下水压力，避免地表的沉降和隆起。作用在工作面上的压力有土压力、地下水压力、钻头的接触压力以及泥浆室内流体的压力。土压力可通过自动调节和维持钻头的接触压力来平衡，即接触压力略大于主动土压力，以避免工作面的塌落及随后地表的沉降，同时接触压力又略小于被动土压力，以防止地表的隆起。

b 施工设备

泥水式微型隧道掘进机主要包括切削钻进系统、排土系统、导向系统、顶进系统和操作系统等。切削钻进系统、导向系统、顶进系统和操作系统与螺旋式微型隧道施工法相似，不再介绍。

排土系统包括泥浆室、供浆管和排浆管、泥浆泵、沉淀池或泥浆分离装置。根据土层条件和地下水情况，可选用清水、膨润土泥浆或聚合物泥浆作为输送介质。图 6-14 为泥水式微型隧道施工法的设备装置。

c 应用范围

泥水式微型隧道施工法可用于直径为 250~900mm 的各种管道，最大顶进长度可达 300m，适用于 $N_{63.5}$ 值为 5~50 的各种地层，包括含饱和水地层（最大水压头达 25m），施工精度同样可控制在上下（垂直方向）偏差 ±25mm 以内，左右（水平方向）偏差在 ±50mm 以内。

泥水式微型隧道施工法的主要优点是可适用的土层范围比螺旋式施工法更广，可顶进的距离长，工作井尺寸比较小，可在含水地层施工。主要缺点是整个系统设计比较复杂，可处理的最大粒径受排浆管的限制，排渣必须使用分离装置和沉淀池进行预处理。

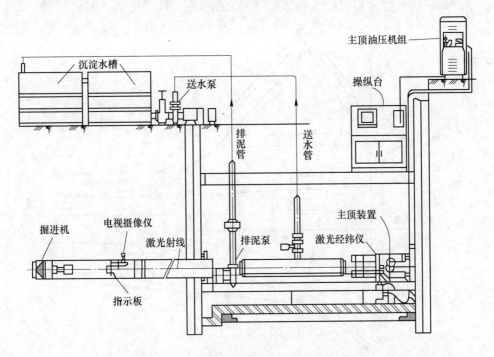

图 6-14 泥水式微型隧道施工方法的设备装置

6.3 典型工程实例

6.3.1 南宁地铁 15 标 *D*1500 污水管工程

6.3.1.1 工程概况

本工程为配合南宁地铁 1 号线金湖广场站—会展中心站区间盾构施工，工程位于竹溪立交桥下及会展中心南侧绿化范围内。因新建地铁 1 号线金湖广场站—会展中心站区间盾构施工与横穿民族大道 *D*1500 污水管道在高程位置上发生冲突，为保证区间盾构施工的顺利实施，现对发生冲突的污水管线进行改移。设计拟将影响区间施工污水管线上游进行截流，沿民族大道南侧向西至竹溪立交桥下方与 *D*1000 污水管交汇后向北接入 *D*1650 污水管道，从而保证区间盾构隧道施工的顺利进展。该段污水管迁改设计为机械顶管施工，共设 2 个工作井，3 个接收井 4 个中继井，迁改总长度为 428m，详见图 6-15。由于该工程施工位于车流量较大的立交桥下，并且施工现场周边正在修建地铁，施工难度比较大，应尽量避免对地铁施工造成影响。

6.3.1.2 施工工艺技术

根据设计资料、地勘资料及现场踏勘，结合顶管工程施工特点，经研究分析

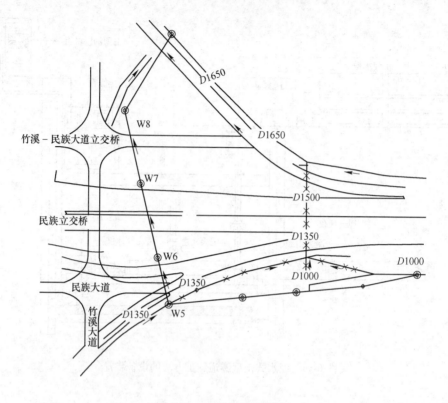

图 6-15   工程位置示意图

确定采用泥水平衡式顶管的施工方法进行施工。

A   顶管机具选型

根据工程地质和水文地质条件，顶管穿越土层存在地下水及粉砂质泥岩，为确保施工和周边环境安全，确定采用适用土质范围广、满足有地下水条件的泥水平衡顶管机。选用机型性能见表 6-4。

表 6-4   泥水平衡机参数

型 号	外形尺寸 /mm × mm	电机功率 /kW	纠偏油缸	进排泥浆管直径/mm	最大纠偏角度 /(°)	掘进速度 /mm · min⁻¹
NSD1500	φ2000 × 4500	22 × 3	80T × 4	100	2.5	0 ~ 100

B   顶管施工原理

顶管施工微型掘进机被主顶油缸向前推进，掘进机头进入止水圈，穿过土层到达接收井，电动机提供能量，转动切削刀盘，通过切削刀盘进入土层。挖掘的泥土、石块等在转动的切削刀盘内被粉碎，然后进入泥水舱，在那里与泥浆混合，最后通过泥浆系统的排泥管由排泥泵输送至地面上。在挖掘过程中，采用泥水维持水土平衡，以至始终处于主动与被动土压之间，达到消除地面的沉降和隆起的效果。掘进机完全进入土层以后，电缆、泥浆管被拆除，吊下第一节顶进管，它被推到掘进机的尾套处，与掘进头连接管顶进以后，挖掘终止，液压慢慢收回，另一节管道又吊入井内，套在第一节管道后方，连接在一起，重新顶进，这个过程不断重复，直到所有管道被顶入土层完毕，完成一条永久性的地下管道。

掘进机在掘进过程中，采用激光导向控制系统。位于工作后方的激光经纬仪发出激光束，调整好所需的标高及方向位置后，对准掘进机内的定位光靶上，激光靶的影像被捕捉到机内摄像机的影像内，并输送到挖掘系统的电脑显示屏内。操作者可以根据需要开启掘进机内置式油缸进行伸缩，调整切削部分头部上下左右高度，以达到纠偏的目的。

当工作井完成以后，经调试完毕的液压系统，顶管掘进机便运输至工地，并安装就位至导轨上。微型掘进设备还包括操纵室和遥控台、液压动力站、后方主顶、泥水循环装置、激光定位装置、减摩剂搅拌注入装置、泥水处理装置；其他辅助装置包括起重机、发电机、电焊机等。图 6-16 为顶管机工作示意图。

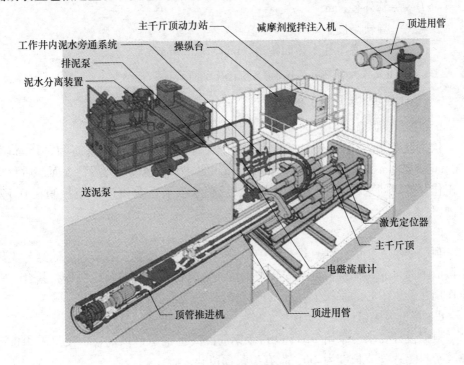

图 6-16　顶管机工作示意图

C　顶管施工主要过程

a　导轨安装

(1) 导轨材料：枕木截面为150mm×150mm，长度为2m；导轨采用高度130mm，上顶宽度QU80mm钢轨。

(2) 在坑底安装截面为150mm×150mm，长度为2m，间距为0.5m的枕木，安装要牢固可靠，以保证在管道的顶进过程中不产生位移。枕木安装高程严格控制在低于管外底3cm，枕木长度比导轨外缘伸出50cm。导轨高程用顶管坑内的水准点测设。钢制导轨与枕木用道钉固定，并采用型钢牢固支撑于两侧井壁上。两导轨中心线距离889mm。导轨安装的允许偏差：轴线3mm、顶面高程0~+3mm、两轨内距±2mm。

(3) 导轨中心计算：

$$A_0 = A + a$$

$$A = 2\sqrt{(D - h - e)(h - e)}$$

式中　A_0——两导轨的中心距，m；

　　　A——两导轨上部的净距，m；

　　　a——导轨上顶面的宽度，m；

　　　D——管外径，m；

　　　h——导轨高度，m；

　　　e——管外底距枕木顶面距离，mm，取30mm。

$$A = 2\sqrt{(1.80 - 0.13 - 0.03)(0.13 - 0.03)} = 0.809\text{m}$$

$$A_0 = A + a = 0.809 + 0.08 = 0.889\text{m}$$

b　顶进后背墙

依据设计施工图，顶进后背墙采用钢筋与钢板制作，钢筋为ϕ16mm@600mm×600mm梅花形布置，壁厚$\delta = 20$mm的Q235钢板作为后背顶面，后背板与工作井壁之间采用C30混凝土浇筑；后背板安装垂直度应严格控制在0.1%以内。

c　顶进油缸与支架安装

顶进油缸安装前应认真进行维护和保养，油缸支架应安装牢固，油缸与支架连接应牢固可靠，油缸位置应安装准确。油缸与管道中心的垂线对称，其合力点应作用在管道中心的垂线上，液压管路连接应严密。

d　管材与接口

根据设计要求，采用DN1500特级钢筋混凝土钢承口顶推管，接口采用楔形橡胶密封圈，管节长度为2m，设有注浆预留孔。

e　管节安装

经检验合格的管节方可使用，安装前对起重设备吊具进行认真检查，并在地面试吊确认安全可靠后方能下管。管道下到导轨上，及时安装完成并测量管道中心线及前后端管底高程，确认符合要求后方能顶进。

管节之间采用木衬垫均匀传递后方顶力，防止管端混凝土直接接触造成管端损坏。木衬垫采用10mm厚的松木板，按照管端截面尺寸分块加工，拼制成环，使用时采用胶粘固定在管节承口端的管端面上，以有效保护管端口由于顶进推力造成混凝土开裂、破损。

管材接口用橡胶止水圈，必须致密均匀，无裂纹、孔隙、凹痕等缺陷，并符合设计的规格尺寸，橡胶圈应始终保持清洁，不能在有油污的环境或阳光高温下存放，安装应平整顺直，不得出现扭曲、松紧不一的情况。管端接口处间隙应均匀。

f 顶铁安装

（1）顶铁的相邻面应互相垂直。

（2）同种规格的顶铁尺寸应相同。

（3）顶铁轴线应与管道轴线平行、对称。顶铁与导轨和顶铁之间的接触面不得有泥土、油污。

（4）采用 O 形顶铁 1 个，厚度为 300mm，U 形顶铁 5 个，其中厚度为 0.3m 的 4 个，0.15m 的 1 个。

g 场地利用和地面设备安装

泥浆处理设备、管节放置、起重机作业区以及供水供电应认真进行安排，合理利用施工场地，确保施工和周边环境安全，满足施工要求。

h 管道顶进

首节管下到导轨上应测量其高程、中心是否符合要求，确认合格后方可顶进。先开动机头，转速由慢到快，同时启动进出泥泵，然后操作顶进，每顶进2m 要测量中心、高程一次。操作应及时细致，防止出现偏差。

i 同步注浆

泥浆系统是由密封的管道组成，通过机头循环，形成泥浆混合物，由排泥管送走，最后沉淀在地面上的泥浆池内，通过众多的排泥泵排出，再由进水泵进水送入机头。排泥由变速的排泥泵进行控制，旁通装置可控制进排泥浆的速度、方向，以防止泥渣堵塞管道，淤积现场。当挖掘黏土时，若是普通黏土，有一定的黏合度，可以直接将泥浆排入泥浆池内，但是当挖的是沙土时，泥浆中必须添加一定的黏合剂（诸如膨润土等）以增加泥浆黏度，达到排渣的最终目的。夹带泥砂的泥浆，通过振动筛进行泥水分离，经处理后的渣土用专用车辆运出场外弃置，处理时注意不得污染路面等环境。

进排泥水系统的第二个作用：在有地下水存在的地方，掘进机表面的压力可以降低到小于水中的压力，这样就避免了抽地下水的需要。进排泥水系统中的压力感应器可测出地下水的压力。机内泥水循环系统、电磁阀、旁通装置及载水阀可以起到调节水压的作用。机内电磁阀和旁通系统，可以阻止水压的变化，保持水压，在加管道时，不至于减小机头的水压，保证内部压力平衡。

　　D　管道顶进

　　(1) 初始顶进时，顶进速度应缓慢调解至正常顶进速度，防止速度突变造成泥水舱间隙变小，导致泥水压力急剧上升。

　　(2) 开顶前应检查注浆管路及注浆泵、顶铁、油缸位置，确认无误后，方可开顶。

　　(3) 顶进时，随时观察实际出土量与理论出土量的差值，正值时，处于超挖状态，负值时，处于欠挖状态。应及时进行平衡和控制出土量。

　　(4) 正常顶进速度控制在 150mm/min；进出洞 20m 以内，顶进速度控制在100mm/min；穿越房屋和交通干道时，控制在 100mm/min 以内。

　　(5) 顶进时随时观察同步注浆情况，发现管道泄漏、堵塞等情况，应立即停止顶进，待故障排除后，方可顶进。

　　(6) 顶进时，随时观察顶管机姿态，发现偏差时，应及时停止顶进，并进行纠偏。

　　(7) 顶进时应密切注意顶进后背、顶铁、管节端头有无异常情况，发现情况应及时停止顶进，经处理后再行顶进。

　　(8) 顶管机发生旋转时，应停止顶进，然后采用反转掘进的方式进行调整。

　　(9) 高程和中心线测量，正常顶进时，每 2m 测量一次，进出洞 10 ~ 20m 以内，每 1m 测量一次。其顶进示意图如图 6-17 所示。

图 6-17　顶进示意图

　　E　检查井及井盖施工

　　污水管道检查井施工参照标准图集 06MS201 - 3，参照矩形直线砖砌雨水检查井 D = 800 ~ 2000mm 结构形式，施工方法按照污水检查井的施工方法增加砖砌检查井内外壁砂浆抹面，施工必须符合相应要求。

F 污水管道闭水试验

坚持管道成型一段试验一段、验收一段的原则，各工序之间穿插作业，保证工程施工进度及各工序之间的衔接。

G 管道接入接出

（1）从 W8 号工作井顶管至 W9 号接收井与既有 $D1650$ 管道的接驳处理。

（2）从 W8 号工作井顶管至 W5 号接收井与既有 $D1000$ 管道的接驳处理。

（3）从 W2 号工作井顶管至 W1 号接收井与既有 $D1000$ 管道的接驳处理。

6.3.1.3 监控量测

根据本工程的具体情况，拟分别对顶管工作影响范围内的地面、顶管竖井支护进行施工安全监测，监测项目以沉降、变形位移监测为主。

（1）监测项目和仪器设备。根据顶管设计、施工要求和地质情况，结合工程特点、工程实际情况和设计要求，拟定以下施工监测项目：地面沉降和竖井支护位移。

（2）监测频率。以上项目的监测频率原则上为 1~10 天，每天 1~2 次；10~20 天每 2 天 1 次；20 天后每周 1~2 次。具体监测频率应根据监测数据的变化情况而定。

（3）监测数据的整理与反馈。施工期间，每次监测后应及时根据监测数据绘制地表下沉、支护结构水平位移等随时间及工作面距离的时态曲线，以便发现了解其变化趋势，并根据开挖面的状况、地表下沉量、支护结构水平位移的大小和变化速率，综合判断土体和支护结构的稳定性，及时反馈给设计单位，作出相应反应。

6.3.2 郑州工人路顶管专项方案

6.3.2.1 工程概况

本工程位于工人路、建设路至棉纺西路段，全长 334m。为郑州市国棉四厂家属院的一条现状沥青路，宽约 7m，路中心有一道雨水、污水合流管，为了实现雨、污分流，先期对污水管线进行新建。

根据规划，工人路污水管线位于中心 2.5m 处，设计管线距离楼房 32m，自来水、天然气管线在人行道板上，施工时暂不受影响。经现场调查在 2.7~2.85m 之间有一道陶瓷管污水管线，因此，施工时必须进行详细的规划，以免损坏原有的污水管线，在进行基坑开挖时 2m 以下采用人工开挖，并对管线采取混凝土全包进行加固。

6.3.2.2 基坑开挖及支护施工工艺和方法

（1）基坑开挖及支护施工工艺流程：测量放线→开挖第一层土方→修理边

坡→打垂直挡土板→立水平挡土板→打圆撑木→开挖第二层土方→修理边坡→打垂直挡土板→立水平挡土板→打圆撑木→导轨安装→安装顶进设备及测量定位设备→下管顶进→掏土运土→内缝处理→开挖检查井接收坑→多余土方平整→工作坑内排管→砌筑检查井→闭水试验→回填土→注浆。图 6-18 所示为基坑开挖示意图。

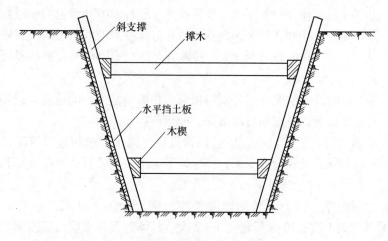

图 6-18　基坑开挖示意图

（2）基坑支护施工工艺：顶管施工整体方案是在设计井位中间开挖工作坑，将相邻两个设计井位作为接收坑。首先由工作坑向相邻一个设计井位进行顶进，待完成后倒向进行下一个相邻工作坑之间的顶进，直到相邻设计井位之间的顶进完成后，在相邻设计井位的位置开挖接收坑，砌筑检查井。鉴于现场情况，也设置有单向顶进。

（3）基坑卸载程序：待安管施工完毕后即可进行基坑支护的拆除工作，拆除要严格按照先下后上，先撑木再撑板的顺序进行，拆除一层回填一层，底层回填完毕后方可进行上层支撑的拆除。严禁一次将全部支撑拆除完毕再回填基坑的施工方法。

6.3.2.3　顶管施工工艺和方法

顶管施工工艺流程为：顶管工作坑设备安装→千斤顶安装→下管→顶进→挖土→出土→顶进→循环→顶管完毕→内封处理→砌筑检查井→闭水试验→注浆→完工报验。

A　顶管工作坑设备安装

（1）后背墙采用土基背墙加固的方式，即先把后背土壁铲修平整，紧直靠紧土壁横排方木，方木前要放立铁，立铁前横向叠放横铁。

（2）导轨安装：导轨是起保证管子顶进方向作用的，必须在方木上固定牢固。顶管采用钢制导轨，轨间距46cm。为保证坑基稳定，坑底设20cm厚混凝土基础。两导轨顺直、平行、等高，其纵坡与管道设计坡度一致。导轨安装应牢固，在使用中不产生位移，并经常检查校核。

顶管位置如是从下游向上游顶进，导轨高程同设计管内底高程，实际导轨高程也应适当提高2~3m，以避免管头下沉。

B 千斤顶安装规定

顶进采用油压千斤顶，油泵开关设于坑口附近，设专人操作，操作员能观察到坑内顶进情况。千斤顶固定在支架上，并与管道中心的垂线对称，其合力的中心作用点在管道中心的垂线上。当千斤顶多余一台时，取偶数，规格相同，行程同步，对称布置。当千斤顶的油路并联，每台千斤顶设有进油、退油的控制系统。

C 油泵安装及运行规定

(1) 泵与千斤顶相匹配，并有备用油泵。油泵安装完毕，进行试运转。

(2) 顶进开始时，缓慢进行，待各接触部位密合后，再按正常顶进速度顶进。顶进中若发现油压突然增大，立即停止顶进，检查故障。

(3) 千斤顶活塞退回时，油压不得过大，速度不得过快。

D 顶铁安装及使用规定

(1) 顶铁与管口之间采用缓冲材料衬垫，管端顶铁采用弧形顶铁以分散顶力。

(2) 安装后的顶铁轴线与管道轴线平行、对称，顶铁与导轨和顶铁之间的接触面不得有泥土或油污。

(3) 更换顶铁时，先使用长度最大的顶铁。

(4) 顶铁采用截面为20cm×30cm，单行顺向使用长度为1.5m；双行长度不大于2.5m，且在中间架横向顶铁相连。管前挖出的土应及时外运。顶进系统详见图6-19。

E 施工方案

(1) 顶管采用龙门吊下管。

(2) 采用手工掘进顶管法，顶进时遵照"先挖后顶，随挖随顶"的原则，要连续作业，尽量避免中途停止。

(3) 顶进时利用千斤顶出镐，在后背不动的情况下，将管子推入土中，其操作过程如下：

1) 安装弧形顶铁或圆形顶铁并挤牢，待管前挖土满足要求后，启动油泵，操作控制阀，使千斤顶进油，活塞伸出一个行程，将管子推进一段距离；

2) 操纵控制阀，使千斤顶反向进油，活塞回缩；

3) 安装顶铁，重复上述操作，直到管端与千斤顶之间可以放下一节管子

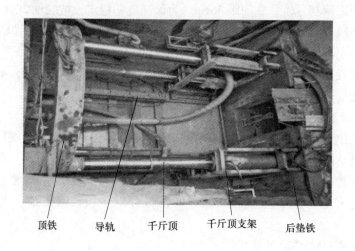

顶铁　　导轨　　千斤顶　　千斤顶支架　　后垫铁

图 6-19　顶进系统

为止；

4）卸下顶铁，下管，在混凝土管接口处放橡胶圈或其他柔性材料，管口内侧留有 10~20mm 的间隙，以利接口处应力均匀；

5）重新装好弧形顶铁或环形顶铁，重复上述操作。

（4）顶进测量控制在 50cm 左右，掘进长度视土质情况酌情增减，严禁长距离掘进以避免安全事故的发生。顶进前及顶进过程中测量员及时测量其高程和中线偏差情况，发现有偏差超限趋势时及时通知施工员进行纠正，保证管道的顶进质量。

（5）全段顶完后，在每个管节接口处测量其轴线位置和高程，有错口时测出相对高差并做详细记录。

（6）规范处理内缝，砌筑检查井，回填工作坑。

（7）在顶进过程中，要按照有关规范的规定，及时准确填写测量记录，并做到完整清晰。

（8）出土使用出土车，然后靠卷扬机或人工倒运到坑边，再倒运到卸土场。

（9）管子下部要注水泥浆。

F　顶进测量

顶进测量包括：工作坑方位及挖深测量；工作坑挖成后中心桩和高程桩的设置；基础、后背、导轨安装时的测量；顶进中的测量。

G　顶管施工纠偏

纠偏的整体原则是在顶进中进行纠正，增加测量的次数，小角度渐进纠偏。具体有以下几种方法：

（1）挖土校正法。偏差 1~2cm 时可采用此法，运用不同部位增减挖土量，使管子局部受力扭头或仰俯。

（2）强制校正法。主要有以下几种：1）衬垫法：在首节管外侧管口位置，支垫刃板（钢板或木板），造成局部阻力，迫使管子转向；2）支顶法：用圆木，或在偏向设计中心的一侧内口上，两头皆垫木垫板，至设牢后利用顶进时支顶分力，使管子得到校正；3）顶镐法：顶距在 15m 以内，利用顶铁造成一侧受力，使管子转向。

H 注浆施工方法

本工程采用空压机注浆工法，对管道四周的土体进行注浆加固处理，形成具有一定强度复合地基，以达到稳固土体的目的。注浆示意图如图 6-20 所示。

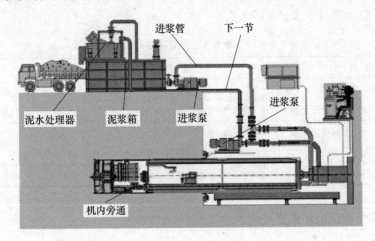

图 6-20 注浆示意图

I 注浆加固

注浆时，根据现场实际情况适当加入特种材料（硅酸钠）以增加可灌性和早期强度。当检查井施工完毕，即可封堵钢筋混凝土管外侧与土体之间的空隙，在管内进行压注水泥浆，水灰比按 0.5∶1，注浆孔采用管道预留的注浆孔，注浆压力 0.05 ~ 0.1MPa，以注满管壁周围缝隙为准，施工中注意观察空压机的压力仪表的压强以及相邻注浆孔出浆情况。其工艺流程为：

（1）清孔，连接注浆工艺管道。根据管道预留注浆孔的位置，布设注浆支管，每个注浆口支管均设控制闸阀。

（2）注入浆液。管道布设完成后开始注浆，注浆压力 0.05 ~ 0.1MPa。

（3）封堵注浆孔。采用与预留注浆孔配套的丝堵封堵注浆孔，防止浆液流失。

（4）冲洗注浆管。注浆完毕，应立即用清水冲洗注浆管，必须采取适当措施处理废水，搞好清洁工作。

6.3.2.4 基坑工程施工监测与量测

施工监控量测要求与流程如下：

（1）施工监测要求。基坑监测项目的监控报警值根据有关规范及支护结构设计要求确定。各监测项目在基坑开挖前须测得观测值，且不得少于2次。各项监测的时间间隔根据施工进度确定，当变形超过报警值或监测结果变化速率较大时，加密观测次数，当有事故征兆时，须连续监测，并根据监测信息修改调整施工方法。

（2）监控流程：机构建立→项目制定→人员分工→制定监测计划→监测→分析→预警→应急→处理。

（3）监测项目如表6-5所示。

表6-5 监测项目

监测项目	监测频率	监测手段	检查数量
基坑沉陷、隆起及裂缝监测	每天1~2次，施工时加大频率	目测观察	逐坑检查
撑木、撑板支撑情况监测	每天1~2次，施工时加大频率	目测观察	逐坑检查
撑木、撑板支撑情况监测（支撑完毕后）	支撑完毕以后每周1~2次，施工时加大频率	水准仪经纬仪	逐坑检查
顶管出土含水量监测	顶管施工时每天1次	酒精法	每井位一点

6.3.3 郑州市江山路拓宽改造污水工程

6.3.3.1 工程概况

郑州市江山路（连霍高速—黄河风景名胜区）为郑州市北部一条南北向城市主干路（含主线道路和东侧辅道），工程范围路线全长约14.7km，其中主线工程范围为连霍高速—黄河风景名胜区。江山路（天河路—黄河风景名胜区）现状道路为一条宽约15m的沥青路，道路两侧为防护林，局部为临街仓库、村庄等。道路两侧建筑物拆迁已基本完成。根据所提供施工图及地质报告，顶管穿越的土层大部分为中砂及粉细砂层，且地下水位高，顶管所在土层均于地下稳定水位线下，极易产生流沙，因此，施工过程中必须具有防流沙及机头迎面塌方措施。

6.3.3.2 降水施工方案

在沉井时采用大口井降水措施，使地下水位降至基坑底部0.5m以下。深井（管井）井点，又称大口径井点，由滤水井管、吸水管和抽水设备等组成；具有井距大、易于布置、排水量大、降水深（>15m）、降水设备和操作工艺简单等特点；适用于渗透系数大、土质为砂类土、地下水丰富、降水深、面积大、时间长的降水工程。

（1）大口井降水施工工艺流程：大口井设计→定位→成孔→清孔→下滤管→回填滤料→安放潜水泵→降水→回填井孔。

（2）布井原则：大口井平面布置距基坑边 5m，工作井每个基坑 6 口井，接收井每个基坑 4 口井，深 30m，直径 400mm，井口高出地面 0.5m，并做好防护措施。

（3）定位：根据设计的井位及现场实际情况，准确定出各井位置，并做好标记。

（4）成孔：用回转钻机依据所定井位就位成孔，成孔后不小于 60cm。一般黏土可采用原土造浆，对于含沙性较大的土层可在钻进时用红土或触变泥浆护壁。在钻进时必须经常向井内补充清水，始终保持井内充满泥浆，防止井壁塌方。

（5）清孔：钻孔完毕，应立即向井内放置潜水泵清孔，潜水泵应放置在井的底部，抽出井内泥浆，以防井内淤泥积沉井底，影响井深。

（6）下滤管：清孔完毕，井深达到设计要求后，立即开始下滤管。

（7）回填滤料：井筒的底部用草袋片或土工布（$300 \sim 400g/m^2$）和粗砂砾石作过滤层，井筒与井孔之间的空隙，用砾石等滤料（采用级配砂石）回填至地下水位，地下水位以上可用土回填。大口井施工完成后，应立即进行排泥及试抽水，防止淤塞。

（8）安放潜水泵：用两根 8 号铁丝固定潜水泵电动机位置，沿井壁将潜水泵缓缓放入井底滤料上 0.5m 处，井口横一钢管，通过 8 号铁丝将潜水泵固定于钢管上，输水管引至污水排放位置。

（9）降水：潜水泵设置完毕，立即开始降水，要求昼夜专人值班，见水就抽，始终保持井内处于低水位状态。要定时测量观察井水位降深，填写降水记录和绘制水位降深曲线，以便准确掌握降水范围内地下水位降低情况。

（10）做好降水记录：记录单口井出水量（m^2）、观测井水面标高（m）、持续时间、间隔时间等。

6.3.3.3　沉井施工方案

（1）沉井施工总体安排：沉井采用分层制作、分层下沉的施工方法，第一层浇筑沉井刃脚部分，第二层浇筑沉井井壁部分，待沉井制作好后一次性下沉（见图 6-21）。

（2）沉井施工工艺流程图如图 6-22 所示。

6.3.3.4　沉井下沉观测措施

监测目的：为沉井周围环境进行及时、有效的保护提供依据；及时反馈信息，指导沉井下沉施工。

监测项目：沉井水平位移和垂直位移监测；路面、构筑物的沉降观测；沉井深层水平位移观测。

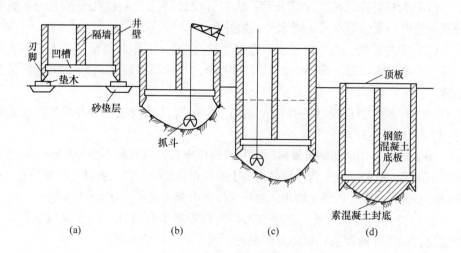

图 6-21 沉井下沉示意图

（a）浇筑井壁；（b）挖土下沉；（c）接高井壁，继续挖土下沉；

（d）下沉到设计标高后，浇筑封底混凝土、底板和沉井顶板

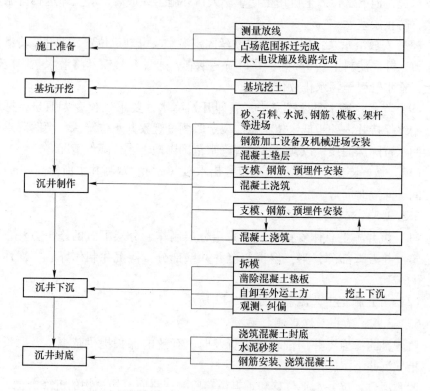

图 6-22 沉井施工工艺流程图

6.3.3.5 顶管施工方法

顶管施工工艺流程如图 6-23 所示。

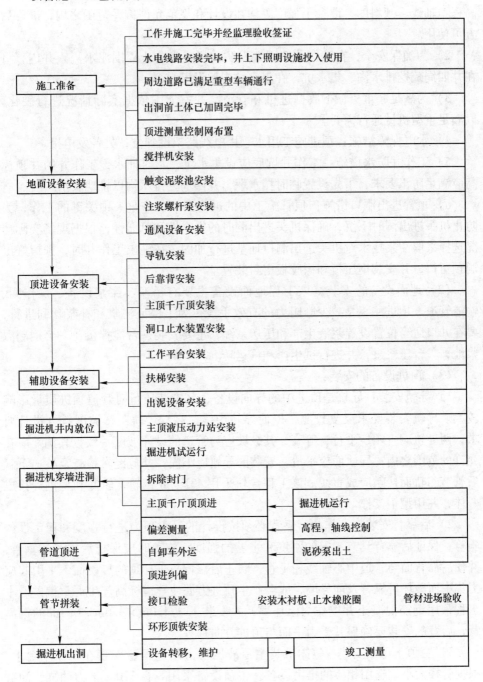

图 6-23 顶管施工工艺流程图

（1）施工准备：

1）工作井沉到位并且封底混凝土达到设计强度，经现场监理工程师验收其高程、轴线、倾斜度、混凝土强度等均在设计和规范允许偏差范围之内，准许后方可使用。

2）为确保安全，在工作井四周架设防护栏，为防止周围泥水流入井内，可在井四周疏挖排水沟、集水坑，在集水坑中架设潜水泵。

3）为满足起重机械下放掘进机和管节，井室周围依据实际情况进行硬化，以满足重型机械通行需要。

4）水电保障措施：顶进施工用水、用电线路架设到位，另备发电机。

5）工作井防水措施：工作井坑底应设集水坑，及时抽水，工作井的井顶标高应满足防汛要求，事先设置临时挡水堰，井四周挖排水沟以排地表水。

6）顶管进出洞口措施：顶管施工中的进出洞口工作是一项关键的工作，为防止机头进出洞时下沉，确保机头进出洞时的安全性和可靠性，根据现场实际情况选择采取注浆技术对机头进出洞口地基进行加固。在施工工作井时，预留好出洞预留口，并安装钢压板和橡胶板密封装置。

（2）地面设备的安装：该工程地面设备主要有吊车、注浆设备、操作间、输渣管道。顶进注浆是减少摩阻力的有效手段，为了保证注浆和补浆顺利进行，要在井口适当位置设置浆液生产和压送系统，主要安装一台搅拌机，一个钢制泥浆池，一台压浆泵，并进行试生产和试运转。

（3）顶进设备的安装：

1）导轨安装：导轨是顶进中的导向设备，其安装质量对管道顶进质量影响较大。导轨安装要求反复校测，以使导轨中线、高程、轨距、坡度符合设计要求；两导轨应直顺、平行、等高，其纵坡度与管道的设计坡度一致，其偏差应在允许的范围之内；导轨面应平滑，安装的导轨应牢固，并应经常检查复核。下管后管节与轨面接触应成直线。该工程导轨采用 43kg/m 钢轨，轨底和型钢焊接成一体，并用型钢支撑。

2）后靠背安装：工作井后靠背必须按设计的最大顶力进行强度和稳定性的验算，保证后靠背具有一定的刚度和足够的强度。施工时应保持后靠背的垂直，并使后靠背面与管道中心轴线相垂直，防止后靠背与千斤顶的接触面不平引起应力集中而破坏后靠背及前导墙，或会产生顶进力偶使管道标高产生严重偏差。本工程采用钢筋混凝土井壁作为承压壁，并安装 1 块 3.0m×3.0m×0.3m 的钢靠背，后背的安装要确保其受力平面与顶进方向垂直。

3）主顶千斤顶安装：整体吊装主顶液压动力站应平稳安装在工作平台上。根据管径大小，选用相应的推力设备：主顶设备采用 8 台 3200t 推力油缸，油缸行程 2500mm，总推力 3200t，油缸固定在拼装式油缸架上。安装在油缸架的油缸水平误差控制在 5mm 以内。

4）防止泥水流入工作井和触变泥浆流失的措施：为了防止顶管机头进出洞口流入泥水，并确保在顶进过程中压注的触变泥浆不致流失，必须事先安装好前墙止水圈。该工程采用止水装置为橡胶法兰组成的止水装置。安装时先装橡胶板，后装钢压板，再上垫圈并用螺帽紧固，以此阻止水流。

（4）辅助设备的安装：辅助设备主要有供主顶液压动力站、操作员及测量仪器工作的平台、供工人上下井用的钢制扶梯和输渣系统（渣浆泵、输渣管道）。

（5）掘进机头井内的吊装：

1）吊装设备和专用设备必须牢固可靠，确保安全。吊装顶管掘进机的起重机械要选用有富裕承载的吊车，卸机头时要平稳、缓慢，避免冲击、碰撞，并由专人指挥。

2）机头安放在导轨上后，要测定前、后端中心的方向偏差和相对高差，并做好记录。机头与导轨的接触面必须平稳、吻合。

（6）掘进机穿墙出洞。

（7）管道顶进。

（8）管节拼装。

（9）触变泥浆与填充注浆：为减小顶管阻力，保证开挖面土体稳定，顶进施工中进行注浆。浆液按照配合比进行调制、试用，并根据现场实际情况进行调整。

（10）顶管机的接收：

1）接收井的制作与工作井相同。

2）接收井的尺寸应满足顶管机与首节管材脱离后进行设备检查、维护及吊运所需空间要求。

3）接收井应预留顶管机出洞口，洞口直径宜大于顶管机直径 10～20cm。

4）顶管机临近接收井井壁 1～2m 时，应调整、控制顶管机顶进速度，加密对顶管机轴线的测控。

7 地下工程环境效应及风险管理

随着我国国民经济的飞速发展和城市化进程的日益加快，以及对能源和资源的需求越来越大，以深大基坑工程、综合立体化城市地铁工程、深埋长隧工程、千米深井矿山工程等为代表的大型、超大型地下工程越来越多。随着挖掘（采掘、开掘）深度的不断加大，地下工程所处的地质力学环境渐趋复杂和恶化，随之带来一系列复杂、严重的环境效应，甚至导致大量地下工程灾害的发生。近年来，地下工程建设及运行过程中诱发的环境效应及各类灾害问题引起了国内外学者及从业人员的高度重视，并在风险辨识、风险分析、风险评估、风险控制、风险管理等方面进行了大量的研究。本章在对地下工程环境效应及其风险管理理论方法论述的基础上，重点以城市地铁工程为例，对地下工程建设及运营过程中的环境效应进行分析，并对其风险控制理论、方法和技术进行阐述。

7.1 地下工程环境效应

7.1.1 概述

环境效应是指自然过程或者人类的生产和生活活动会对环境造成污染和破坏，从而导致环境系统的结构和功能发生变化的过程。环境效应是指由环境变化而产生的环境效果，既有正效应，也有负效应。环境变化可以是自然过程，也可以是人为活动影响所引起环境系统结构和功能的变异。环境效应一般可以分为自然环境效应和人为环境效应。环境效应按其产生的机理还可分为环境生物效应、环境化学效应和环境物理效应。

地下工程环境效应是指在地球圈层结构的浅表层或一定深度区间开挖、掘进、修建各类工程设施、利用地下空间、采掘各类有用资源过程中，由于改变了地下岩土体的地层结构、地质条件和力学环境等，带来的浅表层或地下岩土体、支护（围护）结构、地下管线、周边环境及地上建（构）筑物等变形、破坏、污染等环境地质问题。如深基坑开挖过程中带来的支护结构变位、基底隆起、基坑失稳、基坑管涌流砂、地面沉降等。

7.1.2 基坑工程环境效应

随着基坑工程的迅速发展，基坑工程施工的风险随着开挖深度的增加而增大，基坑施工引起的环境效应问题也愈加突出。尤其是在基坑施工影响范围内有运营地铁时，为确保地铁运营安全，环境保护要求极其严格。目前，基坑工程设计与施工技术已日趋成熟，如何采取较为经济的各种技术措施，严格控制各项变形，将基坑施工对周边环境的影响降到最低限度，从某种程度上已成为基坑工程设计与施工首要考虑的因素。

7.1.2.1 桩基施工的环境影响

目前，国内普遍采用的工程桩类型主要有钻孔灌注桩、PHC 管桩、预制混凝土方桩等。根据桩基施工挤土量的大小，钻孔灌注桩属于非挤土桩，PHC 管桩属于部分挤土桩，预制混凝土方桩属于挤土桩。桩基施工对周围环境的影响，主要包括噪声、振动、挤土和泥浆污染等方面。钻孔灌注桩施工噪声和振动均较小，其环境影响主要是泥浆污染。PHC 管桩和预制混凝土方桩施工均有挤土作用，无泥浆污染。PHC 管桩和预制混凝土方桩施工主要有两种方法，锤击沉桩和静压沉桩，其中锤击沉桩施工噪声和振动均较大。

桩基施工产生的废水和泥浆，严重污染环境，废水必须处理后排放，泥浆必须外运至指定地点。桩基施工产生的噪声会严重影响施工场地附近居民的正常工作、学习与生活，应按照有关规定严格控制噪声强度。

7.1.2.2 工程降水的环境影响

在地下水水位高的地区进行基坑工程施工时，为了避免产生流砂、管涌，防止边坡坍塌和坑底突涌，保证施工安全和工程质量，需要采取工程降水措施，避免水下作业。工程降水包括降潜水和降承压水两种类型，降潜水起疏干作用，保证基坑施工的干作业，降承压水是保证深基坑基底安全、防止突涌的技术措施。一般地说，坑内降水对周边环境影响相对较小，坑外降水对环境影响较大。潜水位于浅部黏性土和淤泥质地基土层中，地基土渗透性相对较差，降水时的水位坡度较大，影响范围相对较小。抽取潜水使地基土层中原有地下水位降低，使邻近基础下水的浮托力减小，亦使地基土中有效应力增大而造成地基土固结压密，从而导致地面建筑、地下管线和道路产生沉降变形。由于浅部淤泥和淤泥质土层固结时间长，因此降潜水对环境影响的周期很长。承压水位于深部砂性地基土层中，地基土渗透性较好，降水时的水位坡度较小，影响范围相对较大。同样，降承压水也可能导致地面建筑、地下管线和道路产生沉降变形。

7.1.2.3 围护施工的环境影响

目前，国内软黏土地区普遍采用的基坑围护结构类型主要有地下连续墙、钻孔灌注桩、排桩、钢板桩、水泥土搅拌桩、重力式挡墙及 SMW 工法桩等。

随着基坑开挖深度的增大，越来越多的基坑工程采用地下连续墙围护结构，其宽度由前些年的 600mm、800mm 增大到 1000mm、1200mm，其深度也超过了 60m。地下连续墙施工机械较庞大，成槽时有一定的噪声和泥浆污染。另外，地下连续墙成槽破坏了地基中的应力平衡，且在砂性土中易产生塌方，从而造成周边地表沉降。

7.1.2.4 基坑开挖的环境影响

基坑开挖对周围环境的影响取决于地下水位的变化、围护结构变形和止水性状以及基底隆起变形等因素。基坑开挖时由于土体内应力场变化，软黏土发生蠕变和坑外水土流失而导致基坑周围土体及围护结构向坑内方向移动、地面沉降及坑底隆起，从而引起邻近建（构）筑物、地面道路、地下管线的下沉、位移或偏斜等。基坑开挖时若边坡失稳、坑内滑坡或围护结构变形过大，可能造成工程桩偏位，甚至断裂。另外，由于基坑开挖空间内岩土特别是软黏土的流变特性，导致基坑工程"时空效应"明显，使基坑开挖对周围环境的影响变得相当复杂。对于同一个基坑，由于基坑开挖方法不同和开挖周期长短不同，对周边环境造成的影响也不相同。基坑开挖一方面要遵守"分层、分块、平衡、对称"开挖的原则，另一方面要优化施工组织、加快基坑开挖进度，才可以有效控制各种变形。

7.1.3 地铁工程环境效应

随着世界各国城市化进程的加快，城市交通越来越受到人们的关注。城市地下轨道交通主要为地铁，其作为城市公共交通体系之一，在诸多交通方式中起着骨干作用。它具有一系列的优点：客运能力大；安全、准时、快捷；使用清洁能源，对环境无影响；全天候运营，不受天气影响等。

地铁建设本质上应是"环境友好工程"，但城市地下工程开挖后土体必然发生变形，当变形达到极限时，岩土体即破坏失稳，将直接或间接地造成环境的恶化，甚至造成灾害事故。地铁建设往往在市区繁华地段，在其施工过程中，常引起周围地层的变形，对周围地面建筑及基础、地下早期人防和构筑物、公用地下管线和各种地下设施以及城市道路的路基和路面等都可能构成不同程度的危害。我国不同城市的地层条件差异较大，设计或施工措施不利等造成地面沉陷、基坑垮塌、隧道涌水、周边建（构）筑物和地下管线损害事故时有发生，往往造成严重经济损失与社会影响。

7.1.3.1 市区地铁车站施工

地下连续墙、桩排墙施工时产生泥浆、噪声、振动；井点降水造成地下水位变化及地下水径索流的混乱、水质的变化，引起土层的沉降、密实度、孔隙水压力变化；甚至导致支撑的失稳，连续墙的倾倒，大面积土体的滑移、塌陷；车站大基坑开挖，引起近旁道路的地下管线（煤气、地下电缆、热力蒸汽等）开裂等。

7.1.3.2 地铁区间隧道施工

地铁区间隧道及地下车站施工活动均会对周围土层产生扰动，从而引起一定的地层影响，位于影响区内的建筑物和地下管线必将受到不同程度的不利影响，甚至影响使用安全。地铁施工对土层和地表的主要影响为：浅地表以下土层竖向和水平向的位移和变形以及地面沉降；土层的竖向位移和变形将引起地面沉降、地表倾斜、地表曲率变化和扭曲等；而水平向位移和变形将引起地面水平位移、拉伸和压缩。地表移动和变形对地面与地下建（构）筑物的影响也不尽相同，在建筑物和地下管线中产生大小不等的附加应力和变形，严重时将导致建筑物和管线的破坏。

盾构法隧道进（出）工作井、转弯（纠偏）、穿越大楼桩群、浅覆土易引起流砂等不良地质现象，钻爆法施工隧道引起振动、烟尘、渣土、断层和强烈破碎带引起冒顶塌落，对周边建筑物造成不利影响；浅埋暗挖法不当引起塌方冒顶，化学注浆时易引起土性改变并对水体产生不良影响；沉管法隧道对航道、河床和水流的速度有影响。

7.1.4 矿山工程环境效应

地下矿山工程所引起的环境效应主要包括矿山地质灾害和矿山环境污染两大方面。

7.1.4.1 矿山地质灾害

地质灾害是指由于地质作用（自然的、人为的或综合的）使地质环境产生突发的或累进的破坏，并造成人类生命财产损失的现象或事件。矿山地质灾害是因大规模采矿活动而使矿区自然地质环境发生变异，产生影响人类正常生活和生产的灾害性地质作用或现象。

采矿过程中能量交换和物质转移是影响矿山地质环境的主要原因，矿山开发活动强烈地改变了矿区地貌和地下环境条件和应力状态，引发、诱发各类地质灾害，既对矿山工程活动造成威胁，又制约了矿山的可持续发展。矿山地质灾害的种类、强度和时空分布特征取决于矿区地质地理环境、矿床开采方式、选冶工艺等因素。常见的矿山地质灾害种类见表 7-1。

表 7-1 矿山主要地质灾害种类

环境要素	作用形式	主要地质灾害种类
地表环境	地下采空	采空区地面沉降、地裂缝、岩溶塌陷
	地面及边坡开挖	山体开裂
	爆破及振动	崩塌、滑坡、泥石流
	地下水位降低	沉降漏斗
		水土流失与土地荒漠化
	废渣、尾矿排放、尾矿库溃坝	泥石流、矸石自燃

环境要素	作用形式	主要地质灾害种类
采场环境	地下采空	煤与瓦斯突出
		岩　爆
	地面及边坡开挖	露采边坡失稳
	其　他	煤层自燃等

A　矿山地质灾害特征

矿山开发所引发的地质灾害大体上与两类因素有关：自然因素，主要是地质、地形地貌和矿产赋存条件；人为因素，主要是矿业工程及其他人类活动。矿山开发造成的地质灾害是人类工程与自然地质综合作用的结果，因此矿山开发所引发的地质灾害表现出以下特征：

（1）致灾强和难治理。矿山地质灾害发生面广，几乎遍及每一矿区，灾害种类多、发生频率高、危害大，地面开采塌陷、滑坡、水土流失等治理难度大，对矿区破坏严重。

（2）不可避免性和不可逆转性。采矿活动的目的是从地表下获取矿产资源或其他建筑、化工材料，因此必定会造成原始地表景观（如露天开采时）和局部地球表层环境的变迁和破坏。采取某些工程技术措施能够减小影响，但不能消除所有的环境破坏。并且由于矿产资源的不可再生性，使得矿区原始的自然状态极难复原。

（3）差异性和不均匀性。各矿区、矿山的资源、地质条件、地形地貌形态差别很大，不同矿区的生态技术水平、社会经济情况、人员素质和管理水平也存在着高低、优劣，因此地质灾害的强度、规模、形成机理和表现形式也会千差万别。

（4）突发性和滞后性。有的地质灾害问题表现出突发性，如崩塌、泥石流；有的表现出滞后性，如开采地表沉陷、水土流失等。

（5）动态空间特性和复杂性。矿区空间是包括地面、地下和大气层的多层立体空间，具有复杂的内部构造，并且矿区开发和生产作业的地理空间时刻在变动中，因此地质灾害问题也表现出动态的三维空间特性，以及影响因素、形成机制和防治的复杂性。

（6）群发性和关联性。矿山地质灾害的分布、致灾与发生具有群发性，受多因子影响因素叠加，表现出灾害之间的关联性、制约性，具有明显的行业特点。

每一个矿山构成一个独立的地质灾害系统。这个系统的基本特征，即灾害的种类及多寡、灾害的强度和时间、空间分布等，除取决于矿区特定的地质环境（即地形地貌、气候、矿床水文地质及工程地质条件等因素）外，亦与矿床开采方式、方法及选冶工艺密切相关。这个系统内的各灾种，由于其主控作用往往相同或相似，而显示出灾害发生的伴生性和链生性。每一种对矿山地质环境的作用形式，常产生一群相互伴生的地质灾害。

一种主导性地质灾害的发生，往往会链生一系列诱发地质灾害。下面列举几种矿山开发的主要地质灾害现象。

B　矿山泥石流

矿山泥石流是由于在人为干涉作用下矿产资源的集中开采，采矿和矿山建设的弃土、石、渣，集中干扰、改变了原有的地形条件，形成或演化为泥石流沟，继而引发矿山泥石流。矿山泥石流的分布是随着矿产资源的集中分布状况，以及人类开发资源工程技术的发展情况而变化的。其发生部位主要是坡地和沟道，坡面上发生的泥石流主要是指弃土、石、渣的渣山和松散土体的堆积坡面上发生的泥石流，其规模以坡面长度而定，但最大面积也不过只有几十到几百平方米；发生在沟道的泥石流大部分是由原先的冲沟、老冲沟、切沟等，经过修路、采石等，改变了原来的形状，堆积了大量的、松散的弃土、石、渣，使其畸变所致。矿山泥石流具有规模小、密度大、集中性强、爆发频率高、灾情重、可防和能被预测等特点。

根据矿山泥石流爆发动力和松散体堆积部位的关系，可将矿山泥石流分为：（1）矿山排土、弃渣堵沟体溃决而形成的泥石流；（2）矿山弃渣分散存于沟谷源头而形成沟谷型泥石流；（3）排土场滑塌而形成的滑坡型泥石流；（4）矿山排土场坡面上发育的坡面型泥石流。全球矿产资源分布面积广而复杂，在不同的环境条件和不同的开发技术指导下，矿山泥石流的类型、物质组成、流体特征和受灾情况差异很大。

由于矿山泥石流的形成物源是矿山废渣，其源地集中，松散固体物质充足且富含各种化学物质，破坏能力很强，所以其不仅具有一般泥石流的危害特征，还能污染水源和环境。

C　露天边坡失稳

露天边坡失稳，是指在矿山开采中，由于地下采空、地面及边坡开挖破坏了岩体固有的地应力平衡，影响了山体、斜坡稳定，形成山体开裂、崩塌和滑坡地质灾害的现象。此外，矿山排放出的大量矿渣、矸石和尾矿堆积于山坡和谷底，也会引起露天边坡失稳，极易诱发崩塌、滑坡。例如，我国最大的黄金生产地——秦岭西域沟金矿，由于数万立方米的矿渣堆放于沟底，河道受阻，诱发崩塌、滑坡、泥石流，造成51人丧生，生产生活设施遭到严重破坏。

矿山开发引起的露天边坡失稳造成的危害主要是对地表和耕地的破坏，以及对矿区和附近村庄生产生活设施的破坏。

D　矿区地面塌陷与地裂缝

矿区地面变形，是指采用地下开采的矿山由于采空区上覆岩土体冒落或变形而导致地表发生大面积变形破坏并造成人员伤亡或财产损失的现象和过程。开采地下矿产资源，造成矿区地面变形灾害是突出的矿山环境问题。它毁坏耕地，破坏地貌，影响生态，迫使河流改道、道路毁坏、建筑物倒裂等。如果地面变形呈面状分布，则为地面塌陷，通常地面塌陷区的边界超出地下的对应采空区的边界范围，塌陷面积大于采空面积，体积约为采出矿石体积的60% ~ 70%；如为线状分布，则为地裂缝。矿区地面塌陷造成大量农田毁损，地表建筑物遭受严重破坏。矿区地面塌陷和地裂缝的主要诱发因素是开采方式和矿体赋存条件。矿床地下开采，形成采空区，是地面塌陷和地裂缝形成的主要原因。采空区深度与面积、采掘面高度、地形地貌、地层岩性、地质构造、水文地质等自然条件决定了地面塌陷和地裂缝的规模与空间分布。

矿区地面塌陷与地裂缝造成的危害：一是破坏土地资源，影响农业生产。矿区塌陷灾害对于农田的破坏十分严重，当前我国约有国有矿山数千座、乡镇集体及个体矿山十余万座，由此所造成的矿山塌陷灾害十分严重。而在各类矿山中，煤矿的开采量最大，所以由其造成的塌陷也最为严重。二是损害地表建筑物。矿山塌陷灾害影响范围广，具有突发性、累进性和不均匀性等特点，对于各种地面建筑工程的危害很大。在城镇建筑物、水坝、桥梁和铁路、公路之下通常不允许开采固体矿产资源，否则就可能引起地表塌陷，造成各种建筑物的破坏和城市基础设施损坏，破坏正常生产、生活和交通安全。除此之外，地面塌陷与地裂缝还导致地表、地下水渗漏，斜坡失稳等其他地质灾害的产生。

E 矿区沙漠化

工矿型土地沙漠化，是指矿产资源的开发危害到矿区周围的植被，导致植被枯萎、死亡；露天采矿剥离表土使矿区原有的地表生态系统遭受破坏，水土流失加剧，土地生产力下降，土地资源丧失，呈现地表荒芜、砂石（或碎石）裸露的土地退化过程。

F 瓦斯爆炸

矿井瓦斯是在矿床或煤炭形成过程中所伴生的天然气体产物的总称，其主要成分是甲烷，其次为二氧化碳和氮气，有时还含有少量的氢、二氧化硫及其他碳氢化合物。狭义的瓦斯是指煤矿井下普遍存在而且爆炸危险性最大的甲烷。瓦斯赋存分为游离状态和吸附状态两种，如果煤层中的吸附瓦斯在地压作用下突然大量地解吸为游离瓦斯时，就会发生瓦斯突然喷出。瓦斯爆炸是瓦斯突出后遇有燃火点发生爆炸的现象，为煤矿的一种主要地质灾害。

瓦斯爆炸或瓦斯与煤层联合爆炸不仅出现高温，而且爆炸压力所构成的冲击破坏力也相当大。煤矿瓦斯爆炸产生的瞬间温度可达 1850 ~ 2650℃，压力可达初始压力的 9 倍。当瓦斯发生连续爆炸时，会越爆越猛，出现很高的冲击压力。瓦斯爆炸火焰前沿的传播速度，最大为 2500m/s。当火焰前沿通过时，井下人员从皮肤到五脏均可烧焦。井下设备由于爆炸的高压作用可深陷到岩石内，爆炸的冲击波还可破坏巷道，引起冒顶垮帮等其他灾害。爆炸冲击波的传播速度最大可达2000m/s，冲击破坏力极强。在爆炸波正向冲击过程中，由于内部形成真空，压力降低，外部压力相对增大，结果空气返回后又形成反向冲击。这种反向冲击虽然速度较前者为慢，但因氧气的补充可能造成二次或多次瓦斯爆炸，其破坏力往往更大。

G 煤与瓦斯突出

煤与瓦斯突出，是指在煤矿地下开采过程中，从煤（岩石）壁向采掘工作面瞬间喷出大量的煤和瓦斯的现象。而大量承压状态下的瓦斯从煤或围岩裂缝中高速喷出的现象称为瓦斯喷出。突出与喷出均是一种由地应力、瓦斯压力综合作用下产生的伴有声响和猛烈应力释放效应的现象。煤与瓦斯突出可摧毁井巷设施和通风系统，使井巷充满瓦斯与煤粉，造成井下矿工窒息或被掩埋，甚至可引起井下火灾和瓦斯爆炸。因此，煤与瓦斯突出是煤炭行业中最严重的矿山地质灾害类型之一。

煤与瓦斯突出是地应力和瓦斯气体体积膨胀力联合作用的结果，通常以地应力为主，瓦斯膨胀力为辅。煤与瓦斯突出的基本特征是固体煤块（粉）在瓦斯气流作用下发生远距离快速运移，煤、岩碎块和粉尘呈现分选性堆积，颗粒越小被抛得越远。突出时有大量瓦斯喷出，由于瓦斯压力远大于巷道内通风压力，喷出的瓦斯常呈逆风前进。煤与瓦斯突出具有明显的动力效应，可搬运巨石、推翻矿车、毁坏设备、破坏井巷支护设施等。

煤与瓦斯突出灾害随采掘深度的增加而增加，其主要影响因素有矿区的地质构造条件、地应力分布状况、煤质软硬程度、煤层产状以及厚度和埋深等。一般来说，煤层埋深大，突出的次数多，强度也大。

H 煤层自燃

煤层自燃，是指在自然环境下，有自燃倾向的煤层在适宜的供氧储热条件下氧化发热，当温度超过其着火点时而发生的燃烧现象。一般情况下，煤层自燃首先从煤层露头开始，然后不断向深部发展，形成大面积煤田火区，因此有时也称为煤田自燃。煤层自燃是人类面临的重大地质灾害之一。煤层自燃必须具备的三个基本条件是：具有低温氧化特性的煤、充足的空气供氧以维持煤的氧化过程不断进行、在氧化过程中生成的演化热大量蓄积。

煤的炭化变质程度越高，其自燃倾向性越小。此外，煤的粒度、孔隙度、瓦斯含量及导热能力也是影响自燃的重要因素。煤层自燃的地质因素主要有煤层的厚度、倾角以及地质构造条件。煤层愈厚，愈易发生自燃火灾，这是因为煤层厚难于全部采出，常遗留大量浮煤和残柱，而且厚煤层采区回采时间过长，大大超过煤层的自燃发火期。煤层倾角对自燃也有影响，煤层倾角愈大，自燃危险性愈大。在断层、褶皱、破碎带、岩浆入侵地区，由于煤层破碎吸氧条件好而更易氧化，因而煤层自燃发生火灾的概率较大。此外，采矿过程中的回采率、回采速度以及通风条件等也对煤层自燃有影响。

I 矿井突水

许多矿床的上覆和下伏地层为含水丰富的岩溶碳酸盐岩地层，如中国北方石炭、二叠系煤系地层，不仅煤系内部夹有赋水性强的地层，下伏的巨厚奥陶系灰岩岩溶水水量也极丰富。随着开采深度的加大以及对地下水的深降强排，从而产生了巨大的水头差，使煤层底板受到来自下部灰岩地下水高水压的威胁。在构造破碎带、陷落柱和隔水层薄的地段会经常发生坑道突水事故，严重威胁着矿井生产和工人生命安全。当采矿平硐通过河流、水库下部，并有地表水和地下水连通通道时，不仅突水严重，而且还造成水库渗漏等问题。

影响矿井突水的因素包括自然因素和人为因素两个方面，后者的影响程度往往更大。自然因素主要包括地形地貌、围岩性质和地质构造等。采矿活动中，乱采滥挖、破坏防水矿柱、进入废弃矿井采掘残煤或乱丢废弃渣而堵塞山谷、河床等人为因素都对矿坑突水有很大影响。此外，在江、河、湖、海下部或岸边采矿而又不采取特殊防治措施，或对勘探钻孔不封闭、对废弃露天坑底不铺设防水隔层等都可能成为导致矿坑突水的隐患。矿井突水是矿床开采中发生的严重地质灾害之一。

7.1.4.2 矿山环境污染

矿山环境污染是指在矿山开发的采、选矿过程中排放的三废——废水、废气和废渣中的有毒、有害物质，包括烟（粉）尘、二氧化硫、氰化物、砷、重金属、石油类等，造成的地表水、地下水、大气、土壤等环境的污染和噪声污染等。下面列举几种矿山开发的主要的环境污染现象。

A 水污染

矿山废水主要包括两个方面：一是矿山开采过程中产生的矿井水、洗选废水等，排放量大，持续性强，而且含有大量的重金属离子、酸和碱、固体悬浮物、选矿各种药剂，个别矿山废水中还含有放射性物质等。这些废水多未加处理就直接排入地表水体，对地表和地下区域水环境造成较大的影响；二是生活污水。不同类型的矿山，其排放的污染因子会有所不同，评价因子选择确定后，在权重系数的数学确定分析过程中，要考虑到不同排污口的同一种污染物叠加影响。

矿山废水常通过以下途径造成污染：（1）渗透污染。矿山废水池或选矿废水排入尾矿池以后，能通过土壤及岩石层的裂隙渗透而进入含水层，造成地下水源污染，同时还会渗过防水墙，造成地表水体污染。（2）渗流污染。含硫化物的废石堆及煤矸石石堆，直接暴露在空气中，不断进行氧化分解，生成硫酸盐类。当降雨侵入废石堆以后，在废石堆中所形成的酸性水就会大量渗流出来，污染地表水体。（3）径流污染。采矿工作会破坏地表或山区植被，造成水土流失；

降雨或雪融后的水流，搬运大量泥砂，不但能堵塞河流渠道，而且会造成农田污染。

矿山废水在排放过程中对环境的污染是特别严重的，其污染的特点主要表现在以下几方面：（1）排放量大，持续时间长。一般情况下，矿山废水的排放量是相当大的，且持续时间也比较长，尤其是选矿厂废水的排放量相当惊人。据统计，若不考虑回水利用时，每产1t矿石，废水的排放量大约为1m³左右。而且有些矿山在关闭之后，还会有大量废水继续排放出来，长时间持续污染矿区环境。（2）污染范围大，影响地区广。矿山废水引起的污染，不仅限于矿区本身，其影响的范围远较矿区范围广。（3）成分复杂，浓度极不稳定。矿山废水中有害物质的化学成分比较复杂，含量变化也比较大。如选矿厂的废水中含有多种化学物质，是由于选矿时使用了量大且品种繁多的化学药剂所造成的。

B 大气污染

造成矿区大气污染的原因是多方面的，一般来说，所有采、选矿生产过程，都在或多或少地向矿区大气中排放有毒、有害物质，使矿区大气受到污染。其中主要的污染因素有：

（1）地下及露天矿采矿生产中，由于大量使用炸药、采用柴油机为动力设备等原因，会产生大量的有毒气体，常见的有 CO、CO_2、H_2S、NH_3、含氧碳氢化合物等，造成了采矿场局部大气污染。不利的气象条件及不良的自然通风方式，可使局部污染扩展为全矿区大气污染。

（2）选矿生产过程中产生的大量粉尘和有毒物质，也是矿区大气污染的重要因素。如有的矿区在选矿过程中进行露天作业碎矿产生的大量粉尘和选矿化学药剂产生的有毒气体在极差的防护措施下会严重污染矿区大气。

（3）矿区繁忙的交通运输会产生富含重金属物质的废气，矿区冶炼厂、烧结厂、电厂产生的浓烟以及矿区燃煤产生的有害物质，都可造成矿区大气的污染。相比较而言，露天开采对大气环境的影响比地下开采更为严重，钻孔、爆破、挖掘、运输等产生的扬尘，机械排出的废气，都会对矿区的局部环境产生重大影响，特别是西部干旱地区扬尘的危害更加突出。矿山开采过程中，风井排风、煤层和矸石自燃及废渣堆放排入大气的烟尘、二氧化硫、氮氧化物等对大气污染严重，特别是二氧化硫的污染将形成酸雨，危害非常严重。矿山开发破坏大气环境主要污染物是悬浮颗粒和有毒、有害气体，在对具体因子的影响程度在权重系数的数学确定分析过程中要注意分析到其影响范围和对附近敏感目标的影响。

C 固体废物污染

矿山开发过程中伴有大量的固体废物外排，因其利用率低，大量堆积已构成矿区所特有的固体废物污染的环境效应，对矿区环境构成严重的危害。矿山固体废物，指的是各类矿山在开采过程中产生的废石以及选矿过程中排出的尾矿。由于地壳是由各种金属或非金属矿石与围岩构成的，在开采矿石过程中，必须要剥离围岩，排放废石，而且采出的矿石通常也需要经过洗选以提高品位，因此还会排出尾矿，矿石的开采量愈大，废石和尾矿的排放量也愈大。尤其是随着工业的迅速发展，矿石的需求量将急剧增加，而富矿却日益减少，贫矿将成为今后开采的主要对象。可见，随着矿石开采量的增加，矿山固体废物的排放量将急剧增加。

D　重金属污染

金属矿山的井下废水、选矿废水、冶炼厂废水以及煤矿的洗煤废水等，含有较多重金属元素。矿业废弃地、尤其是有色金属矿业废弃地（物）一般都含有大量的重金属，其中又以尾矿和废弃的低品位矿石的重金属含量最高。这些重金属含量很高的废弃物露天堆放后，会迅速风化，并通过降雨、风扬等作用向周边地区扩散，从而导致一系列的重金属污染问题。重金属可迁移性差，不能降解，因而会在生态系统中不断积累，毒性不断增强，从而导致生态系统的退化，并通过食物链影响人体健康。

E　噪声污染

矿山噪声具有强度大、声级高、噪声源多、干扰时间长、连续噪声多和频率高、频带宽以及频谱较复杂的特点，此外，还具有反射能力强、衰减弱的特点。根据噪声产生地点不同，矿山噪声源可分为井下噪声源和矿山地面噪声源；地面噪声源又可分为选矿厂噪声源、露天采场噪声源和机修厂噪声源等。

井下噪声源，主要是由凿岩、爆破、通风、运输、提升、排水等生产工艺过程产生。井下噪声最大、作用时间最长的是凿岩和通风设备产生的噪声。其次是爆破、装卸矿石、运输、二次破碎等产生的噪声。井下噪声的声级，大都在95～110dB（A）之间，个别的噪声级超过110dB（A），是矿山噪声强度最大的噪声源，而且从噪声的频谱特性来看，多呈中、高频噪声。矿山地面产生的噪声也是矿山噪声的重要来源。选矿厂、露天采场主要设备以及扇风机、空压机、锻钎机等产生的噪声大都超过100dB（A）。总之噪声的来源是多方面的，其已成为污染矿山环境的主要因素之一，严重威胁着矿山人员的身心健康和生命安全。

F　景观污染与破坏

景观是指由地貌和各种干扰作用而形成的，具有特定的结构功能和动态特征的宏观系统。矿山环境景观是指在一定的视点和视距内矿山在人的视觉体系里形成的整体环境印象。矿山开发建设一般都会给当地的自然环境景观造成不同程度的破坏，具体可归结为以下几方面：

（1）采掘及土方工程对地貌的破坏。露天采矿剥离出的新岩面及因土地建设厂房开挖的台阶立面，往往与环境背景色调反差很大，尤其是以天空和茂密植被为背景时，景观破坏程度更为突出。

（2）废石和废土堆存对景观的破坏。矿山无论是露天采还是坑采都会产生大量废石、剥离废土，即使是开采时考虑废石回填的矿山，在井巷工程建设和开采前期仍有相当数量的废石无法利用，废石和剥离废土的堆置将引起严重的景观干扰。

（3）尾矿对景观的破坏。尾矿一般以尾矿库的形式堆存，当尾矿库弃置不用而干涸后，尾矿因颗粒细小，极松散，易流动，在大风时会漫天飞扬，对景观的影响也很大。

（4）外排污染物对景观的影响。尾矿库溢流水、废石堆场经雨水淋溶形成的浊流，常常使河流出现颜色杂乱的污染带；高大烟囱及车间天窗排出的烟气弥漫缭绕，这都属于矿山景观干扰范围。

综上所述，地下矿山开发对环境破坏的类型和对环境影响的差异极为悬殊。这种差异与矿山类型、开采规模、环境敏感性、开采方式和方法及地质环境条件等因素有关。

（1）矿山类型。矿山类型不同，所含的及其可供开采的矿物成分不同，其开采后对环境所造成的影响也是不同的。即便是同一类型的矿山，由于其成矿类型和赋存方式等不同，埋藏条件不同，可供开采的矿物成分及其比例不同，对环境的破坏及影响也不同。一般而言，重金属矿山的开采、选矿、冶炼和尾矿排放等的环境影响远高于煤矿的开采活动。而煤矿开采导致的地面塌陷等却高于其他矿山。

（2）开采规模。开采规模和环境破坏的程度之间存在着一定的关系。开采规模愈大，要求的固定设备和厂房愈多，产生的噪声、废渣和废浆排放量愈大，在一定时间内，受采矿影响的地表面积愈大，所造成的环境破坏也愈大。需要指出的是，开采规模与环境破坏之间并不存在着一种简单的数字关系。在某些情况下，提高产量会有助于全面地减轻对环境的破坏。例如，在总的矿石需求量不变时，以扩大老矿山开采规模而不增加总数来满足市场的需要，可以减轻矿业活动对环境的破坏。

（3）环境敏感性。矿山开采对环境的影响与其所处的环境有关。矿山所处的位置、地形、气候不同，对环境的影响程度也不同。矿山的具体位置在控制矿业对环境破坏的性质和程度上具有极为重要的意义。当地的地形和气候特征对环境变化影响极大，降水量、气温、湿度、风力和其他气候因素都会强烈影响矿山污染向周围环境扩散。大气对排放废气、粉尘、噪声和空气振动起着支配作用，而降水量则对排放废液的扩散有极为重要的影响。

（4）开采方式。开采方式和方法不同，对环境破坏的性质与程度也不同。露天开采成本较低，但往往占据大片土地，且其采掘规模较大，废石量较多，对环境的破坏较为严重。若采用地下开采，一般比同种矿物的露天采掘影响小些，通常可减轻景观干扰、噪声、空气冲击、地面振动、空气和水污染程度，而沉陷则是各种地下开采的一个突出问题。

（5）地质环境条件。矿山开采导致的环境效应问题与矿产资源的埋深、采厚、上露岩层坚硬程度及地形地貌等地质环境因素有关。地质环境条件影响着开采的方式和开采的规模，决定了矸石、尾矿的产生量以及对地下和地表环境的干扰和破坏程度，从而影响着固废排放、水环境等一系列的环境污染问题和地面沉降、地面塌陷、地裂缝、崩塌、滑坡、泥石流等一系列地质灾害问题。

7.2 地下工程风险管理概述

7.2.1 风险的特点及分类

7.2.1.1 风险的定义

在工程领域，针对不同的行业和不同的对象，国内外给出了许多不同的风险定义。如国际隧道协会将风险定义为："风险是灾害事故对人身安全及健康可能造成损害的概率。"国内的定义主要有："风险就是一个事件产生我们所不希望的后果的可能性"（郭仲伟，1986）。"风险是指在各种条件作用下，建设项目的实际收益达不到最低可接受水平的可能性"（余志锋，1993）。"风险是指实际结果与预期目标的差异程度，差异越大，风险越大，反之越小"（周直，1993）。"风险是指在一定条件下和一定时期内可能发生的各种结果的变动程度"（赵英嘉，1997）。"风险是指由于可能发生的事件，造成实际结果与主观意料之间的差异，并且这种结果可能伴随某种损失的产生。或者说，风险是人们因对未来行为的决策和客观条件的不确定性而可能引起的后果与预期目标发生多种负偏离的综合"（王有志，2009）。

风险归总起来无外乎以下四种定义模式：（1）把风险视为给定条件下可能会给研究对象带来最大损失的概率；（2）把风险视为给定条件下研究对象达不到既定目标的概率；（3）把风险视为给定条件下研究对象可能获得的最大损失和收益之间的差异；（4）把风险直接视为研究对象本身所具有的不确定性。

综上所述，本书倾向于将风险定义为"风险是指事故发生的可能性及其损失的组合"。该定义包含了风险的两个基本要素，即风险发生的概率和风险造成的损失。用数学语言表达的风险函数，定义如下式所示：

$$R = f(P, C)$$

式中 R——风险；

　　　　P——不利的风险事件出现的概率；

　　　　C——不利事件的后果，即损失。

这种函数关系最简单也是应用最多的是相乘关系，即：$R = P \times C$。这种分析函数定义默认每一风险因素对应一个发生概率和后果，是一个定性的定义。

7.2.1.2 风险的特性

工程项目风险具有以下主要的特性：

（1）客观性。工程项目实施过程中的自然界的各种突变，社会生活的各种矛盾，都是客观存在的，不以人的意志为转移的。

（2）不确定性。指工程项目的风险活动或事件的发生及其后果都具有不确定性，又可分为客观不确定性和主观不确定性。前者是实际结果和预期结果的差异，它可以用统计学计算；后者是个人对客观风险的评估，与个人知识、经验、精神和心理状态等有关。

（3）可变性。工程项目的可变性主要表现在风险性质的变化、后果的变化，出现新的风险或风险因素已消除。

（4）相对性。包括工程项目风险主体的相对性和风险大小的相对性。

（5）渐进性。绝大部分风险不是突然形成的，它是随着环境、条件和自身固有的规律逐渐发展而形成的。只有当内部和外部条件发生变化时，风险的大小和性质才会随之发生、发展和变化。

（6）多样性和多层次性。大型项目周期长、规模大、涉及范围广、风险因素数量多且种类繁杂，致使大型项目在全生命周期内的风险多种多样，而且大量风险因素之间有着错综复杂的关系，且各种风险因素之间与外界因素交叉影响又使风险显示出多层次性。

（7）阶段性。工程项目风险阶段性包括在风险阶段、风险发生阶段和造成后果阶段具有明显的时段性特点。

（8）可测性。工程项目风险虽然具有不确定性和可变性，但仍可掌握其变化。风险是客观存在的，人们可以对其发生的概率及所造成的后果做出主观判断，以对风险进行预测和估计。现代计量方法和技术提供了可用于测量项目风险的客观尺度，可动态掌握项目风险，以更好地做出控制和避免风险的决策。

7.2.1.3 风险的分类

将风险进行分类的目的，是为了分别研究对这些不同类别的风险所应采取对策。由于分类的基础不同，风险有着多种不同的分类方案。

按照风险来源或损失产生原因可分为：自然风险和人为风险。

按照工程项目建设阶段可分为：规划风险、可行性研究风险、设计风险、招投标风险和施工风险等。

按照工程项目建设目标和承险体的不同可分为：安全风险、质量风险、工期风险、环境风险、投资风险及对第三方风险等。

按照风险管理层次关系与技术影响因素可分为：总体风险和具体风险。具体包括：

（1）总体风险，主要包括社会、政治和金融影响，合同纠纷，企业破产和体制问题，政府干涉，第三方干扰，员工冲突，自然灾害等。

（2）具体风险，主要包括工程地质勘察失误或失真，设计失误或漏项，执行的规范或设计存在问题，工程施工方案有误，施工设备故障，人员决策或操作失误，施工质量不能满足标准要求，施工工期延误等。

如果对地铁车站工程风险进行具体分类，可以按照风险的来源进行分类，将其简单分为经济风险、财务风险、合同风险、自然灾害风险、施工风险、环境影响风险等。本文重点研究的是施工和环境风险。

7.2.2 风险管理一般流程

风险虽然具有不确定性和可变性，但其本身还是有一定规律的，是可以被认识的。人们可以通过一定的方法加以分析，并采取恰当的方法降低风险。对风险因素进行分析通常要经过以下几个步骤。

7.2.2.1 风险辨识

风险辨识是进行风险分析时首先进行的重要工作，只有尽可能准确地认识风险才能对其进行科学的分析。风险的辨识一般要回答以下问题：

（1）有哪些风险应当考虑？

（2）引起这些风险的主要因素是什么？

（3）这些风险引起后果的严重程度如何？

风险的辨识往往是一项很难的工作，因为人们一般只能基于过去的经验来预测将来可能的风险，然而新的情况往往会出现新的风险因素，因此在风险辨识阶段我们要尽可能全面地思考问题。

7.2.2.2 风险估计

风险的估计就是对风险进行量测。一般说风险辨识要解决的问题是遇到的风险是什么，而风险估计要解决的是这风险有多大，要给出某一危险发生的概率及其后果的程度。在进行风险估计时有两条途径，一条是通过对足够量数据的分析来找出风险因素的分布规律，从而预测出其发生概率，这称为客观估计；另一条是在缺少足够数据的情况下，由决策者或专家对风险因素的发生概率做出一个主观估计。在通常情况下，往往走"中间道路"，即可以通过对有限的数据进行分析后再估计其可能的分布规律，或者通过大量的主观估计来合成客观估计（如智暴法、德尔菲方法）。总之，要尽量增加估计的客观性，尽量向客观估计过渡。

7.2.2.3 风险评价与决策

在风险估计对风险因素的发生概率及其后果做出量测之后，就要讨论该风险因素的意义和影响以及如何对待。这也就是风险的评价与决策阶段主要解决的问题。这些问题涉及范围广，与决策者的认识水平、决策机制以及决策者所关心的指标有很大关系。

7.2.2.4 风险控制

风险控制是指风险管理者在项目风险识别、评估后，根据项目总体目标，规划并选择合理的风险管理对策，采取各种措施和方法，消灭或者减小风险事件发生的各种可能性或风险事件发生时造成的损失，提高对项目风险的控制能力。风险管理者进行风险控制所采取的措施和方法主要有：风险回避、风险降低、风险抵消、风险分离、风险分散、风险转移、风险自留。

风险回避是指项目风险发生的可能性太大，或者一旦风险事件发生造成的损失太大时，主动放弃该项目或改变项目目标。采用这种风险控制方法之前，必须对风险损失有正确的估量，最好是在项目决策阶段。风险回避具有简单易行、全面彻底的优点，能将风险的概率降低到零，但回避风险的同时也放弃了获得收益的机会。

风险降低有两方面的含义，一是降低风险发生的概率，二是一旦风险事件发生尽量降低其损失。采用这种风险控制方法对项目管理者是有利的，可使项目成功的概率大大增加。

风险抵消是指将一些风险加以合并抵消，以便降低风险损失。如果一个项目遭受了风险损失，还有其他项目可能会带来收益，会部分或全部抵消风险损失。

风险分离是指将各个风险分离间隔，以避免发生连锁反应或互相牵连。这种风险控制方法的目的是将风险局限在一定的范围内，即使风险发生，所造成的损失也不会波及此范围之外，以达到减轻风险损失的目的。

风险分散是指通过增加承受风险的单位以减轻总体风险的压力，使多个单位共同承受风险，从而使项目管理者减少风险损失。采取这种风险控制措施，在将风险分散的同时，也有可能将利润同时分散。

风险转移是指借用合同或协议，在风险事件发生时将损失的一部分或全部转移到项目以外的第三方身上。采取这种方法必须让风险承受者得到一定的好处，并且对于准备转移出去的风险，尽量让最有能力的承受者分担。风险转移主要有两种方式：保险风险转移和非保险风险转移。保险风险转移是指通过购买保险的办法将风险转移给保险公司或保险机构。非保险风险转移是指通过保险以外的其他手段将风险转移出去，主要有：分包、辩护协定、无责任约定、保证、合资经营、实行股份制。非保险风险转移又可分为控制型非保险转移和财务型非保险转移。前者转移的是损失的法律责任，它通过合同或协议消除或减少转让人对受让人的损失责任和对第三者的损失责任。后者是转让人通过合同或协议寻求外来资金补偿其损失。

风险自留是指项目管理者将风险留给自己承担，有时主动自留，有时被动自留。对于承担风险所需资金，可以通过事先建立内部意外损失基金的方法得到解决。该方法通常在下列情况下采用：（1）处理风险的成本大于承担风险所付出的代价；（2）风险发生可能造成的最大损失，项目管理者本身可以安全承担；（3）采用其他的风险控制方法的费用超过风险造成的损失；（4）缺乏风险管理的技术知识，以至于自身愿意承担风险损失；（5）风险降低、风险抵消、风险分离、风险分散、风险转移等风险控制方法均不可行时。这一方法主要运用于控制那些风险损失较小、业主能够承担的风险。

对上述风险管理控制方法，项目管理者可以联合使用，也可以单独使用。特别是针对城市地铁这样规模大、影响大的工程项目，往往是多种风险控制方法并用，单独使用一种控制方法反而会加大项目风险，相反对于小型工程有时用一种控制方法即可。所以项目风险管理者要对具体问题具体分析，不可盲目使用。

7.2.3 地铁工程安全风险管理的基本内容及特点

7.2.3.1 地铁工程安全风险管理的基本内容

A 地铁工程风险的定义

国际隧道协会（ITA）在隧道风险管理指南一文中定义风险为"所识别的风险源发生的概率和影响后果的综合"。Faber M. H. 定义工程风险为"给定活动的期望结果"。有关文献将隧道施工风险定义为"以隧道工程施工和运营为目标的行动过程中，如果某项活动存在足以导致承险体系统发生各类直接或间接损失的可能性，那么就称这项活动存在风险，而这项活动所引发的后果就称为风险事故"。2007 年建设部下发的《地铁及地下工程建设风险管理指南》中将之定义为"若存在与预期利益相悖的损失或不利后果（即潜在损失），或由各种不确定性造成对工程建设参与各方的损失，均称之为工程风险"。

B 地铁工程风险的属性

风险属性包括风险因素、风险事故和风险损失，即由于潜在的风险因素导致发生风险事故，从而导致承险体发生损失。风险属性关系如图 7-1 所示。工程风险具有不确定性、可度量性、相对性和可变性等特点，一旦发生必然导致不良后果。

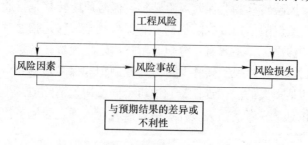

图 7-1 风险属性关系图

C 地铁工程风险发生机理

地铁工程建设投资大，施工工艺复杂，施工周期长，周边环境复杂，建筑材料和施工设备繁多，涉及专业工种与人员众多，具体表现为：工程建设的工程地质与水文地质等自然条件的复杂性；工程建设中机械设备、技术人员和技术方案的复杂性；工程建设的决策、管理和组织方案的复杂性；工程建设周边环境（建筑物、道路、地下管线及周边区域环境等）的复杂性。地铁工程建设期的风险发生机理如图 7-2 所示。

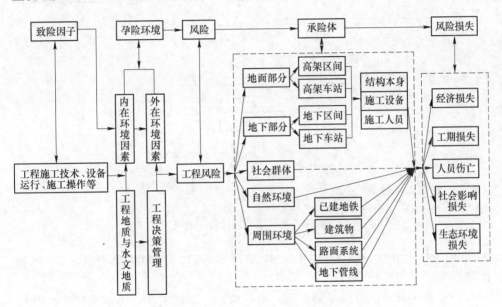

图 7-2 地铁工程建设期的风险发生机理

D 地铁工程风险管理流程

地铁工程风险管理内容根据不同建设阶段分步实施，具体风险管理流程包括：风险界定、风险辨识、风险估计、风险评价和风险控制，具体如图 7-3 所示。

E 地铁工程风险分析方法

地铁工程风险分析有很多种方法，可分为定性分析方法、定量分析方法和半定量分析方法。

（1）定性分析方法主要包括：专家评议法、专家调查法（如智暴法（Brain storming）、德尔菲法（Delphi）等）、"如果……怎么办"法（If…then）、失效模式及后果分析法（Failure Mode and Effect Analysis，FMEA）等。

（2）定量分析方法包括：模糊综合评判法、层次分析法（Analytic Hierarchy Process，AHP）、蒙特卡罗模拟法（Monte-Carlo）、控制区间记忆模型（Controlled

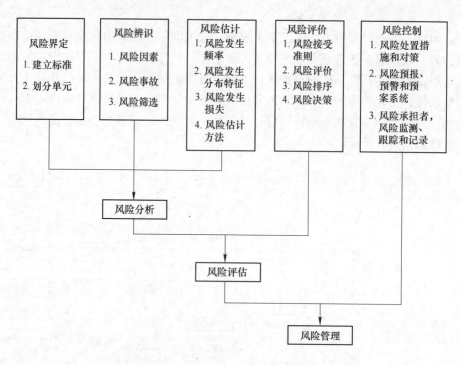

图 7-3 地铁工程风险管理流程

Interval and Memory Model，CIM）、神经网络方法（Neutral Network）等风险图法。

（3）半定量分析方法主要包括：事故树法、事件树法、影响图法、原因-结果分析法、风险评价矩阵法以及各类综合改进方法（如专家信心指数法、模糊层次综合评估方法、模糊事故树分析法、模糊影响图法等综合评估方法）。

F　地铁工程建设期不同阶段的风险管理

地铁工程建设期的风险管理应贯彻于整个工程建设全过程，结合我国地铁工程建设实际情况，一般按照工程进度可划分为五个阶段：工程规划阶段、工程可行性研究阶段、工程设计阶段、工程招投标阶段和工程施工阶段。考虑工程建设期内不同阶段的建设内容，从工程建设参与各方的角度出发，工程建设期内不同阶段的风险管理内容见表7-2。

表7-2　工程建设期不同阶段的风险管理内容

建设阶段划分	风险管理内容
工程规划阶段	1. 规划方案的风险分析； 2. 工程重大风险源辨识； 3. 工程投融资风险分析

建设阶段划分	风险管理内容
工程可行性研究阶段	1. 工程风险管理等级标准及对策； 2. 工程可行性方案风险辨识与评估
工程设计阶段（包括工程详勘与 环境调查、初步设计和施工图设计）	1. 工程设计方案与施工方法的风险辨识与评估； 2. 重大风险源专项风险控制
工程招投标阶段	1. 招标文件的风险管理要点； 2. 投标文件的风险管理要点； 3. 合同签订的风险管理要点
工程施工阶段	1. 施工风险管理专项实施细则； 2. 建立风险预报、预警、预案体系； 3. 风险控制措施的实施与记录； 4. 工程施工风险动态跟踪与监控

G 地铁工程风险分级标准

地铁工程建设期间发生的工程风险，是否可接受以及接受程度如何，决定着不同的风险控制对策及处置措施，风险管理中需预先制定明确的风险等级及接受准则。风险分级标准包括风险事故发生概率的等级标准和风险事故发生后的损失等级标准。2007 年颁布的《地铁及地下工程建设风险管理指南》制定了相应风险的分级标准（见表 7-3 和表 7-4）和接受准则（见表 7-5）。该指南同时还给出了地铁工程施工周边区域环境影响损失等级标准（见表 7-6）。

表 7-3 工程风险概率等级标准

等 级	一 级	二 级	三 级	四 级	五 级
事故描述	不可能	很少发生	偶尔发生	可能发生	频 繁
区间概率	$P<0.01\%$	$0.01\%\leqslant P<0.1\%$	$0.1\%\leqslant P<1\%$	$1\%\leqslant P<10\%$	$P\geqslant10\%$

表 7-4 工程风险损失等级标准

等 级	一 级	二 级	三 级	四 级	五 级
描 述	可忽略的	需考虑的	严重的	非常严重的	灾难性的

表 7-5 风险接受准则

等 级	接受准则	控 制 方 案	应 对 部 门
一级	可忽略的	日常管理和审视	工程建设参与各方
二级	可容许的	需注意，加强管理和审视	
三级	可接受的	引起重视，需防范、监控措施	
四级	不可接受的	需决策，制定控制、预警措施	政府部门及工程 建设参与各方
五级	拒绝接受的	立即停止，整改、规避或启动预案	

表 7-6 周边区域环境影响损失等级标准

等 级	损失严重程度描述
一 级	涉及范围很小，无群体性影响，需紧急转移安置小于 50 人
二 级	涉及范围较小，一般群体性影响，需紧急转移安置 50～100 人
三 级	涉及范围较大，区域正常的经济、社会活动受到影响，需紧急转移安置 100～500 人
四 级	涉及范围很大，区域生态功能部分丧失，正常的经济、社会活动受到较大影响，需紧急转移安置 500～1000 人
五 级	涉及范围非常大，区域内周边生态功能严重丧失，正常的经济、社会活动受到严重影响，需紧急转移安置 1000 人以上

H 地铁工程监控量测的控制指标

地铁工程建设中，应根据不同的监控量测对象和不同的监控量测项目，设立不同的监控量测控制指标。监控量测控制指标应根据国家、行业、北京市所颁发的有关技术标准、规范、规程等，按照变化量、变化速率"双控"的原则，"分区、分级、分阶段"制定监控量测的控制值。工点设计单位应结合工程具体情况，制定具体监测对象和监测项目的监控量测控制指标值，必要时须经专家论证确定。

7.2.3.2 地铁工程安全风险管理的特点

工程风险管理指工程建设参与各方（包括建设单位、勘察单位、咨询单位、设计单位、施工单位、监理单位、监测单位等）通过风险界定、风险辨识、风险估计、风险评价和风险决策，优化组合各种风险管理技术，对工程实施有效风险控制和妥善的跟踪处理的全过程。地铁工程风险管理的目标是用全面系统的实施手段达到能在第一时间内了解掌握工程进展的第一手资料、作业状况，提高事故发生的预测和防控能力，避免重大事故的发生，使安全风险降到最低。地铁工程风险管理的特点主要有：

（1）地铁工程风险分析的内容复杂。风险是不以人类的意志为转移而客观存在的。在工程项目的全寿命周期内，风险是无处不在、随时都可能发生的。地铁工程处于复杂的地层地质体中，其具有的隐蔽性、复杂性和不确定性使风险分析的一些方法难以准确运用并确切的表达。在进行项目风险分析时，既要考虑其精确性，又要考虑到成本因素。

（2）地铁工程风险管理需要重视风险的征兆。地铁工程风险分析时必须明确出现风险的征兆，并且对危险的基本因素实行监察，随时避免危险的发生。在风险管理中，可以找出出现危险的基本因素，对危险因素采用有效而直接的手段进行督察，一旦出现危险的征兆，立即采取相应补救措施，从而有效地制止危险的出现。因此要重视对危险因素的分析和处理，在处理过程中应当重视监察的作用。

（3）地铁工程风险分析方法的多样性。目前在地铁工程行业以外已经得到大量研究和应用的风险分析和评价的方法，针对地铁工程的合同、规划设计、施工及运营的不同阶段应该采用不同的风险分析评价方法。在合同、可行性研究阶段，由于可获得的工程信息量较少，可采用定性的分析方法对其工期、费用做出预测并为方案决策提供基础；而在其结构的详细设计、施工和运营阶段，随着设计目标和各种地层条件、周围环境条件等参数的逐渐明确，借鉴已有的工程经验可选用定量的风险评估方法。

（4）地铁工程风险管理具有动态性。从地铁工程的特点来看，工程的进展，即从工程立项、勘测、设计、施工直至运营，其客观环境往往处于变化中，也就是说从管理的角度分析，是处于动态的过程中，因此，进行风险分析时也要从动态管理的理念来进行。对于工程进展的不同阶段，直至工程施工中的各个阶段，以当时相对稳定的因素来进行风险分析，并将分析的结果作为工程安全性的评价，将会是有用的成果。

（5）地铁工程风险管理要求相关人员具有较高素质。地铁工程要求从事地铁工程风险管理的人员必须具备很高的素质，具有丰富的经验，经受过严格的专业训练，否则将很难理解工程风险的性质及特点，更难通过合理的风险分析采取适当的风险防范措施。

7.2.4　北京地铁施工环境安全风险管理的主要技术控制措施

城市地铁工程施工对周围环境影响的大小与许多因素有关，如与勘察、设计、施工、工程监测及工程管理、自然条件等因素都有密切关系。其环境安全风险的技术控制应贯穿岩土工程和周边环境的勘察和调查、设计和施工等全过程，各阶段都应有针对性地采取有效的技术风险控制措施，确保工程在保护好既有建（构）筑物和地下管线的前提下顺利实施。工程建设施工环境安全风险管理的基本内容和控制措施分述如下。

7.2.4.1　邻近建（构）筑物资料调查

在工程前期，由建设单位委托勘察单位对地铁沿线的地理与环境、工程地质条件、水文地质条件、土的工程性质、场地和地震效应等岩土工程问题进行勘察和评价。同时委托勘察单位或环境调查单位对地铁沿线毗邻区域内的周边环境情况进行勘察和调查。资料调查的目的是确切地掌握邻近建（构）筑物的实际数据及其与地铁结构之间的空间位置关系。资料的调查内容主要包括邻近建（构）筑物的种类、规模、修建年代、结构形式、材质、质量状况、安全状况、工作状态、与地铁的位置关系等。

7.2.4.2　安全风险工程分级管理

地铁工程建设各阶段都应进行安全风险的辨识，根据其风险发生的可能性、影响性大小、波及范围、危害程度、经济损失、可控性等进行分级。

为便于安全风险监控和管理，根据北京市地铁工程建设的工程特点、地质环境条件和已有经验，重点考虑拟建工程安全风险控制的技术难度、工程安全风险事件的后果严重度及影响性，按"分区分段"原则，将拟建风险工程定性分为特级风险工程、一级风险工程、二级风险工程和三级风险工程。

（1）特级风险工程：指下穿既有轨道线路（含铁路）的工程。

（2）一级风险工程：指下穿既有建（构）筑物、重要市政管线和上穿既有轨道线路（含铁路）的工程，深度在 25m 以上（含 25m）的深基坑工程，暗挖车站，需特殊设计处理的暗挖工程，采用"四新"技术的工程。

（3）二级风险工程：指临近既有建（构）筑物及下穿重要市政道路、河流的工程，深度在 15~25m（含 15m）的深基坑工程。

（4）三级风险工程：指下穿一般市政管线、一般市政道路及其他市政基础设施的工程，深度在 5~15m（含 5m）的深基坑工程，无特殊环境要求的暗挖工程。

7.2.4.3 邻近建（构）筑物的现状评估

为了解邻近建（构）筑物和市政基础设施的当前工作状态，并为环境保护的控制标准和设计方案的制定提供依据，要对工程影响范围内的重要邻近建（构）筑物进行现状评估。评估项目和评估内容根据工程的具体情况确定。评估工作由建设单位委托具有相应资质的专业评估单位，依据相关规范、规程进行评估，评估单位要对既有建（构）筑物的现状安全性和剩余承载能力或剩余变形能力做出评价。

7.2.4.4 工程环境影响预测和工程环境变形控制标准制定

设计单位结合工程的设计方案，采用数值模拟、工程类比等分析方法进行新建工程施工对近邻建（构）筑物所造成的附加荷载和附加变形影响的分析预测，并把分析预测值与建（构）筑物现状评估结果做对比分析，判断设计拟采用的施工方法、支护结构等能否满足邻近建（构）筑物所允许的剩余承载能力和剩余变形能力，为比选和优化设计方案，以及制定既有建（构）筑物保护的变形控制标准值提供依据。

7.2.4.5 环境安全专项设计

对于特级和一级环境安全风险点，进行环境安全的专项设计。环境安全专项设计的内容主要包括：工程环境现状评估、地铁施工对环境的影响预测、工程环境变形控制标准（含阶段变形控制标准）、环境安全风险控制的工程技术措施设计、环境安全保护措施设计、环境安全专项监控量测设计、专项预案设计及环境安全风险控制的其他有关设计内容。环境安全专项设计采取专家评审制度，让专家组对专项技术方案进行论证评审。经论证，在技术经济上切实可行后实施。

7.2.4.6　环境安全专项施工方案编审

土建施工单位根据环境特点、设计文件和有关技术标准、规范、规程，以及以往施工经验，针对不同的环境危险源分别编制环境安全专项施工方案。环境安全专项施工方案的审查严格执行《危险性较大工程安全专项施工方案及专家论证审查办法》的有关规定。

7.2.4.7　施工过程中的安全风险控制

为掌握地铁施工对周边环境的影响程度，及时发现和消除施工对周边环境产生的隐患，在土建施工过程中对周边环境实施全过程的安全监测及安全风险控制。

在土建工程施工过程中，施工单位按照设计文件中的监控量测要求对支护结构的位移、变形、受力情况及邻近既有建（构）筑物和市政基础设施的沉降（变形）实施土建施工全过程的完整监测，提供及时、可靠的信息用以评定施工期间周边地层和支护结构的稳定性及对周边环境的影响，并对可能发生的危险及施工和环境安全的隐患或事故提供及时、准确的预报，避免支护结构破坏和环境事故的发生。

对重要的邻近建（构）筑物，在施工单位对工程环境安全监测的基础上，由建设单位委托独立于产权单位、承包商和监理及设计代表，且具有相应资质的专业单位，依据相关规范、规程对周边环境实施独立、公正的第三方监测。第三方监测单位负责为建设单位提供独立、客观、公正、及时和可靠的监测数据和信息，负责地铁施工对周围环境影响程度的评定，对可能发生的危及周边环境的安全隐患或事故提供及时、准确的预报。

对各级环境安全风险点，土建施工单位和第三方监测单位都必须按施工图的专项监控量测设计文件实施监测，且各监测方必须做到同点监测。

7.2.4.8　工后的环境安全风险控制

土建工程完工后，由建设单位负责组织或委托具有相应资质的专业评估单位，依据相关规范、规程进行地铁施工对重点建（构）筑物和市政基础设施的工后状态进行评估。经评估认为因地铁土建施工影响建（构）筑物和市政基础设施的正常使用时，由土建施工单位或专业施工单位负责恢复处理。

7.3　地下工程风险管理典型实例

7.3.1　角门北路站二号风道施工环境风险因素辨识

7.3.1.1　工程概况

A　二号风道工程概述

北京地铁四号线角门北路站位于马家堡西路下，马草河以南 16m，沿马家堡西路南北向布置。马家堡西路为规划城市主干道，道路红线宽 50m，该路段及配套设施现已建设完毕。路西为未来明珠小区和66号高层住宅，路东为66路公交总站及马家堡西里居民楼，该地段已经兴建一定规模的生活、生产、商业、服务设施。本站为地下两层单柱双跨（局部为双柱三跨）框架结构，明挖法施工。基坑长236.6m，宽19m，深16.95m，采用钻孔灌注桩加钢管内支撑的支护形式。

角门北路站附属结构共设三个出入口和两个风道。二号风道位于马家堡西路西侧车站西北角位置，紧邻未来明珠21号楼，北侧紧邻马草河，与车站主体西侧站厅层（地下一层）相接，详见图7-4角门北路站二号风道平面位置图。二号风道建筑面积420m²，长50m，最大净宽为12.3m，最大埋深约13.5m，底板厚800mm，顶板厚800mm，侧墙厚800mm。二号风道平面布置图和剖面图详见图7-5和图7-6。

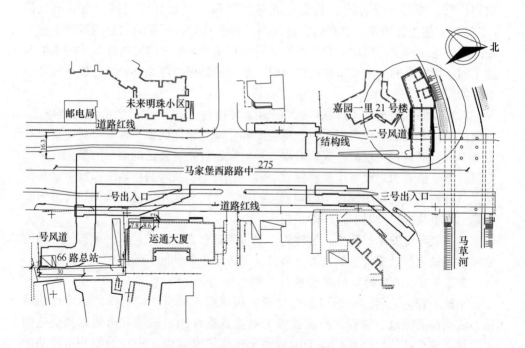

图7-4　角门北路站二号风道平面位置图

B　工程周边建筑及管线情况

本工程距离嘉园一里21号居民楼较近，暗挖段初支外侧距建筑外墙最短距离只有7.5m，施工时对居民生活影响大，扰民与民扰不可避免。过路暗挖段存在的市政管线距离暗挖结构初支极近，其位置关系如图7-7所示。

经过前期管线改移，现况为存在DN600上水、DN400中水、1900mm×2300mm马蹄形断面的雨水、24孔歌华有线、72孔电信和公联硅管，该6条市政管线全部位于过路暗挖段，暗挖初支结构与距离结构面最近的雨水管线的净距约

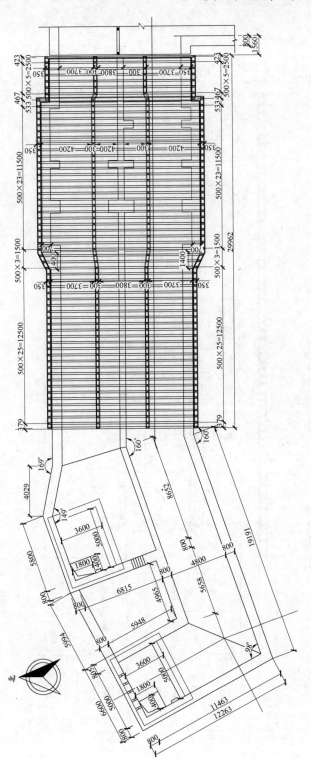

图7-5 二号风道平面布置图

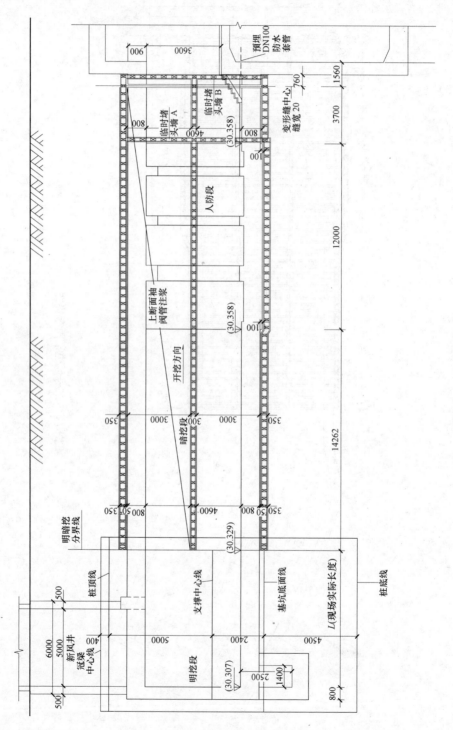

图 7-6 二号风道剖面图

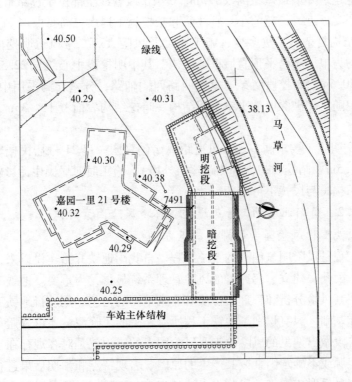

图 7-7 二号风道与嘉园一里 21 号楼位置关系平面图

0.9m，详见图 7-8 二号风道周边市政管线横断面图。

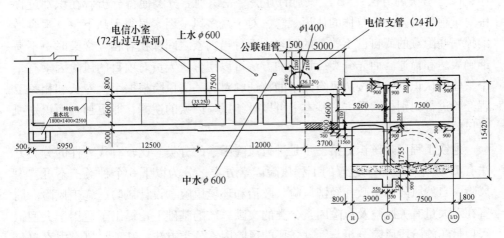

图 7-8 二号风道周边市政管线横断面图

C 工程特点与难点

（1）地面、地下环境复杂。本工程距离嘉园一里 21 号居民楼较近，暗挖段初支外侧距建筑外墙最短距离仅 7.5m。6 条市政管线全部位于过路暗挖段，距离暗挖结构初支极近，给超前小导管注浆和暗挖施工提出更高要求。

（2）结构复杂，工法多变，施工难度及风险大。二号风道明挖段和暗挖段结构形式均为单层单跨平顶直墙框架结构，其中明挖段中心线长 22.5m，暗挖段中心线长 30.6m。暗挖段横穿马家堡西路西侧辅路，分六导洞采用中洞法施工，随土方开挖随支护破除电信小室下部结构。暗挖结构表面覆土 4.35m，施工难度及风险大。

（3）文明施工要求高。二号风道距离南侧嘉园一里 21 号居民楼较近，最短距离只有 7.5m（暗挖段初支外侧距建筑外墙），施工时对居民生活影响大，协调比较困难，扰民与民扰不可避免。

7.3.1.2　角门北路站二号风道施工环境风险因素辨识

A　地铁工程风险因素类别及辨识方法

地铁工程是风险明显偏高的系统工程。自我国地铁开始建设以来，工程事故时有发生。因此，建立一套完善的风险管理系统显得尤为重要。地铁工程风险因素的辨识在其风险分析和管理中扮演着非常重要的角色，是进行地铁工程风险管理的前提和基础。只有识别了地铁工程所有相关的风险源，才可以避免在地铁工程的各个阶段做出偏见的风险决策。风险因素的辨识就是对客观存在于项目中的各种风险根源或不确定因素按其产生的原因、表现特点和预期后果进行定义、分类和识别，最后形成详细的风险因素统计表。

风险因素的辨识实际上牵涉到 3 个方面的问题：（1）分类和识别的先后顺序；（2）分类的方法；（3）识别的方法。先识别后分类使得分析者在识别过程中对于项目风险缺乏整体的认识观念，对于众多风险因素显得无从下手，很容易漏掉一些隐藏的或自己不熟悉的因素，而且当因素之间存在着相互交叉时更不易准确表达和描述。而先分类后识别的方法可以使分析人员对项目的风险因素有一个整体的认识，然后按照风险因素的特征，对每一类风险根据个人专长和相关工程经验进行识别。这种方法基本上可以杜绝风险因素的遗漏，能更加全面识别项目风险因素。

地铁工程风险辨识的第一步是进行风险因素的分类。比较有代表性的分类方法有 1988 年 Al-Bahar 建议的工程风险因素分类，分为以下 6 个种类：不可抗力风险、自然风险、财政和经济风险、政治和环境风险、设计风险、施工风险。周直在对大量有关风险及风险因素分类的文献总结的基础上，提出了适用于大型工程项目实施阶段风险分析与管理需要的风险因素分类方法，其项目风险因素总分类如图 7-9 所示。

Choi Hyun-Ho（2004）在对地下工程进行风险分析和评价时建议将风险分为不可抗力风险、财政和政治风险、与设计有关的风险和与施工有关的风险 4 类。

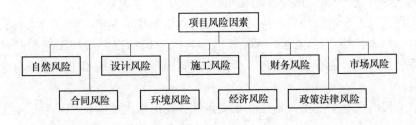

图 7-9 项目风险因素总分类

比较上述 3 种有代表性的工程项目风险因素分类方法，可以看出它们存在很大的相似性，基本上是一致的。因此，地铁工程项目可根据其风险分析和评价的目的借鉴上述的分类方法或者研究新的适用的分类方法。

在地铁工程风险因素分类的基础上进行风险因素的辨识，可以识别出所有危害工程的风险事件，包括发生概率很小但可能会造成高危险的事件。识别过程一般依赖于以下 3 个方面：（1）收集一定范围内类似工程的经验资料；（2）调查与工程有关的普遍性的风险；（3）组织有经验或有资历的工程人员或者一定范围内的其他专业人员进行讨论。

当然，最好的识别方法是通过由具有丰富经验的各类专家组成的脑震荡会议，目前在不同的工程领域中已经发展了许多不同的识别技术，比较常用的风险识别技术主要有头脑风暴法、德尔菲方法、幕景分析法等。这些方法在地铁工程的风险识别中也是适用的。

B 角门北路站二号风道施工环境风险因素的辨识

在风险识别阶段，由于主观性较大，为了力求识别的准确性、完整性和系统性，必须确保数据来源的准确和分析的科学性。在本工程的风险管理中，决定采用分解分析、核查表和专家问卷三种相结合的方法。首先，将收集的数据中所涉及的工程项目按照 WBS 分解成单位、分部和分项工程；然后将归纳的各种风险事件按照以上介绍的项目风险分类的标准加以分类，据此将工程结构分解和分类的风险事件作为核查表的横竖列形成项目风险识别表；最后，将核查表请专家尤其亲身参加过类似工程的专家加以评价，去伪存真。最终得到的几类风险因素归纳如下。

a 风险一——水文气象条件等自然风险

这类自然因素主要表现在异常天气的出现，如台风、暴风雨、雪、洪水、泥石流、塌方等不可抗力的自然现象和其他影响施工的自然条件，都会造成工期的拖延和财产的损失。北京地区四季分明，温差变化较大，灾害性天气较为频发，对明挖法施工、混凝土浇筑等作业可能产生较大的影响，甚至导致工期延长和人员财产等的重大损失。

b 风险二——复杂的地质地基条件

工程发包人一般应提供相应的地质资料和地基技术要求，但这些资料有时与实际出入很大，处理异常地质情况或遇到其他障碍物都会增加工作量和延长工期。特别是周边可能存在的暗沟、河流等不利因素，都可能给工程带来意想不到的影响。

本工程所在地层的工程地质和水文条件表现出很大的随机变异性。本工程所处地层中人工填土层厚，地层中含多次砾石层和卵石层，对地层开挖和支护均将产生不利的影响。同时，地层中还存在大量富水物体的活动与作用，如含水管线、排水暗沟等。并且，由于本工程地处闹市区，导致地质勘探精度不高和降水工程受限，施工人员无法得到精确的资料。

c 风险三——设计方面的风险

来自设计方面的风险可能存在以下几个方面：

（1）无证设计、越级设计、私人设计、盲目设计等问题。如果设计不是出自具有相应资质的专业设计单位，其设计方案可能质量低劣，或险象环生甚至造成事故；或者设计过分保守，容易造成极大的浪费。

（2）不遵守相关规范。由于地铁工程涉及的专业面比较广，相关部分若不以相关规范为准绳，就会造成各部分的可靠度相差过大。有的方面十分保守，而有的环节却十分薄弱。这样一来，实际上是浪费了材料，但事实上又非常危险，甚至造成事故。

（3）支护方案的选择缺乏技术论证，支护结构设计不合理。地铁支护方案的选择，取决于开挖深度、地基土的物理力学性质、水文条件、周围环境（如相邻建筑物、构筑物的重要性，相邻道路、地下管道的限制程度等）、设计控制变形要求、施工设备能力、工期、造价以及支护结构受力特征等诸多因素。对如此复杂条件下的大型地铁支护设计方案，若仅凭个别人有限的经验和片面的知识随意确定，没有邀请有关专家进行技术论证，极易带来严重的风险。

（4）土体强度指标选择失真及设计荷载取值不当。变化条件下土体强度指标的选择和设计荷载的取值是地铁工程安全乃至成败的又一关键因素。如果指标选择失真或荷载取值不当则可能使得计算结果与实际情况出入较大，容易造成工程事故。

（5）治水措施不力。地铁工程中经常会遇到地下水，为确保工程施工的正常进行，必须对地下水进行有效的治理。因此必须了解场地的地层岩性结构，查明含水层的厚度、渗透性和水量，研究地下水的性质、补给和排泄条件，分析地下水的动态特性及其与区域地下水的关系，寻找人工降水的有利条件，从而制定出切实可行的最佳降水方案。若降水方案设计不当或施工不力，将可能造成很大的风险隐患。

（6）支撑结构设计失误。支撑系统是指为支持挡土墙（桩）承受的土压力等侧压力而设置的圈梁、支撑、角撑、支柱及其他附属部件的总称。圈梁是将挡土墙（桩）所承受的侧压力传递到支撑及角撑的受弯构件；支撑及角撑均属受压构件；支柱支持支撑材料的重量，同时具有防止支撑弯曲的作用。支撑系统中某一构件或某一部件，在设计上失误都会酿成事故。钢支撑系统多数事故的原因是过高的应力引起钢结构局部受压失稳及整体受压失稳。

（7）设计人员缺乏经验，设计计算疏忽大意，设计安全系数过小。

由于天然土层的不均匀性、土体力学指标的分散性、计算参数对测试方法的依赖性，以及各种计算理论的假设条件与实际情况的差距，加之土体的有些性质目前尚难以用定量的方法表达，所以地铁工程的设计者不仅应有比较深厚的理论基础，而且要有丰富的实际经验，善于处理各种复杂问题。地铁工程事故的调查中发现因设计人员缺乏经验、疏忽大意等原因而造成险情的事例也不少见。

（8）设计变更或图纸供应不及时。设计变更会影响施工安排，从而带来一系列问题；设计图纸供应不及时，会导致施工进度延误，从而对环境造成影响。

d　风险四——技术及施工工艺

尤其是技术规范以外的特殊工艺，由于项目施工中需要结合周边环境要素的施工工艺和建造标准编制方案，相关数据的准确性和有效性是项目需要重点关注的。

e　风险五——周边建筑物位移、变形及地下管线异常

施工场地周边一般布设有建筑物，在施工期间可能存在建筑物失稳而产生异常位移、变形的现象，同时由于地下施工的不确定性，也会影响甚至破坏建筑物的正常状态。同时城市的地下环境中一般都敷设着各种管线，对施工影响最大的为气体、液体和供电三类专业管线。在施工前或施工期间一旦出现泄漏或破裂，将严重危害施工安全，同时也将影响相关用户的使用效果。

本工程距离嘉园一里21号居民楼较近，暗挖段初支外侧距建筑外墙最短距离仅7.5m。6条市政管线全部位于过路暗挖段，过路暗挖段存在的市政管线距离暗挖结构初支极近，给超前小导管注浆和暗挖施工提出更高要求。

f　风险六——施工单位管理风险

施工单位管理风险主要表现在以下几个方面：

（1）施工准备不足。由于业主提供的施工现场存在周边环境等方面自然与人为的障碍或"三通一平等"准备工作不足，导致建筑企业不能做好施工前期的准备工作，给工程施工正常运行带来困难。

（2）管理模式不当。作为政府重点工程，承包单位多为国有大型施工企业，由于拥有雄厚国有资本作后盾及多年的类似工程施工业绩，承接工程较为容易。

但一些企业在施工中充分地将部分糟糕的管理模式发挥出来，表现为效率低下，执行力微弱。一些企业在缺少管理人员及技术人员或本企业员工管理不动情况下，干脆将工程内部肢解，分包之后更撒手不管。甚至出现无计划盲目建设，无设计胡乱施工，造成工程建设无组织、无计划地进行，过于追求利润最大化，工程质量得不到任何保证。因此必须选用经验丰富、驾驭项目能力强的工程管理人员，采用先进的管理模式，使工程建设顺利完成。

（3）忽视信息化施工。在施工安全监控工作上，很多施工单位不屑一顾。业主煞费苦心地要求将安全监控工作分包给有资质和实力的专业监测单位，但他们仅把监测资料作为工程的一份必备文件，认为仅是个形式而已。因此便出现了低压监测费用、无视监控报警、野蛮施工的行为。

（4）监理工作不到位。我国地铁工程从施工至今时间并不太长，监理单位先是一些国内较大较专业的队伍，现在已逐渐使用了部分本地队伍。从地铁监理工作看，大部分在地铁监理中发挥了重要的作用。但由于我国建筑工程监理制度建立时间短，相应的各种机制不健全，监理工作不到位现象仍时有存在。

在上述角门北路站二号风道施工环境风险因素中，既有客观方面的风险源，如复杂的水文气象条件、多变的地质地基条件、恶劣的周边建筑物和地下管线环境等，更有主观方面的风险源，如设计方面、技术及施工工艺方面和施工单位工程管理方面的风险。要想降低地铁施工工程中的风险，必须认真研究并规避客观风险的来源，在此基础上采取各种控制和应对措施，尽量减少主观方面的风险来源，确保地铁工程的安全顺利施工和运行。

7.3.2　角门北路站二号风道施工环境风险的模糊层次分析

7.3.2.1　模糊层次分析法

模糊层次分析法是一种定量和定性分析相结合的系统分析法。它把模糊综合评价和层次分析法结合起来，通过构造有序的递阶层次结构，运用模糊综合评价对其进行综合评价，最终得出的数学结果简单、明确，是地铁工程施工环境评价的一种行之有效的方法。模糊层次分析法的原理和步骤简述如下。

A　层次分析法原理

层次分析法（Analytical Hierachy Process，简称 AHP）是美国匹兹堡大学教授 A. L. Satty 于 20 世纪 70 年代提出的一种能将定性分析与定量分析相结合的系统分析方法，是一种分析多目标、多准则的复杂大系统的有力工具。它具有思路清晰、方法简便、适用面广、系统性强等特点，便于普及推广，可成为人们工作和生活中思考问题、解决问题的一种有效方法。

层次分析法的基本原理是根据具有递阶结构的目标、准则、约束条件等来评价方案，用两两比较的方法确定判断矩阵，然后把与判断矩阵的最大特征根相应的特征向量的分量作为相应的系数,最后综合出各方案各自的权重。该方法作为一种定性和定量相结合的工具,将人们的思维过程和主观判断数学化,不仅简化了系统分析与计算工作,而且有助于决策者保持其思维过程和决策原则的一致性。所以,对于那些难以全部量化处理的复杂的社会经济问题,它能得到比较满意的决策结果。该方法要求评价者对照"相对重要性函数表"给出因素集中两两比较的重要性等级,因而可靠性高、误差小。

B 模糊层次分析法原理

模糊综合评价是指应用模糊变换原理和最大隶属度原则等模糊数学理论,考虑与被评价事物相关的各个因素,对现实世界中广泛存在的那些模糊的、不确定的事物进行量化,从而做出相对客观、正确、符合实际的评价,进而解决具有模糊性的实际问题,其主要目的是为人类智能信息处理工程如决策、大规模复杂管理和经济大系统提供一种解决问题的模型。模糊综合评判方法是用单因素隶属函数来表示某个因素对评判对象的影响,然后利用加权法综合各个因素对评判对象的影响,最终得到关于该评判对象的综合评判。

模糊综合评价包括六个基本要素:(1)评判因素论域;(2)评语等级论域;(3)模糊关系矩阵;(4)评判因素权向量;(5)合成算子;(6)评判结果向量。

7.3.2.2 基于模糊层次分析法的地铁施工风险量化方法及过程

运用层次分析法解决问题,大体可以分为四个步骤,即:建立问题的递阶层次结构;构造两两比较判断矩阵;由判断矩阵计算被比较元素相对权重;计算各层元素的组合权重。相应地,基于模糊层次分析法的风险量化方法也可分为四个步骤:风险因素层次分析结构的建模;基于模糊层次风险判断矩阵的构造和一致性检查;模糊层次风险判断矩阵的排序;风险因素层次总排序。针对北京地铁四号线角门北路站二号风道工程的施工环境风险评价具体问题,对上述各步骤的详细论述如下:

A 风险因素层次分析结构的建模

风险因素层次分析结构的建模是指在全面深入认识项目的基础上,把项目的风险因素按属性不同分成若干组,以形成不同层次。同一层次的元素作为准则,对下一层次的元素起支配作用,同时它又受上一层次元素的支配。

针对风险量化问题,同时结合层次分析法的特点,风险因素层次分析模型通常分层如下:

(1)目标层(A):表示风险量化的目标,即风险因素排序。

(2)准则层(B):表示从风险发生概率和风险发生时可能给项目带来的损失这两方面的准则来对风险因素进行排序。

(3)因素层(C、D等):表示项目中存在的风险因素。项目中一般存在的风险因素较多，因此因素层通常是多层的。当某个子因素层包含的因素较多（超过9个）时，应将该层次进一步划分为若干子层次。

风险因素层次分析结构的建模是在风险指标体系已建立的基础上进行的，由于北京地铁四号线角门北路站二号风道施工环境风险已在前文风险辨识过程中进行了较为详细的识别，则根据上述风险因素层次分析结构模型的层次划分，并将一些较细的风险因素加以概括，构建出北京地铁四号线角门北路站二号风道施工的风险因素层次分析结构模型，如图7-10所示。

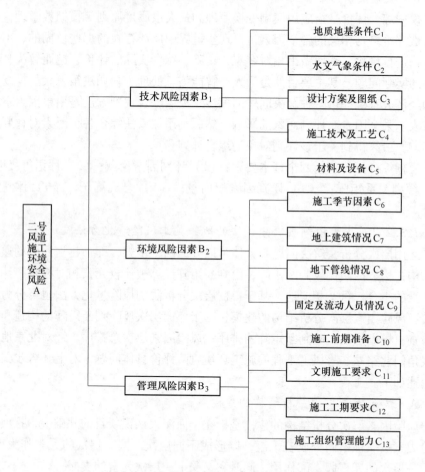

图7-10 二号风道施工环境风险因素的层次分析模型

B 模糊层次分析风险判断矩阵的构造和一致性检查

建立了风险因素层次分析结构模型以后，上下层次之间的隶属关系就被确定了，然后根据风险因素层次分析结构模型和专家判断信息，即可构造各层次元素的模糊层次分析风险判断矩阵 R。矩阵 R 表示针对上一层某元素，本层次与之有关元素之间相对重要性的比较。

假定上一层次的元素 B 同下一层次中的元素 C_1，C_2，…，C_n 都有联系，则根据上述标度方法构造的模糊层次分析风险判断矩阵如下：

$$\begin{pmatrix} \tilde{r}_{11} & \tilde{r}_{12} & \tilde{r}_{13} & \cdots & \tilde{r}_{1n} \\ \tilde{r}_{21} & \tilde{r}_{22} & \tilde{r}_{23} & \cdots & \tilde{r}_{2n} \\ \vdots & \vdots & \vdots & & \vdots \\ \tilde{r}_{n1} & \tilde{r}_{n2} & \tilde{r}_{n3} & \cdots & \tilde{r}_{nn} \end{pmatrix}$$

式中，$\tilde{r}_{ij} = (l_{ij}, m_{ij}, u_{ij})$ 为三角模糊数，l_{ij}、m_{ij}、u_{ij} 分别表示风险因素 C_i 和 C_j 相对于风险因素 B 进行比较时，专家给出的风险因素 C_i 相对风险因素 C_j 的重要度的最悲观估计、最可能估计和最乐观估计。

一致性是指人们判断思维的逻辑一致性。比如，当甲比乙强烈重要而乙比丙稍微重要时，那么甲一定比丙强烈重要，否则就不满足一致性，即判断有矛盾。

实际应用中，当某一子层次的风险因素较多时，根据专家判断信息建立的三角模糊数互补判断矩阵可能不满足一致性的要求，此时，项目相关人员和专家必须重新给出判断信息，直至得到的三角模糊数互补判断矩阵满足一致性的要求为止。

C　模糊层次分析法风险判断矩阵的排序

为了得到相对上一层某元素，本层次与之有关元素之间的相对权重，必须对得到的三角模糊数互补判断矩阵进行排序。

设 s 个专家给出的三角模糊数互补判断矩阵集为

$$\{\tilde{A}^k \mid \tilde{A}^k = (\tilde{a}_{ij}^k)_{n \times n} = (l_{ij}^k, m_{ij}^k, u_{ij}^k)_{n \times n}, k = 1, 2, \cdots, s\}$$

则模糊层次风险判断矩阵的排序步骤如下：

步骤1：综合 s 个专家的偏好信息，求得模糊层次综合风险判断矩阵为

$$\tilde{a}_{ij} = \frac{1}{s} \otimes (\tilde{a}_{ij}^1 \oplus \tilde{a}_{ij}^2 \oplus \cdots \oplus \tilde{a}_{ij}^s) = \left(\frac{\sum\limits_{k=1}^{s} l_{ij}^k}{s}, \frac{\sum\limits_{k=1}^{s} m_{ij}^k}{s}, \frac{\sum\limits_{k=1}^{s} u_{ij}^k}{s} \right)$$

步骤2：计算单个风险因素的模糊综合评价值并归一化，得到模糊风险因素相对权重向量为

$$\tilde{p}_i' = \frac{\sum\limits_{j=1}^{n} \tilde{a}_{ij}}{\sum\limits_{i=1}^{n} \sum\limits_{j=1}^{n} \tilde{a}_{ij}} = \left(\frac{\sum\limits_{j=1}^{n} l_{ij}}{\sum\limits_{i=1}^{n} \sum\limits_{j=1}^{n} l_{ij}}, \frac{\sum\limits_{j=1}^{n} m_{ij}}{\sum\limits_{i=1}^{n} \sum\limits_{j=1}^{n} m_{ij}}, \frac{\sum\limits_{j=1}^{n} u_{ij}}{\sum\limits_{i=1}^{n} \sum\limits_{j=1}^{n} u_{ij}} \right)$$

步骤3：把三角模糊数 $\tilde{p}_i'(i = 1, 2, \cdots, n)$ 两两比较，求得相应的可能度，建立可能度矩阵 $\tilde{w} = (\tilde{w}_{ij})_{n \times n}$。

步骤4：选用某种模糊互补判断矩阵的排序算法对风险因素进行排序，得到风险因素相对权重向量为

$$p_i = \frac{2 \times \sum_{j=1}^{n} w_{ij}}{n^2} \quad (i = 1,2,\cdots,n)$$

D 风险因素层次总排序

上述是各层次风险因素模糊层次分析法比较判断矩阵的单排序计算，为了得到同一层次所有元素相对于最高层的重要性比较，还必须在单排序基础上进行风险因素的层次总排序。风险因素层次总排序是指计算同一层次所有元素相对于最高层（目标层）相对重要性的排序权重。这一过程由最高层次到最低层次逐层进行。如果上一层次 A 包含 m 个因素 A_1，A_2，$\cdots$，A_m，其层次总排序权重分别为 a_1，a_2，$\cdots$，a_m，下一层次 B 包含 n 个因素 B_1，B_2，$\cdots$，B_n，它们对于因素 A_j 的层次单排序权重分别为 b_{j1}，b_{j2}，$\cdots$，b_{jn}（如果 B_k 和 A_j 无联系，则 $b_{jk}=0$）。此时，B 层次总权重向量（b_1，b_2，$\cdots$，b_n）由下式给出：

$$b_j = \sum_{k=1}^{m} a_k b_{kj} \quad (j = 1,2,\cdots,n)$$

重复上述过程至最低层，便可以得到所有风险因素相对于目标层（风险因素排序）的排序权重，从而实现所有风险因素的重要性排序。

7.3.2.3 角门北路站二号风道施工环境风险的量化结果及分析

在建立了二号风道施工环境风险因素的层次分析模型之后，根据专家评价结果，得出相对总目标 A 各因素之间的相对重要性比较，如表7-7 所示。

表7-7 相对总目标 A 各因素之间相对重要性比较

B_A	专家组 1 评价结果			专家组 2 评价结果			专家组 3 评价结果			修正后综合评价结果		
	B_1	B_2	B_3	B_1	B_2	B_3	B_1	B_2	B_3	B_1	B_2	B_3
B_1	1	0.1429	0.3333	1	0.1667	0.5	1	0.1429	0.5	1	0.15	0.429
B_2	7	1	5	6	1	5	7	1	3	6.67	1	4.33
B_3	3	0.2	1	2	0.2	1	2	0.3333	1	2.33	0.231	1

根据上述一致性检查方法，可得三个专家评价结果矩阵的最大特征值 λ_{max} 和一致性比例 CR 值，如表7-8 所示。

表7-8 最大特征值 λ_{max} 和一致性比例 CR 值

项 目	专家组 1 评价结果	专家组 2 评价结果	专家组 3 评价结果	修正后综合评价结果
λ_{max}	3.065	3.0291	3.0027	3.0192
CR	0.056	0.025	0.0023	0.0166

由表7-8 可见，所有的 CR<0.10，说明一致性符合要求，计算有效。因而可

以继续求得按权值修正后的综合评价矩阵为

$$W = \begin{bmatrix} 0.092 & 0.700 & 0.208 \end{bmatrix}$$

采用相同方法，可以依次求得相对准则层 B 各因素之间相对重要性比较结果，如表7-9~表7-11 所示。

表7-9　相对目标层 B₁ 各因素之间相对重要性比较

C_{B1}	专家组1评价结果					专家组2评价结果					专家组3评价结果					修正后综合评价结果				
	C_1	C_2	C_3	C_4	C_5	C_1	C_2	C_3	C_4	C_5	C_1	C_2	C_3	C_4	C_5	C_1	C_2	C_3	C_4	C_5
C_1	1	3	0.2	0.333	5	1	3	0.25	0.333	5	1	3	0.2	0.25	5	1	3	0.217	0.289	5
C_2	0.33	1	0.1429	0.2	3	0.33	1	0.167	0.2	3	0.33	1	0.125	0.2	3	0.33	1	0.145	0.2	3
C_3	5	7	1	3	9	4	6	1	3	9	5	8	1	3	9	4.667	7	1	3	9
C_4	3	5	0.333	1	6	3	5	0.333	1	6	4	5	0.333	1	6	3.33	5	0.333	1	6
C_5	0.2	0.33	0.111	0.167	1	0.2	0.33	0.111	0.167	1	0.2	0.33	0.111	0.167	1	0.2	0.33	0.111	0.167	1
λ_{max}	5.2459					5.2392					5.3018					5.2607				
CR	0.0549 < 0.10					0.0534 < 0.10					0.0674 < 0.10					0.0582 < 0.10				
W_i	0.1692	0.0829	0.4437	0.2721	0.032	0.1761	0.0863	0.4226	0.2817	0.033	0.1622	0.08	0.4464	0.2804	0.031	0.1688	0.083	0.4380	0.2781	0.032

表7-10　相对目标层 B₂ 各因素之间相对重要性比较

C_{B2}	专家组1评价结果				专家组2评价结果				专家组3评价结果				修正后综合评价结果			
	C_6	C_7	C_8	C_9	C_6	C_7	C_8	C_9	C_6	C_7	C_8	C_9	C_6	C_7	C_8	C_9
C_6	1	0.167	0.2	2	1	0.1429	0.167	2	1	0.1429	0.2	2	1	0.1509	0.189	2
C_7	6	1	3	9	7	1	3	9	7	1	2	9	6.667	1	2.667	9
C_8	5	0.333	1	4	6	0.333	1	5	5	0.5	1	4	5.333	0.3887	1	4.333
C_9	0.5	0.111	0.25	1	0.5	0.111	0.2	1	0.5	0.111	0.25	1	0.5	0.111	0.233	1
λ_{max}	4.1172				4.1340				4.0743				4.1141			
CR	0.0434 < 0.10				0.0496 < 0.10				0.0275 < 0.10				0.0423 < 0.10			
W_i	0.0974	0.5498	0.2990	0.0538	0.0859	0.5189	0.3459	0.0493	0.0963	0.5475	0.3026	0.0536	0.0939	0.5435	0.3108	0.0518

表7-11　相对目标层 B₃ 各因素之间相对重要性比较

C_{B3}	专家组1评价结果				专家组2评价结果				专家组3评价结果				修正后综合评价结果			
	C_{10}	C_{11}	C_{12}	C_{13}	C_{10}	C_{11}	C_{12}	C_{13}	C_{10}	C_{11}	C_{12}	C_{13}	C_{10}	C_{11}	C_{12}	C_{13}
C_{10}	1	0.333	0.2	0.125	1	0.333	0.2	0.125	1	0.333	0.1667	0.111	1	0.333	0.189	0.120
C_{11}	3	1	0.5	0.333	3	1	0.5	0.25	3	1	0.5	0.2	3	1	0.5	0.261
C_{12}	5	2	1	0.25	5	2	1	0.333	6	2	1	0.5	5.333	2	1	0.361
C_{13}	8	3	4	1	8	4	3	1	9	5	2	1	8.333	4	3	1
λ_{max}	4.1171				4.0472				4.0242				4.0748			
CR	0.0434 < 0.10				0.0175 < 0.10				0.0090 < 0.10				0.0277 < 0.10			
W_i	0.0539	0.1572	0.2684	0.5205	0.0539	0.1545	0.2711	0.5205	0.0492	0.1432	0.2895	0.5181	0.0522	0.1515	0.2766	0.5197

由式 $\omega = \omega_i \times \omega_{ij}$（$i = 1, 2, 3$；$j = 1, 2, \cdots, 13$），根据上表所列计算结果，容易计算得出：$\omega =$（0.0155, 0.0076, 0.0403, 0.0256, 0.0029, 0.0657, 0.3805, 0.2176, 0.0363, 0.0109, 0.0315, 0.0575, 0.1081）。

由此可以得出二号风道施工环境风险的总风险度排序，进而可将本工程中的风险因素进行如下的级别划分（按权重大小）：高级别风险 = ｛复杂的地面建筑物状况，复杂的地下管线布设，施工组织管理水平｝；中等级别风险 = ｛施工时机的选择，施工工期的要求，设计方案及变更，地面及地下施工人员的安全，文明施工的要求，施工技术及工艺，施工前期准备｝；低级别风险 = ｛气象水文条件，地质地基条件，材料及设备运转情况｝。

由此可见，通过模糊层次分析法对地铁工程施工环境风险因素的评估和实际调查的结果大致相同，复杂的地面地下环境、施工组织管理能力、设计方案和施工技术等仍然是主要风险事故的来源。因此，可以根据上述风险因素的等级划分，对二号风道施工过程中的风险进行有针对性的管理，特别是对高级别的风险因素，一定要及时制定有效的风险对策，如多次注浆加固地层、优化施工工序、施工过程全程监控和实行信息化施工等，从而实现对整个项目中风险的控制。

7.3.3　角门北路站二号风道施工环境风险控制的对策及措施

在前面的章节里对地铁施工环境风险进行了辨识，并采用模糊层次分析法对风险因素进行了评价。要想有效控制地铁施工环境风险，使地铁工程成功顺利实施，至少必须具备以下几个条件：合理的施工组织、正确的支护方案、先进的支护设计和优秀的施工队伍。这几点也正是地铁工程事故预防与处理的主要内容。所谓施工组织合理，是指根据地铁工程的具体特点和工期要求，科学合理地安排开挖、支护及其他工序的施工顺序，尽量降低各工序之间的干扰，减小"时空效应"对工程的不利影响；所谓支护方案正确，是指支护结构的选择要在因地制宜的基础上，综合技术、经济、安全和环境等各方面的因素，做到措施得当，安全合理，并且尽量对环境无害；所谓设计先进，是要求支护设计运用先进的技术手段恰当地解决好安全和经济这一矛盾；而一支优秀的施工队伍，不仅能正确领会设计意图，严格按照设计图纸和施工规范进行施工，并具有信息化施工的手段和能力，为检验和发展设计理论、正确指导施工反馈大量的宝贵数据，并能及时地采取得力措施，将地铁工程隐患消灭在萌芽状态，进而确保地铁工程顺利成功完成。

7.3.3.1　二号风道施工组织和施工顺序的确定

由于工期紧张，施工组织安排依据是最大限度缩短工期。暗挖段中洞由车站预留洞口进行开挖，同时进行暗挖段南北两侧旋喷桩施工。明挖段钻孔灌注桩施工前放桩位，进行明挖基坑钻孔灌注桩施工，完成后进行明挖段土方开挖，土方施工的同时，在风道北侧临近马草河岸边设置两个水位观察井，防止暗挖施工时洞内渗水。完成明挖段底板、侧墙和顶板混凝土结构，并在明暗结合处的明挖段顶板预留吊装口，便于暗挖段土方及材料运输。二号风道施工平面布置图详见图7-11。

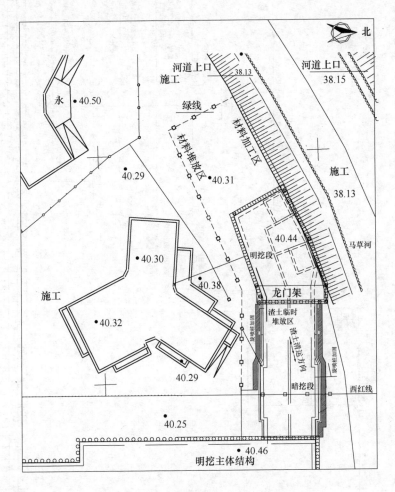

图7-11　二号风道施工平面布置图

在明挖段混凝土结构完成后进行暗挖段其余导洞土方开挖施工，首先破除暗挖段马头门范围内的钻孔灌注桩，安设钻机，进行暗挖上导洞全断面袖阀管施工，再分六步进行马头门施工，按照洞身开挖施工步序进行风道正洞初支结构施工，正洞初支结构施工完成后，进行二衬结构施工。具体施工进度安排详见图7-12二号风道施工进度计划图。施工组织应遵循如下基本原则：（1）最大限度地充分利用各种机械，加快施工进度，提高机械使用率；（2）建立强有力的生产、技术管理机制；（3）加强材料管理；（4）加强资料管理，以确保资料的及时、

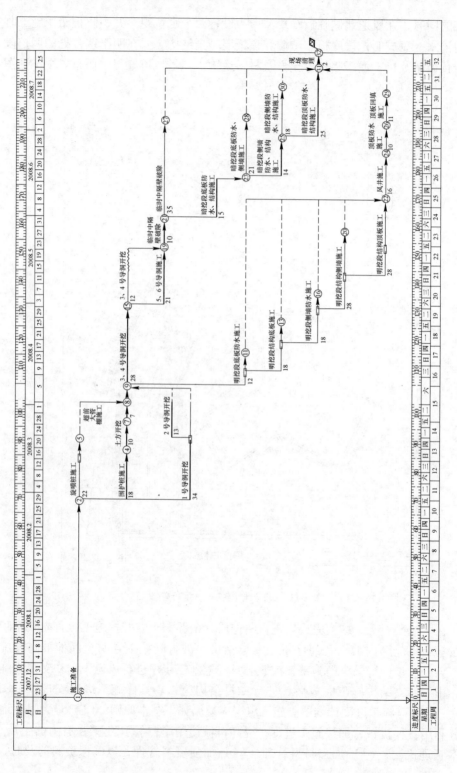

图 7-12 二号风道施工进度计划图

有效齐全；（5）施工班组必须按要求建立八大员上岗制；（6）各级人员必须坚决做到上工序未经验收，下工序不得施工的规定。

7.3.3.2 二号风道施工环境风险应对措施

如前所述，二号风道施工过程中将面临一系列的环境风险，为消除或降低环境风险可能带来的损失，本工程采取以下应对措施。

A 地表沉降控制及地下管线保护措施

在二号风道暗挖段施工时，需要以理论计算为指导，超前考虑合理稳妥的施工方法及防坍塌、防沉降的施工技术措施。施工时以监控量测为手段，以信息化管理为基础，以防止坍塌和控制沉降为目标，确保对地表建筑物和地下构筑物的影响降低到最小程度。

（1）严格遵循"管超前、严注浆、短开挖、强支护、早封闭、勤测量"的十八字施工原则。

（2）初期支护及时封闭，拱部格栅扩大拱脚，拱脚处打设锁脚锚杆（锚管）。

（3）进行超前大管棚施工，加固顶部土层。

（4）及时进行初支背后注浆，确保拱背密实。及时施做二次衬砌，及时进行二次注浆。

（5）暗挖段相邻洞室向同一方向施工时，要相互错开一定的距离，减少沉降的叠加效应。

（6）对于地下管线，首先应明确其准确位置，超前探明前方地质，采取不同的施工方法和措施予以保护。对于过雨水段施工时，提前对雨水进行导流处理，在上导洞开挖时，掌子面采用袖阀管注浆处理。

（7）加强监控量测，及时反馈、分析信息，指导施工。

B 文明施工措施

（1）高噪声机具施工时尽量安排在白天进行，安排没有噪声或噪声较低的工序进行夜间施工。

（2）混凝土振捣时采用环保型低噪声振捣器。

（3）加强夜间施工现场管理，严禁人为噪声的产生。

（4）加强与相关部门的联系，做好协调工作。

二号风道施工环境风险应对措施贯彻于整个风道工程施工的全过程，包括明挖段和暗挖段的施工。下面重点论述二号风道明挖段和暗挖段施工过程中环境风险应对措施的具体应用。

7.3.3.3 二号风道明挖段支护设计与施工

二号风道明挖段采用明挖顺做法进行施工，基坑支护方式采用钻孔灌注桩＋内支撑的形式。二号风道明挖结构中心线总长 22.5m，结构净高 4.6m（风亭处除外），净宽最大值为5.6m。二号风道明挖段结构横断面如图7-13所示。

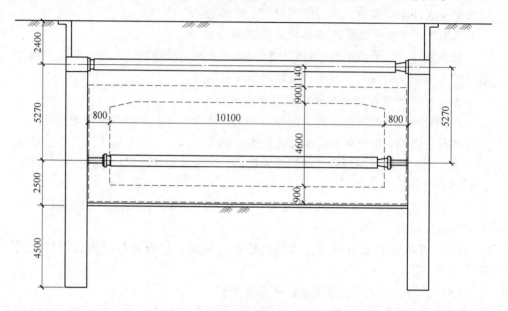

图7-13 二号风道明挖段结构横断面图

在施工初期围护结构时，应该充分考虑围护结构完成后所需要安设的爬梯、内支撑等的预埋件的布设，避免围护完成后对结构体进行反复的凿除。

明挖段总体施工工序为：测量放线→挖槽物探→旋喷桩施工→钻孔灌注桩施工→施工土方开挖，并做好护坡→冠梁及挡土墙施工→土方开挖→桩间网喷施工→安装钢围图、钢支撑→浇筑混凝土垫层→铺设底板防水层→结构底板施工→拆除底层钢支撑→铺设侧墙防水层→结构侧墙施工→结构顶板及风井施工→铺设顶板防水层→拆除上层钢支撑→结构验收→土方回填。

（1）高压旋喷桩施工。由于二号风道明挖段北侧近邻马草河，南侧为嘉园一里21号楼，为确保施工的安全，设计对二号风道明挖段基坑北侧和南侧区域自地面以下1m范围开始进行旋喷桩加固，加固采用ϕ600mm@500mm双排咬合旋喷桩，有效加固深度为10.9m，加固在钻孔灌注桩前施工。高压旋喷桩的主要工序为钻机就位、钻孔、插入注浆管、高压喷射注浆和拔出注浆管等。旋喷桩施工根据情况考虑采用跳钻成孔旋喷施工。

（2）钻孔灌注桩施工。二号风道共设钻孔灌注桩59根，共分为A、B两种桩型，其中A型桩11根，B型桩48根。采用ϕ800mm钻孔灌注桩，桩身混凝土采用C25商品混凝土。桩嵌固深度为4.5m。钻孔灌注桩施工采用长螺旋钻机成孔，为防止钻孔灌注桩施工时由于相邻两桩施工距离太近或间隔时间太短，造成塌孔，采取分批跳孔施做，钻孔灌注桩施工时按隔孔施做。

（3）土方工程。开挖前由测量人员放出基坑边坡坡线，明挖基坑按一个作业面组织基坑土方开挖，土方开挖自上而下，并沿基坑外轮廓线自东向西分层、分段逐步开挖。开挖基坑采取"分层开挖、随挖随撑，挖土与桩间网喷施工配合"，严禁超挖，在粉砂层及变形要求较严格时，采取"分层、分区、分块、分段、抽槽开挖，留土护壁，及时支撑，减少无支撑暴露时间"等方式开挖。横向先开挖中间土体，后开挖两侧土，待两侧土体剩余 30cm 时采用人工开挖。

基坑采用两台反铲挖掘机开挖，当基坑深度在 4.0m 以内时，直接挖土装车，当基坑挖至 4.0m 以下后采用两台挖掘机向基坑外倒运出渣，土方开挖后期基坑西端的马道部分土方采用汽车吊垂直出土。土方开挖过程中，桩间土采用 ϕ8mm @150mm×150mm 钢筋网 + 100mm 厚 C20 早强喷射混凝土进行封闭，防止桩间土的塌方。

（4）钢支撑支护。明挖段主体基坑支护采用 ϕ600mm、$t=12$mm 钢管体系。支撑分为横直撑和斜撑两种，钢管支撑端部分别固定在型钢围檩上。本段设两层钢支撑，第一层支撑中心标高为 37.61m，第二层支撑中心标高为 31.61m。

7.3.3.4　二号风道暗挖段支护设计与施工

二号风道暗挖段穿越卵石、粉细砂层，为保证土体稳定，风道开挖前先对暗挖段南北侧土体进行三重管咬合旋喷桩加固，注浆压力 25MPa，孔距 0.5m×0.5m 点阵布置，扩散半径为 0.6m，加固范围为暗挖段初支结构外轮廓南北两侧 1m 范围内，加固深度为地面下 1m 至风道结构底板面下 1m，总长 11.153m，以此使隧道南北两侧土层形成稳固土体。

首先根据施工要求在明暗挖施工工艺分界点处设置龙门架，明挖段基坑作为暗挖段作业的提升通道。暗挖段施工过程中应严格遵循"管超前、严注浆、短进尺、强支护、快封闭、勤量测"的十八字方针，切实做到信息化施工。现场监控量测是监视围岩稳定、判断隧道支护结构是否合理、施工方法是否正确的重要手段，也是保证安全施工、提高经济效益的重要条件，应贯穿施工的全过程。通过量测数据的分析处理，掌握围岩稳定性的变化规律，调整支护结构参数。暗挖段沿中线长 29.37m，开挖最大跨度 13.9m，分六导洞采用柱洞法施工。

小导管施工，采用风钻钻进法打设，在砂卵石层用 ϕ20mm 的高压风管吹孔，铁锤夯打。钢格栅在加工厂集中加工，汽车运输至工区。风道所有渣土在隧道内由人工手持风镐开挖，手推车运输，然后通过设在明挖段顶板预留吊装口上的两个 10t 电动葫芦吊出竖井，自卸汽车运出施工现场。喷射用混凝土通过串筒输送至竖井底部，人工用手推车运输至作业面。二衬混凝土购买商品混凝土，通过输送泵输送至作业面。隧道标准断面采用满堂架配合钢模板施工。

整个工程重点控制地表沉降、管线保护，采取不同的施工方法，以小导管或大管棚超前支护、注浆加固地层为主要手段，及时施做支护体系。

A 马头门施工

风道竖井开口马头门处断面开挖大小 12.5m×7.2m，开挖断面顶部标高为 36.23m，处于粉细砂地层，底板处于卵石地层。风道暗挖施工马头门处，沿拱部打设两排超前小导管并注浆，超前小导管采用 32mm×3.25mm 的普通水煤气管，小导管长 2.0m，环向布置，间距 0.3m。

马头门根据风道暗挖施工的工序要求，分 6 部开挖破除完成，具体开挖破除顺序如图 7-14 所示。1 号导洞开挖（进入 12m）→2 号导洞开挖（进入 12m）→3、4 号导洞开挖（进入 12m）→5、6 号导洞开挖。

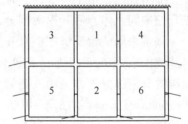

图 7-14 风道暗挖马头门破除顺序示意图

B 暗挖段初期支护工程施工

二号风道主体暗挖部分的开挖及初期支护施工，必须严格遵循"管超前、严注浆、短开挖、强支护、快封闭、勤量测"十八字方针，充分利用"时空效应"原理，并注意初支背后回填注浆。暗挖风道结构施工前必须打超前管注浆，根据管的形式主要有管棚和小导管注浆。开挖之前必须对底层进行加固处理，并且在开挖的过程当中要加强监控量测。

a 超前小导管注浆

超前小导管注浆施工包括施工准备、钻孔、安设小导管、掌子面封闭、注浆、效果检验等主要工序。超前小导管采用 ϕ32mm×3.25mm 水煤气管，长度 2.0m。1 号导洞全长均打设双排小导管，3、4 号导洞与车站相接变形缝左侧 7.3m 范围内打设双排小导管，其余段采用单排小导管。小导管在顶部布设外插角控制在 5°~15°，间距环向 300mm；永久导洞壁沿洞壁法向 45°，间距环向 500mm，纵向间距 0.5m。小导管头部加工成尖锥状，尾部焊箍，管壁上钻注浆孔（ϕ6mm），间距 50cm，梅花形布置，离尾部 60cm 内不开孔，顶入长度不应小于管长的 90%。高压风引孔后采用风镐直接将小导管顶入。

注浆采用 HFV-5D 双液注浆泵，浆液材料选用水泥-水玻璃双液浆，注浆压力不超过 0.5MPa，注浆材料、注浆方式及注浆压力在实际操作时根据现场实际暴露的土体情况进行调整。注浆结束后，采用分析法检查注浆效果，看每个孔注浆压力、注浆量是否达到设计要求，注浆过程中是否漏浆、跑浆严重，以浆液注入量估算浆液扩散半径，分析是否达到要求，如未达到要求，应进行补孔注浆。

b 袖阀管注浆

二号风道暗挖结构距离建筑物基础和马草河极近，风险源等级较高，并且上导洞开挖范围内为粉细砂层，必须对周围土体进行超前加固，增加土体的承载力并起到止水帷幕的作用。当明挖段基坑开挖至暗挖段上导洞（1、3、4 号导洞）

时，需对上导洞的掌子面进行全断面袖阀管注浆加固。袖阀管注浆施工工艺为：施做试验监测孔→施做止浆墙→钻孔→插入袖阀管→浇注套壳料→后退式注浆。

注浆管长 14m，注浆段长 11m，注浆范围为上断面导洞；注浆孔采用平行钻孔定位布设，孔距 0.8m，行距 0.8m，浆液扩散半径 0.7m；注浆终压 0.8 ～ 1.5MPa；注浆分段长 0.6m。打设角度 4° ～6°。选取水泥-水玻璃双液浆作为注浆材料，其中：W：MC = 2：1，MC：S = 1：1，水玻璃浓度为 35°Be′。注浆孔采用跟管钻机钻进成孔，注浆管采用内 φ56mm、外 φ68mm SX 系列袖阀注浆管。

注浆采取分段式工艺，花管长度为注浆步距长度。注浆步距一般选取 0.5m，这样可以有效地减少地层不均一性对注浆效果的影响。在注浆过程中，每段注浆完成后，向上或向下移动一个步距的芯管长度。芯管的移动，宜采取提升设备，或人工采用两个管钳对称夹住芯管，两侧同时均匀使力，将芯管移动。注浆过程中，每完成 3 ～4m 注浆长度，要拆掉一节注浆芯管。注浆结束后，应在注浆管上盖上闷盖，以便于复注施工。

c 风道洞身开挖

暗挖施工部位采用中洞法施工，分为 6 个洞室，严格遵循"管超前、严注浆、短开挖、强支护、快封闭、勤量测"的基本工艺。由于工期需要 1、2 号导洞由车站预留洞口进行开挖，首先施做 1 号洞室（开挖进尺大于 12m），再施做 2 号洞室。其余导洞由明挖段开挖至基底标高后破除围护桩进行开挖，3、4 号洞室可以同时进行开挖（开挖进尺大于 12m），最后进行 5、6 号洞室的开挖，详见图 7-15 二号风道开挖顺序示意图。在小导管超前注浆加固的保护作用下，进行 1 号洞室开挖（以拱脚为分界线），循环进尺 0.5m。

开挖后立即喷射混凝土 3 ～5cm 封闭掌子面，施打拱部锁脚锚管，架立拱部及中隔壁、临时仰拱格栅钢架，焊接纵向连接筋及挂钢筋网（φ8mm@ 150mm × 150mm），喷射 C25 早强混凝土至设计厚度。永久结构初支厚度为 350mm，临时结构初支厚度为 300mm；格栅纵向间距按照 500mm 一榀架设，格栅之间设 φ22mm 纵向连接筋（双侧），长度 750mm，环向间距 1000mm，沿主筋内外交错布置。

1 号导洞进洞 12m 后进行 2 号洞室开挖，边开挖边支护，喷射混凝土封闭掌子面，接续边墙及中隔壁环向钢架，焊接钢架纵向连接筋和挂网，喷射初期支护 C25 早强混凝土至设计厚度。同时进行初期支护仰拱封闭，开挖后，连接仰拱钢架，喷射初期支护 C25 早强混凝土，使洞室初期支护及早封闭。再分上下两步完成 3、4 号洞室开挖与支护，最后进行 5、6 号洞室开挖，全断面支护封闭。

d 格栅钢架安装

格栅钢架安装、挂网应在开挖并初喷 3 ～5cm 混凝土后进行。格栅钢拱架安装前应清除底部的虚渣及其他杂物，并垫木板。钢架与土层之间应尽量接近，留 3 ～5cm 间隙作为保护层，在安装过程中，当钢架和土层之间有较大空隙时，应

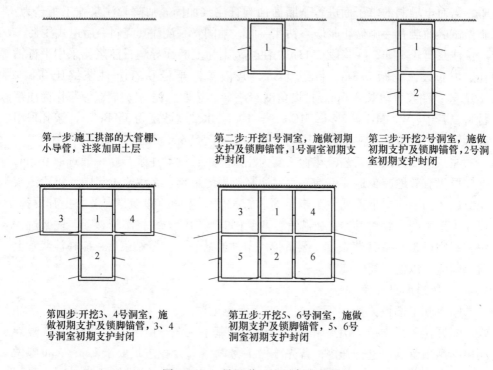

第一步:施工拱部的大管棚、小导管,注浆加固土层

第二步:开挖1号洞室,施做初期支护及锁脚锚管,1号洞室初期支护封闭

第三步:开挖2号洞室,施做初期支护及锁脚锚管,2号洞室初期支护封闭

第四步:开挖3、4号洞室,施做初期支护及锁脚锚管,3、4号洞室初期支护封闭

第五步:开挖5、6号洞室,施做初期支护及锁脚锚管,5、6号洞室初期支护封闭

图 7-15　二号风道开挖顺序示意图

设垫块定位。钢筋网应与格栅钢拱架联结牢固,可焊接在拱架上进行固定。

　　e　喷射混凝土

　　采用潮喷机进行喷射作业。拌制混合料采用强制式搅拌机。所用材料严格按规范要求优选。喷射机至喷射混凝土作业面之间的距离不宜大于 30m。

　　喷混凝土分两次进行,初喷 3～5cm 用于及早封闭暴露土层的表面,在布设导管、架好钢架后进行复喷,直至达到设计厚度要求。

　　喷射作业应分段、分片、分层,由下而上依次进行。分段长度为相邻两榀钢格栅距离。分片区域根据钢格栅环向空间,宜分为上、下和左右两侧四片区域。分层喷混凝土厚度根据初衬厚度 300mm 和 350mm,宜分 2～3 层,每层 150mm 左右。

　　f　初支回填注浆

　　初期支护超前 5～10m 后,即可进行拱背后回填注浆,以固结拱背后松散地层及充填可能存在的空隙,并最大限度地减少地层松动和地表沉降。拱背后回填注浆管每断面布置三根,分别设于拱顶和两侧拱肩部位。注浆管采用 $\phi32$mm 小导管,长度 60cm,间距为 2m×3m,在喷射混凝土前预埋,并与格栅钢架焊接在一起,内端用牛皮纸包裹,外端露出支护表面 10cm,用棉纱封堵加以保护。用 0.3～0.4MPa 压力浇注水泥浆 (1∶1)。

　　g　临时中隔壁拆除

临时中隔壁的拆除是暗挖段施工的关键工序，必须按照设计工艺逐步实施，不得违反设计意图，盲目施工。拆除采用人工作业，机械设备为风镐和空压机。中隔壁拆除必须在风道整体初衬完工后，经检测混凝土强度达到设计要求值的85%以上方可实施。

7.3.3.5 二号风道施工过程的监测与控制

为保证二号风道工程在施工期间的安全、顺利进行，控制地表及地层变形，降低施工环境风险，计划对重点地段进行施工工况动态分析。施工过程中控制地表沉降及地层变形成为施工成功与否的关键。尤其是暗挖段，地表为马家堡西路，车流量大，暗挖施工对地面沉降的影响必须严格控制。

A 监测目的及要求

a 监测目的

（1）验证结构支护设计，指导支护结构的施工。由于设计值与现场实测值相比较有一定的差异，施工过程中迫切需要测知现场实际的应力和变形情况，以与设计时采用值相对比，必要时对设计方案或施工过程进行修正，从而实现动态设计及信息化技术施工。

（2）保护区间支护结构的安全。施工中需要将各项监测数据及时准确地反馈，并根据监测数据进行相应的调整，设计、施工、监测三方密切合作才能保证施工的顺利进行。

（3）总结工程经验，为完善设计分析提供依据。

（4）为实施对地铁施工过程的动态控制，掌握地层、地下水、围护结构与支撑体系的状态，以及施工对既有建筑的影响，必须进行现场监控量测。通过对量测数据的整理和分析，以及时确定相应的施工措施，确保施工工期和既有建筑的安全。

（5）保护临近重要建筑物及管线的安全。

b 监测要求

由于地铁是重要的公共交通设施，且地上地下情况复杂，故该工程安全等级属于一级。测点布设根据设计文件对隧道监测项目、测点布置和精度要求如下：

（1）监测应以获得定量数据的专门仪器测量或专用测试元件监测为主，以现场目测检查为辅。

（2）监控量测测点的初始读数，应在开挖施工前取得。

（3）量测数据必须完整、可靠，并及时绘制时态曲线，当时态曲线趋于平衡时，应及时进行回归分析，并推算出最终值。

（4）测试单位应能根据对当前测试数据的分析，较好地预报下一施工步骤地层、支护的稳定与受力情况及地表沉降等，并对施工措施提出相应的建议。

（5）所有测点均应反映施工中该测点受力或变形等随时间的变化，即从施工开始到完成后测试数据趋于稳定为止。

(6)监测单位应及时向建设单位、设计单位以及施工单位提供量测报告，内容包括：测点布置、测试方法、经整理的量测资料及分析的主要成果、结论及建议、量测记录汇总等。同时，施工过程中监测单位应及时向建设单位、设计单位和施工单位提供监测资料以便判断支护状态，相应变更设计参数和施工方法。

(7)承担监测工作的单位应拥有专业的测试队伍和设备，掌握先进的测试数据处理系统及分析技术与软件。

B 监测内容及测点布置

a 监测内容

主要监测项目为地层及支护观察、净空收敛、周边建筑沉降、管线变形、拱顶下沉、地表沉降、桩体水平位移、支撑轴力等监测项目，具体如表7-12和表7-13所示。

表 7-12 明挖监测项目及频率

序号	监测项目	方法及工具	断面间距	量测频率	控制值
1	地层及支护观察	观察及地质描述	开挖后立即进行	1次/1天	—
2	地表沉降	水准仪、铟钢尺	10~30m一个断面每断面6个点	基坑开挖深度小于10m，1次/2天；基坑开挖深度大于10m，1次/1天；基坑底板浇注完毕后0~15天，1次/3天；基坑底板浇注完毕后1个月，1次/1周；拆撑时加密监测频率，结构施工完毕，且数据稳定结束测量	26mm
3	桩体水平位移	测斜仪	10~30m一个断面		26mm
4	支撑轴力	频率仪、应变计	10~30m一个断面		—
5	建筑物	水准仪、铟钢尺	建筑物四角		—

表 7-13 暗挖监测项目及频率

序号	监测项目	方法及工具	断面间距	监测频率（距开挖后的距离）			控制值
				≤6m	6~12m	12~30m	
1	地层及支护观察	观察描述	每个施工周期	开挖及支护后立即进行			—
2	地表沉降	水准仪、铟钢尺	纵向间距6m	1~2次/天	1次/2天	1次/周	30mm
3	净空收敛	收敛计	纵向间距6m	1~2次/天	1次/2天	1次/周	20mm
4	管线沉降	水准仪、铟钢尺	管线接头	1~2次/天	1次/2天	1次/周	20mm
5	拱顶下沉	水准仪、铟钢尺	纵向间距6m	1~2次/天	1次/2天	1次/周	30mm
6	周边建筑	水准仪、铟钢尺	建筑物四角	1~2次/天	1次/2天	1次/周	20mm

b 测点布置

依据设计及相关规范，测点布置如图 7-16 和图 7-17 所示，管线监测点布置如图 7-18 所示，建筑物测点布置如图 7-19 所示。各监测项目测点均依据设计及相关规范进行布设（埋设），并采取有效措施予以保护。

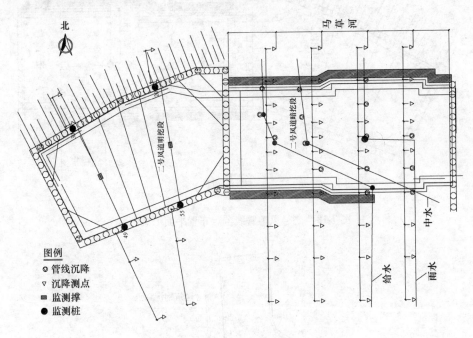

图 7-16 二号风道测点布置平面示意图

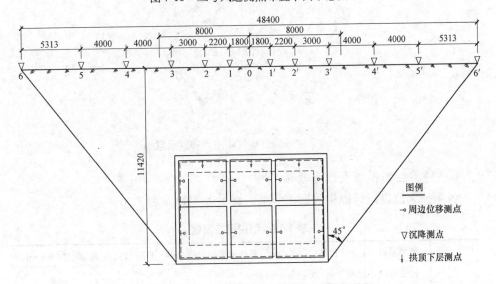

图 7-17 二号风道测点布置断面示意图

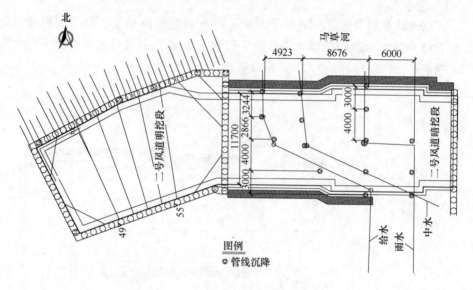

图 7-18　二号风道管线测点布置平面示意图

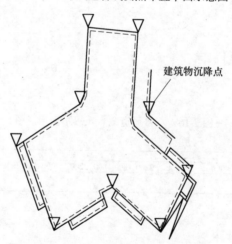

图 7-19　二号风道建筑物测点布置示意图

C　监测控制标准及信息反馈

各项控制值以设计提供的要求为准，详见表 7-14～表 7-16。

表 7-14　明挖段控制值

序　号	监测项目	允许位移控制值/mm	平均速率控制值/mm·d⁻¹	最大速率控制值/mm·d⁻¹
1	地表沉降	26	2	2
2	桩体水平位移	26	2	3

表 7-15 暗挖段控制值

序　号	监测项目	允许位移控制值/mm	平均速率控制值/mm·d⁻¹	最大速率控制值/mm·d⁻¹
1	地表沉降	30	2	5
2	拱顶下沉	30	2	5
3	水平收敛	20	1	3

表 7-16 建筑物及管线控制值

序　号	监测项目	允许位移控制值/mm	平均速率控制值/mm·d⁻¹	最大速率控制值/mm·d⁻¹
1	建筑物沉降	20	1	2
2	管线沉降	20	1	2

根据相关规范，本工程实行黄色预警、橙色预警、红色预警三级安全管理办法，其安全判别方法及采取措施见表 7-17。

表 7-17 三级预警状态判定及处理措施

预警级别	预　警　条　件	处　理　措　施
黄色预警	$0.7 < F_U \leq 0.85$ 且 $0.7 < F_V \leq 0.85$；或 $0.85 < F_U < 1$ 或 $0.85 < F_V < 1$	加强对地面和建筑物的观察，尤其注意预警点附近构筑物的检查处理
橙色预警	$0.85 < F_U < 1$ 且 $0.85 < F_V < 1$；或 $1 \leq F_U$ 或 $1 \leq F_V$；或 $1 \leq F_U$ 且 $1 \leq F_V$，但工程未出现不稳定迹象	加强监测和对构筑物的观察检查。应根据预警状态的特点，进一步完善预警方案，同时对施工方案做检查完善，并在设计和建设单位同意后执行
红色预警	$1 \leq F_U$ 且 $1 \leq F_V$，且速率出现急剧增长，结构开裂，同时裂缝出现渗流水	应向监理、设计、建设单位报警并立即采取补强措施。在经设计、施工、监理和建设单位分析认定后改变施工工序或设计参数，必要时立即停止开挖进行处理

注：F_U = 实测值/位移控制值；F_V = 实测速率/速率控制值。

通过对量测数据的计算得到各点累计值及速率等内容，将值汇总编制数据报表，同时根据安全性评判指标对施工安全进行判断，并在数据报表中明确施工状态为安全、注意或危险，并及时通知施工单位。定期总结监测数据，并绘制位移-时间变化曲线图、位移-开挖深度变化曲线、位移变化速率曲线等。

D　监测组织管理

本工程安全等级高，渡线段采用暗挖工法跨度较大，监测控制工作非常重要。为此，建立专门的监测领导小组，由项目总工程师、监测负责人和监测小组组成。现场组成监控量测及信息反馈小组，成员由多年从事地下工程施工及监测经验的技术人员组成，组长由具有丰富施工经验，有较高结构分析和计算能力的工程师担任。监测小组根据监测项目分为两个监测小组：测量小组和应力监测小组，两个监测小组各设一名专项负责人，在组长的领导下负责地面和地下的日常监测工作及资料整理工作。从组织上保证监测工作顺利进行，使监控量测完全进入信息化控制流程。组织管理机构职能如图7-20所示。

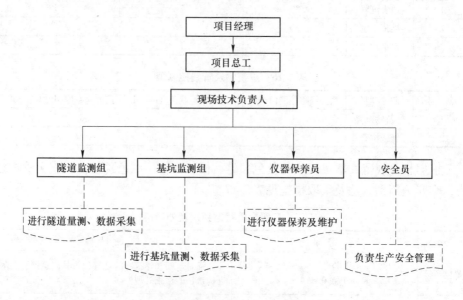

图7-20 组织机构及职能框图

监测工作开始前后应组织监测人员反复阅读监测方案，明确每个人的分工职责，检查各自的资料、记录表格是否齐全。根据监测工程的规模、特点和复杂程度，确定现场监测人员的数量和结构组成，遵循合理分工与密切协作的原则，建立有监测经验、能吃苦耐劳、工作效率高的现场监测队伍。

认真做好对操作人员技术方案的交底工作，内容包括：元件埋设计划、现场量测计划、技术标准和质量保证措施，以及数据、报告的形式和责任等事项。同时要及时上报监理和设计部门施工中出现的情况。遇到问题及时解决，确保各项工作的顺利进行。

变形监测从施工前开始，到结构稳定终止。监测中遵守以下规定：（1）测量前对施工现场工程岩土变化和支护工程的状况进行察看并作简明记录。（2）分步施工时，每步记录完整连续观测数据。（3）雨后、冻融、地震等对变形体产生显著影响时增加观测频率。（4）变形体处于稳定期时，可适当减少观测频率；急剧变动期间增大观测频率。按图7-21进行监测施工和反馈管理。

7.3.4 风险控制效果分析

通过对北京地铁四号线角门北路站二号风道施工环境风险因素的分析，提出了二号风道施工环境风险控制措施（主要包括地表沉降控制措施、地下管线保护

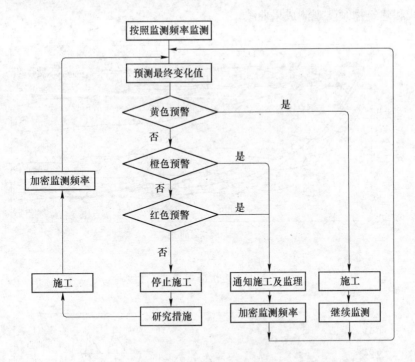

图 7-21　监测施工顺序图

措施及文明施工措施），优化了二号风道施工组织设计，有针对性地提出和完善了二号风道明挖段和暗挖段的设计和施工方案，并对施工过程进行了全程监测和控制。将上述研究成果应用于工程实践，于 2008 年 3 月至 10 月在现场进行了施工，不仅确保了二号风道自身施工安全，还有效控制了地表及周边建筑物的沉降，妥善保护了地下管线，取得了圆满成功。

图 7-22 ~ 图 7-24 分别为暗挖隧道拱顶沉降观测成果曲线、地表沉降观测成

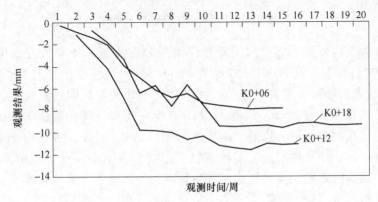

图 7-22　暗挖隧道拱顶沉降观测成果曲线

果曲线和建筑物倾斜观测成果曲线。

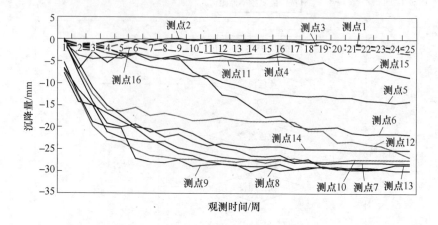

图 7-23   地表沉降观测成果曲线

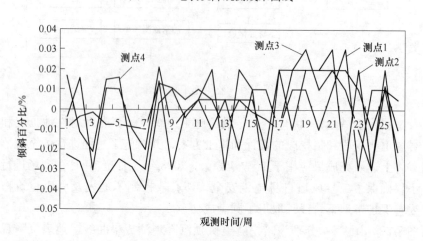

图 7-24   建筑物倾斜观测成果曲线

由以上曲线可见，二号风道暗挖隧道拱顶在施工后 100 天左右即达到稳定，拱顶沉降最大值为 K0 + 12m 处的 11.57mm，远小于允许沉降控制值 30mm。地表沉降除个别监测点外，大多数在 150 天左右即达到稳定，地表沉降最大值出现在 8 号测点，其值 29.71mm 也在允许沉降控制值 30mm 范围之内。同时建筑物倾斜百分比最大值为 3 号测点的 0.045%，可见由于采取了有效的控制措施，二号风道施工对建筑物的影响非常微小。图 7-25 和图 7-26 分别为二号风道附近地表及建筑物现状照片，二号风道施工完毕多年来，上方地表及建筑物非常完好，说明研究结论是合理、可靠的，所提出的控制对策和应对措施是先进、有效的。

图 7-25 二号风道附近地表现状

图 7-26 二号风道附近建筑物现状

参 考 文 献

[1] 王梦恕. 地下工程浅埋暗挖技术通论[M]. 合肥：安徽教育出版社，2004.

[2] 关宝树. 隧道工程施工要点[M]. 北京：人民交通出版社，2003.

[3] 北京城建设计研究总院有限责任公司，中国地铁工程咨询有限责任公司. GB 50157—2013 地铁设计规范[S]. 北京：中国建筑工业出版社，2014.

[4] 北京城建勘测设计研究院有限责任公司. GB 50911—2013 城市轨道交通工程监测技术规范[S]. 北京：中国建筑工业出版社，2014.

[5] 陶龙光，刘波，侯公羽. 城市地下工程[M]. 2 版. 北京：科学出版社，2011.

[6] 王明年. 城市轨道交通地下车站设计与施工[M]. 北京：科学出版社，2014.

[7] 高峰，梁波. 城市地铁与轻轨工程[M]. 北京：人民交通出版社，2012.

[8] 高波，王英学. 地下铁道[M]. 北京：高等教育出版社，2013.

[9] 陈馈，洪开荣，吴学松. 盾构施工技术[M]. 北京：人民交通出版社，2009.

[10] 金淮，刘永勤. 城市轨道交通工程勘察[M]. 北京：中国建筑工业出版社，2014.

[11] 王后裕，陈上明，言志信. 地下工程动态设计原理[M]. 北京：化学工业出版社，2008.

[12] 北京交通大学. 地铁工程勘察设计质量安全管理与技术[M]. 北京：中国建筑工业出版社，2012.

[13] 北京交通大学. 地铁工程施工安全管理与技术[M]. 北京：中国建筑工业出版社，2012.

[14] 北京交通大学. 地铁工程监测测量管理与技术[M]. 北京：中国建筑工业出版社，2013.

[15] 北京交通大学. 地铁工程建设安全管理与技术[M]. 北京：中国建筑工业出版社，2012.

[16] 颜纯文，Stein D. 非开挖地下管线施工技术及其应用[M]. 北京：地震出版社，1999.

[17] 马保松，等. 顶管和微型隧道技术[M]. 北京：人民交通出版社，2004.

[18] 马保松. 新兴的非开挖工程学[J]. 探矿工程（岩土钻掘工程），2005，S1：164~168.

[19] 马保松，等. 非开挖工程学[M]. 北京：人民交通出版社，2008.

[20] 宋翔雁，郝丁. 我国非开挖管线工程技术发展现状的调查报告[J]. 特种结构，2001，18(3):29~33.

[21] 龚莉娣. 浅析非开挖技术及其发展[J]. 科协论坛，2013，3(下):14~15.

[22] 陈馈，李建斌. 盾构国产化及其市场前景分析[J]. 特别策划，2006，5：59~64.

[23] 张勇. 浅析顶管工程施工[J]. 西部探矿工程，2004，5：142~144.

[24] 周同和，郭院成. 岩土工程技术现状及发展展望[J]. 河南科学，2003，21(5):515~519.

[25] 谈耀麟. 潜孔锤钻进技术发展水平[J]. 国外地质勘探技术，1995，5：29~34.

[26] 江银洲. 上海市市政工程成果简介[J]. 上海市政工程，1995，5.

[27] 张忠永. 顶管、岩土工程治理手册[M]. 沈阳：辽宁科学技术出版社，1994.

[28] 熊焰. 北京市的顶管施工技术发展回顾与展望[J]. 市政工程，1994，2：49~52.

[29] 殷琨，蒋荣庆，赖振宇. 气动潜孔锤钻进技术[J]. 世界地质，1999，2：101~104.

[30] 刘军. 非开挖水平定向钻进铺管施工技术及工程应用研究[D]. 西安：西安建筑科技大学，2004.

[31] 张宏. HDD 施工技术与发展[J]. 筑路机械与施工机械化，2004，1：52~54.

[32] 王建均，曹净，刘海明，等．水平定向钻进技术[J]．西部探矿工程，2008，3：47～49.

[33] 李智．国内地铁工程施工风险分析与风险管理[J]．保险实践与探索，2008，1：21～22.

[34] 黄宏伟，叶永峰，胡群芳．地铁运营安全风险管理现状分析[J]．中国安全科学学报，2008，18（7）：55～62.

[35] 莫若楫，黄南辉．地铁工程施工事故与风险管理[J]．都市快轨交通，2007，20(6)：7～13.

[36] 李兵．地铁车站施工风险管理研究[D]．北京：北京交通大学，2006.

[37] 曾铁梅，侯建国．地铁营运风险管理初探[J]．武汉大学学报（工学版），2007，40(6)：84～88.

[38] 朱胜利，王文斌，刘维宁，等．地铁工程施工的风险管理[J]．都市快轨交通，2008，21(1)：56～60.

[39] 李军．强化施工风险管理确保地铁施工安全[J]．市政技术，2005，23(S2)：3～6.

[40] 路美丽，刘维宁，李兴高．风险管理在城市地铁工程中的应用初探[J]．中国安全科学学报，2005，15(5)：96～100.

[41] 王梦恕，张成平．城市地下工程建设的事故分析及控制对策[J]．建筑科学与工程学报，2008，25(2)：1～6.

[42] 中国土木工程学会．地铁及地下工程建设风险管理指南[M]．北京：中国建筑工业出版社，2007.

[43] 钱七虎，戎晓力．中国地下工程安全风险管理的现状、问题及相关建议[J]．岩石力学与工程学报，2008，27(4)：649～655.

[44] 周华杰．我国地铁施工安全风险管理体系的研究[J]．都市快轨交通，2009，22(1)：28～31.

[45] 车春鹂．大型建设项目知识管理研究[D]．武汉：武汉理工大学，2006.

[46] 王有志．现代工程项目风险管理理论与实践[M]．北京：中国水利水电出版社，2009.

[47] 李飞．安全风险技术管理在北京地铁机场线建设中的应用研究[D]．北京：华北电力大学（北京），2008.

[48] 张吉军．模糊层次分析法[J]．模糊系统与数学，2000，14(2)：80～88.

[49] 上海市建设工程安全质量监督总站．中心城区深基坑工程建设周边环境风险控制指南[M]．北京：中国建筑工业出版社，2012.

冶金工业出版社部分图书推荐

书　名	作　者	定价(元)
现代金属矿床开采科学技术	古德生　等著	260.00
采矿工程师手册(上、下册)	于润沧　主编	395.00
现代采矿手册(上、中、下册)	王运敏　主编	1000.00
我国金属矿山安全与环境科技发展前瞻研究	古德生　等著	45.00
深井开采岩爆灾害微震监测预警及控制技术	王春来　等著	29.00
地下金属矿山灾害防治技术	宋卫东　等著	75.00
中厚矿体卸压开采理论与实践	王文杰　著	36.00
采矿学(第2版)(国规教材)	王　青　等编	58.00
地质学(第4版)(国规教材)	徐九华　等编	40.00
工程爆破(第2版)(国规教材)	翁春林　等编	32.00
采矿工程概论(本科教材)	黄志安　等编	39.00
矿山充填理论与技术(本科教材)	黄玉诚　编著	30.00
高等硬岩采矿学(第2版)(本科教材)	杨　鹏　编著	32.00
矿山充填力学基础(第2版)(本科教材)	蔡嗣经　编著	30.00
采矿工程CAD绘图基础教程(本科教材)	徐　帅　等编	42.00
露天矿边坡稳定分析与控制(本科教材)	常来山　等编	30.00
地下矿围岩压力分析与控制(本科教材)	杨宇江　等编	39.00
碎矿与磨矿(第3版)(本科教材)	段希祥　主编	35.00
新编选矿概论(本科教材)	魏德洲　等编	26.00
矿山岩石力学(本科教材)	李俊平　主编	49.00
土木工程安全管理教程(本科教材)	李慧民　主编	33.00
土木工程安全检测与鉴定(本科教材)	李慧民　主编	31.00
地下建筑工程(本科教材)	门玉明　主编	45.00
岩土工程测试技术(本科教材)	沈　扬　主编	33.00
地基处理(本科教材)	武崇福　主编	29.00
土木工程施工组织(本科教材)	蒋红妍　主编	26.00
土力学与基础工程(本科教材)	冯志焱　主编	28.00
金属矿床开采(高职高专教材)	刘念苏　主编	53.00
金属矿山环境保护与安全(高职高专教材)	孙文武　等编	35.00
井巷设计与施工(高职高专教材)	李长权　等编	32.00